U0232324

"十四五"时期国家重点出版物出版专项规划项目

第二次青藏高原综合科学考察研究丛书

藏北羌塘
古特提斯洋演化

翟庆国　胡培远　唐　跃　刘一鸣　王　伟　著

科学出版社

北　京

内 容 简 介

"龙木错—双湖古特提斯缝合带"地处藏北羌塘无人区，是古特提斯洋的重要遗迹，对深入探索青藏高原前世的古特提斯洋形成演化过程具有重要科学意义。本书系统阐述了"龙木错—双湖古特提斯缝合带"的时空分布、物质组成、地质构造特征等，并融入中国地质科学院地质研究所承担的"第二次青藏高原综合科学考察研究之特提斯域大陆增生与第三极形成科学考察"的最新成果。本书的特点是通过科考深入藏北羌塘无人区获得了全新的资料，聚焦古大洋的最直接记录——蛇绿岩和低温高压变质带，并结合对相关岛弧型岩浆岩的综合考察，揭示青藏高原腹地古特提斯洋发育时间和形成演化的记录，为理解青藏高原早期演化、特提斯动力学过程等提供重要参考。

本书可供地质学、矿产勘查、地理学等领域的科研、教学等相关人员参考和使用。

审图号：GS 京 (2024) 1122 号

图书在版编目（CIP）数据

藏北羌塘古特提斯洋演化 / 翟庆国等著 . -- 北京：科学出版社，2024.11. --（第二次青藏高原综合科学考察研究丛书）. -- ISBN 978-7-03-079143-6

Ⅰ . P548.275

中国国家版本馆CIP数据核字第20241QJ412号

责任编辑：王 运 ／ 责任校对：何艳萍
责任印制：肖 兴 ／ 封面设计：吴霞暖

科 学 出 版 社 出版

北京东黄城根北街 16 号
邮政编码：100717
http://www.sciencep.com

北京建宏印刷有限公司印刷

科学出版社发行 各地新华书店经销

*

2024年11月第 一 版 开本：787×1092 1/16
2024年11月第一次印刷 印张：18
字数：430 000

定价：258.00元

（如有印装质量问题，我社负责调换）

刘丛强　天津大学

龚健雅　武汉大学

焦念志　厦门大学

赖远明　中国科学院西北生态环境资源研究院

胡春宏　中国水利水电科学研究院

郭正堂　中国科学院地质与地球物理研究所

王会军　南京信息工程大学

周成虎　中国科学院地理科学与资源研究所

吴立新　中国海洋大学

夏　军　武汉大学

陈大可　自然资源部第二海洋研究所

张人禾　复旦大学

杨经绥　南京大学

邵明安　中国科学院地理科学与资源研究所

侯增谦　国家自然科学基金委员会

吴丰昌　中国环境科学研究院

孙和平　中国科学院精密测量科学与技术创新研究院

于贵瑞　中国科学院地理科学与资源研究所

王　赤　中国科学院国家空间科学中心

肖文交　中国科学院新疆生态与地理研究所

朱永官　中国科学院城市环境研究所

"第二次青藏高原综合科学考察研究丛书"
编辑委员会

第二次青藏高原综合科学考察队

藏北羌塘古特提斯洋缝合带科考分队

人员名单

姓名	职务	工作单位
翟庆国	分队长	中国地质科学院地质研究所
胡培远	副分队长	中国地质科学院地质研究所
唐 跃	分队联系人	中国地质科学院地质研究所
刘一鸣	队员	中国地质科学院地质研究所
张予杰	队员	中国地质调查局成都地质调查中心
王 伟	队员	中国地质科学院地质研究所
朱志才	队员	中国地质科学院地质研究所
巫凌放	队员	中国地质科学院地质研究所
杨 宁	队员	中国地质科学院地质研究所
李金勇	队员	中国地质科学院地质研究所
常 晟	队员	中国地质科学院地质研究所
王敏杰	队员	中国地质科学院地质研究所

丛书序一

　　青藏高原是地球上最年轻、海拔最高、面积最大的高原，西起帕米尔高原和兴都库什、东到横断山脉，北起昆仑山和祁连山、南至喜马拉雅山区，高原面海拔 4500 米上下，是地球上最独特的地质–地理单元，是开展地球演化、圈层相互作用及人地关系研究的天然实验室。

　　鉴于青藏高原区位的特殊性和重要性，新中国成立以来，在我国重大科技规划中，青藏高原持续被列为重点关注区域。《1956—1967 年科学技术发展远景规划》《1963—1972 年科学技术发展规划》《1978—1985 年全国科学技术发展规划纲要》等规划中都列入针对青藏高原的相关任务。1971 年，周恩来总理主持召开全国科学技术工作会议，制订了基础研究八年科技发展规划（1972—1980 年），青藏高原科学考察是五个核心内容之一，从而拉开了第一次大规模青藏高原综合科学考察研究的序幕。经过近 20 年的不懈努力，第一次青藏综合科考全面完成了 250 多万平方千米的考察，产出了近 100 部专著和论文集，成果荣获了 1987 年国家自然科学奖一等奖，在推动区域经济建设和社会发展、巩固国防边防和国家西部大开发战略的实施中发挥了不可替代的作用。

　　自第一次青藏综合科考开展以来的近 50 年，青藏高原自然与社会环境发生了重大变化，气候变暖幅度是同期全球平均值的两倍，青藏高原生态环境和水循环格局发生了显著变化，如冰川退缩、冻土退化、冰湖溃决、冰崩、草地退化、泥石流频发，严重影响了人类生存环境和经济社会的发展。青藏高原还是“一带一路”环境变化的核心驱动区，将对“一带一路”沿线 20 多个国家和 30 多亿人口的生存与发展带来影响。

　　2017 年 8 月 19 日，第二次青藏高原综合科学考察研究启动，习近平总书记发来贺信，指出“青藏高原是世界屋脊、亚洲水塔，是地球第三极，是我国重要的生态安全屏障、战略资源储备基地，是中华民族特色文化的重要保护地"，要求第二次青藏高原综合科学考察研究要"聚焦水、生态、人类活动，着力解决青藏高原资源环境承载力、灾害风险、绿色发展途径等方面的问题，为守护好世界上最后一方净土、建设美丽的青藏高原作出新贡献，让青藏高原各族群众生活更加幸福安康"。习近平总书记的贺信传达了党中央对青藏高原可持续发展和建设国家生态保护屏障的战略方针。

第二次青藏综合科考将围绕青藏高原地球系统变化及其影响这一关键科学问题，开展西风–季风协同作用及其影响、亚洲水塔动态变化与影响、生态系统与生态安全、生态安全屏障功能与优化体系、生物多样性保护与可持续利用、人类活动与生存环境安全、高原生长与演化、资源能源现状与远景评估、地质环境与灾害、区域绿色发展途径等 10 大科学问题的研究，以服务国家战略需求和区域可持续发展。

"第二次青藏高原综合科学考察研究丛书"将系统展示科考成果，从多角度综合反映过去 50 年来青藏高原环境变化的过程、机制及其对人类社会的影响。相信第二次青藏综合科考将继续发扬老一辈科学家艰苦奋斗、团结奋进、勇攀高峰的精神，不忘初心，砥砺前行，为守护好世界上最后一方净土、建设美丽的青藏高原作出新的更大贡献！

孙鸿烈

第一次青藏科考队队长

丛书序二

  青藏高原及其周边山地作为地球第三极矗立在北半球，同南极和北极一样既是全球变化的发动机，又是全球变化的放大器。2000年前人们就认识到青藏高原北缘昆仑山的重要性，公元18世纪人们就发现珠穆朗玛峰的存在，19世纪以来，人们对青藏高原的科考水平不断从一个高度推向另一个高度。随着人类远足能力的不断加强，逐梦三极的科考日益频繁。虽然青藏高原科考长期以来一直在通过不同的方式在不同的地区进行着，但对于整个青藏高原的综合科考迄今只有两次。第一次是20世纪70年代开始的第一次青藏科考。这次科考在地学与生物学等科学领域取得了一系列重大成果，奠定了青藏高原科学研究的基础，为推动社会发展、国防安全和西部大开发提供了重要科学依据。第二次是刚刚开始的第二次青藏科考。第二次青藏科考最初是从区域发展和国家需求层面提出来的，后来成为科学家的共同行动。中国科学院的A类先导专项率先支持启动了第二次青藏科考。刚刚启动的国家专项支持，使得第二次青藏科考有了广度和深度的提升。

  习近平总书记高度关怀第二次青藏科考，在2017年8月19日第二次青藏科考启动之际，专门给科考队发来贺信，作出重要指示，以高屋建瓴的战略胸怀和俯瞰全球的国际视野，深刻阐述了青藏高原环境变化研究的重要性，要求第二次青藏科考队聚焦水、生态、人类活动，揭示青藏高原环境变化机理，为生态屏障优化和亚洲水塔安全、美丽青藏高原建设作出贡献。殷切期望广大科考人员发扬老一辈科学家艰苦奋斗、团结奋进、勇攀高峰的精神，为守护好世界上最后一方净土顽强拼搏。这充分体现了习近平生态文明思想和绿色发展理念，是第二次青藏科考的基本遵循。

  第二次青藏科考的目标是阐明过去环境变化规律，预估未来变化与影响，服务区域经济社会高质量发展，引领国际青藏高原研究，促进全球生态环境保护。为此，第二次青藏科考组织了10大任务和 60 多个专题，在亚洲水塔区、喜马拉雅区、横断山高山峡谷区、祁连山 - 阿尔金区、天山 - 帕米尔区等 5 大综合考察研究区的 19 个关键区，开展综合科学考察研究，强化野外观测研究体系布局、科考数据集成、新技术融合和灾害预警体系建设，产出科学考察研究报告、国际科学前沿文章、服务国家需求评估和咨询报告、科学传播产品四大体系的科考成果。

两次青藏综合科考有其相同的地方。表现在两次科考都具有学科齐全的特点，两次科考都有全国不同部门科学家广泛参与，两次科考都是国家专项支持。两次青藏综合科考也有其不同的地方。第一，两次科考的目标不一样：第一次科考是以科学发现为目标；第二次科考是以摸清变化和影响为目标。第二，两次科考的基础不一样：第一次青藏科考时青藏高原交通整体落后、技术手段普遍缺乏；第二次青藏科考时青藏高原交通四通八达，新技术、新手段、新方法日新月异。第三，两次科考的理念不一样：第一次科考的理念是不同学科考察研究的平行推进；第二次科考的理念是实现多学科交叉与融合和地球系统多圈层作用考察研究新突破。

"第二次青藏高原综合科学考察研究丛书"是第二次青藏科考成果四大产出体系的重要组成部分，是系统阐述青藏高原环境变化过程与机理、评估环境变化影响、提出科学应对方案的综合文库。希望丛书的出版能全方位展示青藏高原科学考察研究的新成果和地球系统科学研究的新进展，能为推动青藏高原环境保护和可持续发展、推进国家生态文明建设、促进全球生态环境保护做出应有的贡献。

姚檀栋

第二次青藏科考队队长

前　言

习近平总书记指出："青藏高原是世界屋脊、亚洲水塔，是地球第三极，是我国重要的生态安全屏障、战略资源储备基地，是中华民族特色文化的重要保护地。"同时，作为地球上最独特的地质－地理－资源－生态单元，青藏高原是开展地球与生命演化、地球多圈层相互作用及人地关系研究的天然实验室。开展青藏高原科学考察研究，既是深入贯彻落实习近平总书记"为守护好世界上最后一方净土、建设美丽的青藏高原作出新贡献，让青藏高原各族群众生活更加幸福安康"指示精神的重要举措，也是"第二次青藏高原综合科学考察研究"服务于党中央和青藏高原各省区决策的历史使命。

从 2019 年 6 月至 2023 年 8 月，在"第二次青藏高原综合科学考察研究"项目支持下，中国地质科学院地质研究所有关科研人员组织了多次深入藏北羌塘无人区的地质科学考察，针对羌塘中部古特提斯洋板块缝合带形成演化相关的地质科学问题，进行了深入的调查与研究。相关科学考察和研究工作以青藏高原"前世"为核心命题，通过岩石学－地球化学－沉积学－构造地质学的综合研究，查明了藏北羌塘中部地区古特提斯洋板块缝合带的物质组成、构造属性及其形成演化过程。在此基础上，完成了《藏北羌塘古特提斯洋演化》一书。

本书涉及的考察范围包括整个藏北羌塘无人区，不仅对羌塘中部已有研究成果进行了系统总结，还对一些关键的、存在争议的科学问题和涉及地区进行了新的详细考察和研究。本书从蛇绿岩、高压变质带和岛弧型岩浆岩等与大洋演化息息相关的地质记录入手，基于野外产出、矿物岩石学、年代学和地球化学等研究，明确了其形成演化过程及地质意义，进而提出古特提斯洋是一个贯穿整个古生代的古大洋的新认识，并在此基础上建立了古特提斯洋自晚泥盆世开始向北俯冲消减，至三叠纪中晚期闭合的地质演化模型，为

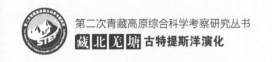
全球古特提斯洋形成演化过程的重建提供了关键约束。这些新观点和新认识为进一步揭示青藏高原的"前世"及早期演化和动力学过程等提供了重要参考。

本书由中国地质科学院地质研究所组织撰写。翟庆国负责全书的统筹与协调工作，并确定本书的撰写思路、总体框架和侧重点。具体分工如下：第 1 章由翟庆国、唐跃、刘一鸣、胡培远、王伟完成；第 2 章由翟庆国、唐跃完成；第 3 章由翟庆国、刘一鸣、唐跃完成；第 4 章由胡培远、翟庆国、刘一鸣完成；第 5 章由刘一鸣、翟庆国、胡培远、唐跃完成。附图中的科考照片由科考队全体成员完成。

感谢西藏自治区科学技术厅科考办公室、西藏自治区自然资源厅地质勘查与矿产资源储量管理处、西藏自治区林业和草原局野生动植物和湿地资源管理处以及各级相关部门对科考工作提供的支撑性指导和帮助！特别感谢西藏自治区人民政府、那曲市人民政府、阿里地区人民政府、林芝市人民政府及各县市人民政府帮助协调科考队的考察活动和调研工作，并提供了诸多便利和保障服务。感谢中国地质科学院地质研究所领导，人事处、办公室、科技处、财务处和装备基建处等职能部门相关负责人在野外和科研过程中提供的诸多关心、协助。

本书难免存在不足之处，恳请读者批评指正！

作 者

2023 年 8 月

摘　　要

青藏高原地处阿尔卑斯—喜马拉雅特提斯巨型造山带的东段，被誉为打开"特提斯之谜"的金钥匙，是追溯洋–陆转换过程的天然实验室。在第二次青藏科考项目的资助下，项目组对藏北高原腹地条件最艰苦的羌塘地区开展系统科学考察，揭示了青藏高原北部地区古特提斯造山带的形成演化过程，主要取得以下认识：

（1）在藏北羌塘中部确立了寒武纪—二叠纪多期蛇绿岩，将古特提斯洋的发育时间前推至寒武纪，提出古特提斯洋是一个贯穿整个古生代的古大洋的新认识，为古特提斯洋的打开、扩张等研究提供了关键证据。

（2）通过对榴辉岩、蓝片岩等的研究，确立了藏北羌塘中部三叠纪大洋俯冲型高压变质带，结合区域岛弧岩浆岩，提出古特提斯洋晚泥盆世开始向北俯冲消减、三叠纪中晚期闭合的新认识，为古特提斯洋俯冲、消亡过程提供了关键约束。

（3）首次在藏北羌塘查桑地区发现了晚泥盆世花岗岩，岩石具有岛弧型岩浆岩的特征，指示该地区古特提斯洋至少在泥盆纪晚期就已开始向北俯冲消减。以上研究表明，青藏高原北部古特提斯洋泥盆纪晚期就已开始向北俯冲消减，并一直持续至早中生代，三叠纪中期伴随着古特提斯洋的闭合，形成了羌塘中部近东西向展布，延伸超过 500 km 的大洋俯冲带。

上述研究，为藏北羌塘地区存在古特提斯蛇绿岩提供了关键证据，平息了该地区是否存在蛇绿岩的争论。确立了青藏高原腹地最老的古特提斯蛇绿岩时代，改变了传统上古特提斯洋是晚古生代大洋的认识。由此提出古特提斯洋是一个贯穿整个古生代的古大洋的新认识，为古特提斯洋的打开、扩张等研究提供了关键约束。结合岛弧岩浆岩和低温高压变质带的研究，重塑了青藏高原北部古特提斯洋自寒武纪打开，至三叠纪闭合的完整演化过程，在古特提斯洋形成演化研究领域具有里程碑式的意义。

目　录

第 1 章

地 质 概 况

青藏高原分布有多条板块缝合带，它们是不同时期特提斯洋关闭的遗迹，其中代表性的缝合带有5条，从北向南依次为：昆仑、金沙江、龙木错—双湖、班公湖—怒江和雅鲁藏布江缝合带。这些缝合带将青藏高原划分成6个近东西向延伸的块体，分别为：昆仑—祁连、松潘—甘孜、北羌塘、南羌塘、拉萨和喜马拉雅地块（图1.1）。龙木错—双湖古特提斯缝合带夹持于南羌塘和北羌塘地块之间，自1987年提出后一直是青藏高原地质研究关注的焦点（李才，1987），但也是青藏高原研究程度最低的缝合带（吴福元等，2020）。

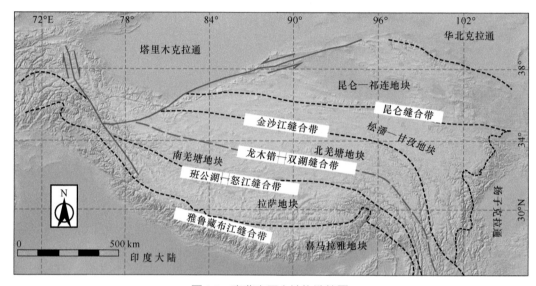

图 1.1　青藏高原大地构造简图

1.1　地层与古生物

龙木错—双湖缝合带一线地层出露相对较好，主要为古生代沉积，包括奥陶系、泥盆系、石炭系和二叠系，中生代和新生代沉积呈覆盖层广泛分布于羌塘地区。以龙木错—双湖缝合带为界，羌塘南北地区的古生代地层沉积建造和古生物组合差别较大（李才和程立人，1995；李才等，2016）。南羌塘地块的奥陶纪—二叠纪地层系统及沉积建造以稳定台型沉积为主，沉积建造与生物组合与喜马拉雅地区和冈底斯地区的同时代地层类似，石炭—二叠纪地层中普遍发育含冰水沉积的杂砾岩，具有亲冈瓦纳型的特征。相反，北羌塘地块的泥盆纪—二叠纪地层系统以浅海相碳酸盐岩沉积为主，生物繁盛且连续，具有亲华夏型的特征。

南羌塘地块的奥陶系—泥盆系出露面积不大，主要在荣玛北塔石山地区，为一套浅变质的浅海碳酸盐建造，含鹦鹉螺、笔石等化石，古生物组合和沉积建造特点可以与喜马拉雅地块聂拉木和拉萨地块申扎地区的对比，具有稳定的大陆边缘台型沉积特征（李才等，2004；程立人等，2007；Zhang Y C et al.，2013，2014，2016）。上石炭统—下二叠统为一套浅变质的石英岩、大理岩和碎屑岩，夹具有板内玄武岩特征的基性火山岩（李才和程立人，1995；李才等，2016）。此外，上石炭统—下二叠统还包含冷水型的生物化石和冰海杂砾岩（梁定益和王为平，1983；李才，1987；郭铁鹰等，1991；李才和程立人，1995；李才等，2016；Zhang Y C et al.，2013，2019），而在中二叠世以后的古生物组合出现冷暖生物混生，且有向暖水型生物变化的趋势（李才和程立人，1995；李才等，2005；Zhang Y C et al.，2013，2018，2019）。这些特征与冈瓦纳大陆北缘的同时代地层可以对比。

北羌塘地块的奥陶系、志留系和泥盆系主要出露于西部的拉竹龙、热觉茶卡西北和昌都地区（西藏自治区地质矿产局，1993；王权等，2004；李才等，2004；李才等，2005；夏军等，2006；Zhang Y C et al.，2013，2016，2019；Li et al.，2024），为一套碳酸盐岩沉积，腕足类和珊瑚等生物化石具有扬子型特征。下石炭统灰岩普遍产扬子型珊瑚化石组合，上石炭统—上二叠统出露范围比较广，主体表现为稳定的台型碳酸盐岩沉积，含大量珊瑚、海绵等化石，局部可见生物礁体灰岩。北羌塘地区泥盆纪到二叠纪地层以浅海、滨浅海碳酸盐建造为主，未发生明显变质变形作用，二叠纪开始沉积环境逐渐转变为海陆交互相甚至陆相，产大羽羊齿动物群化石，并夹有多层煤线（李星学等，1982；王剑和付修根，2018；王剑等，2009，2020a），这些特征与扬子地块的类似。

1.2　蛇绿岩

羌塘地区蛇绿岩主要沿龙木错—双湖一线呈带状展布，延伸超过 500 km。蛇绿岩主要产出于桃形湖、红脊山、果干加年山、角木日、角木茶卡、纳若和双湖等地（翟庆国等，2007；李才，2008；Zhai et al.，2011a，2016；Zhang X Z et al.，2017b；Xu et al.，2020）。这些蛇绿岩大都以构造岩块形式和高压变质岩、古生代沉积岩系以及俯冲增生杂岩混杂产出（李才等，2007；吴彦旺等，2010；胡培远等，2013；张天羽等，2014；Zhai Q G et al.，2013，2016；Zhang X Z et al.，2017b；Xu et al.，2020），岩石组合主要包括：变质地幔橄榄岩、堆晶辉长岩、辉绿岩、枕状玄武岩及斜长花岗岩，其中也可见硅质岩和玄武岩连续产出（Zhai et al.，2016；Zhang X Z et al.，2017b）。上述岩石组合构成相对完整的大洋岩石圈结构，但在桃形湖、果干加年山和冈玛错等地，不同时期蛇绿岩残片混杂产出，需要进一步大比例尺地质填图并结合高精度年代学、地球化学分析加以区分。

近年来的研究结果表明，蛇绿岩形成时代自寒武纪一直延续到晚三叠世，主要为俯冲相关背景的产物，记录了古特提斯洋从早古生代打开到三叠纪闭合的多阶段演化过程（翟庆国等，2004；李才，2008；胡培远等，2009，2014a，2014b；Zhai Q G et al.，2016，2018；Zhang X Z et al.，2016；Xu et al.，2020）。

1.3　岩浆岩

龙木错—双湖缝合带一线岩浆岩出露较好，主要沿缝合带南缘及南羌塘地块北部地区展布，出露面积多不大，岩石类型以花岗岩为主，其他为辉长岩、辉绿岩，以及少量中酸性和基性火山岩。花岗岩的时代以三叠纪晚期为主（225~210 Ma），面积最大岩体为本松错和江爱达日那复式岩体。岩石类型包括巨斑状花岗岩、似斑状花岗岩、黑云母花岗岩和白云母花岗岩等，岩石主要侵入于下石炭统石英岩、石英片岩和大理岩。已报道最老的花岗岩为戈木日和都古尔岩体，时代为奥陶纪（Pullen et al.，2011；Hu et al.，2015；Liu et al.，2019；Wang et al.，2020a，2020b），其中都古尔岩体发生了较强的变质变形，局部为花岗片麻岩或糜棱岩。此外，最近在江爱达日那和冈玛错等地区报道有零星出露的晚泥盆世—早石炭世花岗岩（刘函等，2015；胡培远等，2016；潘桂堂等，2020；Zhai et al.，2018），它们与北羌塘地区发现的近同时代中酸性火山岩（Jiang et al.，2015；Wang et al.，2017），均可能是该地区古特提斯洋北向俯冲消减的产物（Zhai et al.，2018）。

南羌塘地块广泛分布晚石炭世—早二叠世基性岩岩墙群，岩性以辉绿岩为主，辉长岩为辅。岩墙均呈近直立、近东西走向产出，延伸方向与龙木错—双湖缝合带方向大致平行，东起双湖地区，西至国境线，长度超过 800 km，分布面积约 60000 km^2（李才，2008；Zhai Q G et al.，2009，2013），这是青藏高原内部已知规模最大的基性岩岩墙群。岩墙侵入于晚石炭世展金组碎屑岩中，锆石 U-Pb 年龄在 302~279 Ma 之间，地球化学上具有大陆板内玄武岩的特征，与潘伽尔（Panjal）和特提斯喜马拉雅地区同时代基性岩类似。它们是早二叠世地幔柱活动的产物，进一步导致了班公湖—怒江中特提斯洋的打开以及南羌塘地块从冈瓦纳大陆北缘裂离（Zhai et al.，2009，2013；王明等，2014；Wang et al.，2019；Dan et al.，2021）。

北羌塘地块岩浆岩出露相对较少，主要为那底岗日组火山岩及少量规模较小的中酸性岩体，主要出露于羌塘中部的拉雄错、菊花山、江爱达日那、那底岗日、玛威山等地，大体沿龙木错—双湖缝合带的北侧，北西西向条带状断续分布，岩石以中酸性为主，兼有少量基性。锆石 U-Pb 定年显示，火山岩时代为三叠纪晚期（220 Ma 左右）（王剑等，2007；付修根等，2008，2010；翟庆国等，2009a；Zhai et al.，2013b），火山岩在地球化学上具有钙碱性火山岩特征，与形成于俯冲带之上的火山弧岩浆岩类似，但其形成构造背景尚有岛弧（Zhai et al.，2013b）和板内环境（付修根等，2010）的争议。

羌塘中部沿龙木错—双湖一线出露一系列基性、超基性岩组合，对于它们是否为蛇绿岩过去一直存在较大争议（李才，1987；李才和程立人，1995；邓万明等，1996）。近年来的地质调查和研究工作，先后在角木日、果干加年山、日湾茶卡、冈玛错等多处发现了典型蛇绿岩（翟庆国等，2004，2007，2010；潘桂堂等，2020；王根厚等，2023；Zhai Q G et al.，2013，2016；Xu et al.，2020），不但证实了该地区蛇绿岩的存在，同时也为龙木错—双湖古特提斯缝合带的确立提供了关键证据。已有资料显示，蛇绿岩岩石组合包括变质橄榄岩、辉长岩、辉绿岩、玄武岩、斜长花岗岩等，时代自寒武纪晚期，一直延续至二叠纪，地球化学上兼有 N-MORB（正常洋中脊）、SSZ（俯冲带）和 OIB（洋岛型）等多种类型，记录了不同时期不同洋盆规模背景下古特提斯洋的形成演化历程。

1.4 高压变质带

藏北羌塘中部地区低温高压变质带是青藏高原内部保存最好、规模最大的高压变质带，榴辉岩和蓝片岩主要沿龙木错—双湖缝合带的南侧分布，西起拉雄错、冈玛错，向东到双湖纳若和才多茶卡地区，长约 500 km（李才和程立人，1995；李才等，2006a；Kapp et al.，2003a；陆济璞等，2006；朱同兴等，2006；翟庆国等，2009a；张修政等，2014，2018；苑婷媛等，2016；熊盛青等，2020；王根厚等，2023；Zhang et al.，2006a，2007；Zhai et al.，2011a，2011b，2018；Liang et al.，2017；Xu et al.，2021）。榴辉岩峰期矿物组合为石榴子石＋绿辉石＋多硅白云母，峰期温压条件为：约 500℃，约 2.2 GPa。年代学研究显示，峰期榴辉岩相变质作用的时代为中三叠世（230~238 Ma），冷却折返时代在 220 Ma 左右，具有冷洋壳俯冲的特征（张修政等，2018；王根厚等，2023；Zhai et al.，2011a，2011b，2018；Xu et al.，2020）。榴辉岩和蓝片岩原岩具有洋岛玄武岩和大洋中脊玄武岩的特征，是该地区古特提斯洋俯冲消减的产物（张修政等，2018；李典等，2021；Zhang K J et al.，2007，2014；Zhai et al.，2011a，2011b；Xu et al.，2020，2021）。

第 2 章

蛇绿岩与基性岩岩墙群

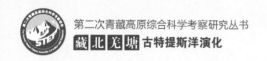
2.1 概述

2.1.1 蛇绿岩研究进展

蛇绿岩是一套具有特定组分的基性、超基性岩石组合，包括：地幔橄榄岩、堆晶杂岩、席状岩墙群和枕状熔岩，以及深海沉积物（硅质岩等）。蛇绿岩作为古大洋岩石圈或古洋壳残余，是恢复古大洋，探讨古大洋形成演化过程的最直接证据，对复杂造山带地区古大洋恢复与古板块重建和洋－陆转换过程的重塑等具有至关重要的作用（Miyashiro，1975；Coleman，1977；Moores，1982；张旗等，2003），是当前国际地球科学研究的热点和前沿领域。蛇绿岩（ophiolite）一词最早由 Brongniart 1821年提出，后来 Steinmann（1927）将其定义进一步完善，提出了蛇绿岩的"三位一体"概念。1972 年召开的彭罗斯（Penrose）会议对蛇绿岩的认识进行了总结，并明确蛇绿岩的定义，将蛇绿岩定义为一套特殊的基性、超基性岩石组合，形成于海底扩张过程（Anonymous，1972）。1972 年的彭罗斯会议是蛇绿岩研究中的里程碑式事件，它基本明确了蛇绿岩的定义，并为大多数地质学家所接受，这极大地推动了蛇绿岩的研究工作。

蛇绿岩的分类方案很多，较有影响的分类有：俯冲带（SSZ）和洋中脊（MOR）型蛇绿岩（Pearce et al.，1984）；碱性、亚碱性—拉斑和钙碱性系列蛇绿岩（Miyashiro，1975）；特提斯型和科迪勒拉型（Moores，1982）；与俯冲相关型和与俯冲无关型（Dilek and Furnes，2011）等等。国内学者代表性的分类有：科迪勒拉型、东地中海型和西地中海型（张旗，1990；周国庆，2008）；快速、中速、中慢速和极慢速扩张型（肖序常，1995）等等。尽管国内外不同的学者对蛇绿岩的分类方案不尽相同，但这些分类均强调与蛇绿岩形成的大地构造背景相结合。

此外，现今大洋钻探工作表明，不同扩张速率的大洋中脊形成的大洋岩石圈具有不同的结构和岩石组成（Sinton and Detrick，1992；Pearce，2002；Dick et al.，2003，2006）。快速扩张洋脊常伴随着地幔较大程度的部分熔融，岩浆供应充分，具有大的岩浆房，形成厚的洋壳单元（Smewing，1981；Dick et al.，2006）。当扩张速率较慢时，地幔橄榄岩部分熔融程度低，岩浆房不发育，大洋岩石圈表现为"厚幔薄壳"的特征（Escartin et al.，2008；Maffione et al.，2013）。这种情况下，常发育拆离断层（oceanic detachment fault）和大洋核杂岩（oceanic core complex），地幔橄榄岩和下部洋壳的岩石大面积出露于洋底，在洋底呈凸起的地形。西南印度洋中脊、大西洋中脊和北极 Gakkel 洋脊，就是慢速－超慢速扩张大洋中脊的典型代表（Dick et al.，2003，2006）。这也说明，一些"不完整"的蛇绿岩可能并非构造环境差异所致，也可能是形成于不同扩张速率的古大洋中脊（图 2.1；Nicolas et al.，1988；Sinton and Detrick，1992；吴福元等，2014）。

对蛇绿岩的研究已经取得了以下共识：①蛇绿岩是由一系列岩石组成，包括地

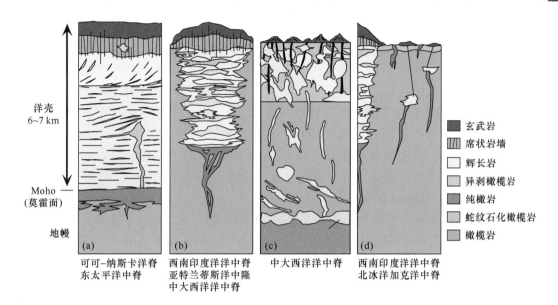

图 2.1　大洋中脊地壳增生模型（据 Dick et al.，2006 修改）

（a）快速扩张脊，Penrose 型；（b）慢速扩张洋脊，表现出厚幔薄壳的特征；（c）大西洋中部慢速扩张岩石圈结构；（d）超慢速扩张洋脊大洋岩石圈结构

幔橄榄岩、堆晶岩、席状岩墙群和枕状熔岩，以及上覆深海沉积物，但造山带中出露的蛇绿岩多不完整，组合也不全，蛇绿岩层序恢复较困难；②蛇绿岩是古大洋岩石圈的残余，是恢复古大洋与识别古板块缝合带的最直接标志；③蛇绿岩的形成构造环境主要为大洋中脊（MOR）和俯冲带（SSZ）；④蛇绿岩常与高压变质岩（如蓝片岩和榴辉岩）相伴生；⑤在蛇绿岩及其伴生铬铁矿中发现了金刚石等超高压矿物（Yang et al.，2007，2014），以及 Re-Os 同位素示踪方法的广泛应用，为深地幔物质组成与再循环、示踪等研究开辟了新的方向（Shi et al.，2008，2012；Liu et al.，2008；Yang et al.，2021）。总体来说，近年来随着对典型蛇绿岩与现代大洋的综合对比研究，在岩石学、地球化学和年代学研究的基础上，初步建立和完善了 MOR 和 SSZ 型蛇绿岩的理论体系，并开拓了蛇绿岩的研究领域，将蛇绿岩的形成构造环境与深地幔物质循环相结合（Pearce et al.，1984；Robertson，2002；Yang et al.，2014），并广泛应用于区域大地构造、地球深部动力学及关键金属矿产找矿勘查的研究中（如：Miyashiro，1975；Coleman，1977；Moores，1982；张旗等，2003；Liu et al.，2008；Shi et al.，2012；Yang et al.，2014，2021）。

2.1.2　龙木错—双湖缝合带蛇绿岩研究现状

古特提斯洋作为特提斯洋的重要组成部分，一般认为，它是古生代期间在原特提斯洋的南向俯冲背景下，匈奴地体（Hun Superterrane）从冈瓦纳大陆北缘裂解而形成的（Sengor，1996；Stampfli and Borel，2002；Metcalfe，2013，2021；Xu et al.，

2015；Zhai et al.，2016；吴福元等，2020）。我国境内与古特提斯洋有关的造山作用主要分布在青藏高原中北部和东缘的三江地区（李才和程立人，1995；潘桂棠等，1997；莫宣学等，1998；钟大赉，1998；Xu et al.，2015），如：北部的龙木错—双湖缝合带（李才和程立人，1995）、库地和阿尼玛卿缝合带（杨经绥等，2004；Bian et al.，2004），以及东缘三江地区的甘孜—理塘、金沙江、哀牢山和昌宁—孟连等缝合带（张旗等，1992；潘桂棠等，1997；莫宣学等，1998；钟大赉，1998）。龙木错—双湖—昌宁—孟连缝合带作为古特提斯洋的主洋盆缝合带，是探讨和重建古特提斯洋形成演化过程的关键（李才和程立人，1995；Sengor，1996；钟大赉，1998；Metaclfe，2021；Xu et al.，2015）。

藏北羌塘地区有关古特提斯的研究始于 20 世纪 80 年代，在 1∶100 万区域地质调查的基础上，先后在不同地区发现了与古特提斯相关的蛇绿岩（李才，1987；李才和程立人，1995）。然而由于研究程度低，对于它们是否为蛇绿岩存在争议（邓万明等，1996；王成善等，2001）。21 世纪以来，随着 1∶25 万区域地质调查和相关研究工作的开展，先后在羌塘中部确立了典型的蛇绿岩以及相关的低温高压变质带（蓝片岩和榴辉岩），进而平息了这一争议（Kapp et al.，2000，2003a；翟庆国等，2004，2007，2009b，2010；李才等，2006；李才，2008；Zhang et al.，2006a，2006b，2006c；Zhai Q G et al.，2007，2010，2011a，2011b，2013a，2016，2017）。羌塘中部蛇绿岩主要沿龙木错—双湖一线分布（图 2.2），西起冈玛错、红脊山，向东经日湾茶卡、果干加年山、角木日，到双湖地区，近东西向延伸超过 500 km。根据现有资料，蛇绿岩

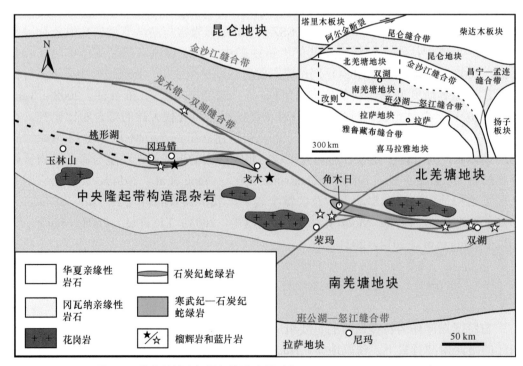

图 2.2　藏北羌塘中部蛇绿岩分布图（据 Zhai et al.，2013a，2016）

的时代自寒武纪一直延续到二叠纪（翟庆国等，2004，2007，2009，2010；李才等，2006b；Zhai et al.，2007，2010，2013a，2016；Zhang X Z et al.，2016）。蛇绿岩的时代与三江地区昌宁—孟连带的完全可以对比，它们共同构成了古特提斯洋的主洋盆缝合带（李才和程立人，1995；钟大赉，1998；潘桂棠等，2002；Zhai et al.，2013a；刘本培和冯庆来，2002；Feng，2002；Zhu et al.，2013；Metcalfe，2013；Xu et al.，2015）。

2.2 早古生代蛇绿岩

2.2.1 地质特征

早古生代蛇绿岩主要分布在冈玛错西和果干加年山地区。冈玛错西蛇绿混杂岩在地理位置上位于西藏改则县北约 200 km 的察布乡，蛇绿混杂岩出露在冈玛错西至桃形湖一线（Zhai et al.，2016；Zhang X Z et al.，2017b；Xu et al.，2020）。该地区出露的地层主要为石炭系日湾茶卡组、擦蒙组和古近系（图 2.3），并有少量二叠系。石炭系主要为板岩、片岩、千枚岩、石英岩、灰岩、基性火山岩等，局部地方发育含砾板岩、冰海杂砾岩（李才和程立人，1995）。石炭系岩石变质程度不高，生物化石稀少，西藏自治区区域地质志将其时代定为前泥盆系（西藏自治区地质矿产局，1993），王国芝和王成善（2001）将其划归元古宙，最近完成的 1∶25 万区域地质调查将它定为石炭系擦蒙组，然而对于该套"浅变质岩"的时代仍然存在争论（李才，2003）。二叠系出露较少，主要分布在冈玛错西南，为含生物碎屑灰岩。古近系康托组红色砂岩、砾岩以

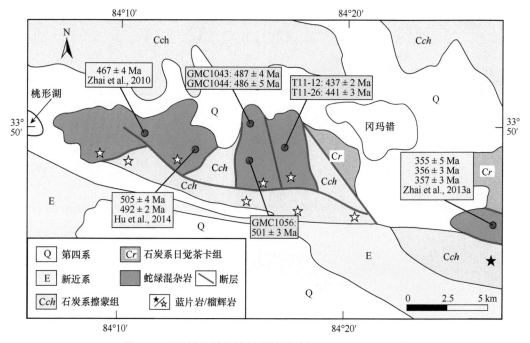

图 2.3　冈玛错西蛇绿岩地质简图（据 Zhai et al.，2016）

角度不整合覆盖在石炭系、二叠系之上。

蛇绿岩呈近东西向长条状出露于冈玛错西侧，东西向展布超过 15 km，南北宽约 3~5 km，周围覆盖有第四系沉积物，与古生代地质体之间多为断层接触。蛇绿岩整体组合相对较完整，岩石组成包括：蛇纹石化橄榄岩、层状和均质辉长岩、玄武岩、角闪岩和斜长花岗岩等，暂未发现席状岩墙群单元（图 2.4）。各类岩石野外多呈岩块状

图 2.4　冈玛错西早古生代蛇绿岩野外照片

（a）冈玛错西蛇绿岩岩石单元分布及野外关系；（b）堆晶辉长岩，示层状堆晶结构；（c）均质辉长岩中发育斜长花岗岩脉体；（d）辉长岩侵入到玄武岩中；（e）片理化玄武岩；（f）变质玄武岩和均质辉长岩呈断层接触，其中玄武岩发生蓝片岩相变质

或岩片状产出，整体呈混杂岩堆积在一起。在较大的块体中可见岩石之间的接触关系，尤其是辉长岩侵入玄武岩关系明确。堆晶岩相对较发育，层状结构较好，可见后期辉（长）绿岩岩墙以及斜长花岗岩（或斜长岩）呈脉状或不规则状侵入堆晶辉长岩中（图 2.4）。

2.2.2　岩石学

1. 变质橄榄岩

变质橄榄岩呈构造岩块产出，黑褐色，致密块状，表面可见滑石。橄榄岩主要为方辉橄榄岩，均发生强烈的蛇纹石化，岩体边界多发生片理化。镜下表明，方辉橄榄岩主要由蛇纹石（65%~70%）、橄榄石（10%~15%）、斜方辉石（5%~15%）和尖晶石（2%~4%）等矿物组成，尖晶石以铬 – 铝尖晶石为主 [图 2.5（a）、（b）]。蛇纹石发育绢石结构和网状结构，网状结构由蛇纹石网脉和位于其中心的残留橄榄石颗粒组成。橄榄石均为蛇纹石网格中残晶，颗粒一般小于 50 μm。斜方辉石一般为低级干涉色，多表现为大颗粒残晶，基本已经被滑石替换，残留辉石假晶。

2. 堆晶辉长岩

堆晶辉长岩可进一步细分为层状辉长岩和均质辉长岩，主要呈黑灰色—灰白色构造岩块产出，与区域地层、橄榄岩和玄武岩均为断层接触（图 2.4）。层状辉长岩一般为中粗粒堆晶结构，由暗色矿物层（以辉石和角闪石为主）和浅色矿物层（斜长石）相间构成。见细粒基性岩脉侵入堆晶岩中，指示不同期次洋底岩浆过程。层状辉长岩主要组成矿物为单斜辉石、斜长石、黝帘石、少量绿帘石以及不透明矿物 [图 2.5（c）、（d）]，粒状或片状变晶结构，块状构造。

均质辉长岩可见粗粒—细粒结构，一般由暗色的单斜辉石（40%~65%）、铁钛氧化物（< 5%）和浅色的斜长石（40%~55%）组成，其中斜长石一般呈自形—半自形，而单斜辉石一般为半自形—他形，部分填隙在长石格架或表现为嵌晶含长结构 [图 2.5（d）、（e）]。受后期蚀变影响，部分辉石变质为角闪石、帘石。

3. 斜长花岗岩

冈玛错西斜长花岗岩主要呈不规则脉体穿插到粗粒辉长岩中，脉体延伸一般不超过 10 m，宽度一般小于 30 cm [图 2.6（a）、（b）]。通常，斜长花岗岩呈浅灰白色，主要组成矿物为斜长石、石英、角闪石和单斜辉石，斜长石含量 45%~47%、石英含量 42%~45%、角闪石含量 50%~10%，单斜辉石含量 3%~5%，见少量黝帘石、绢云母等次生矿物 [图 2.5 和图 2.6（e）、（f）]；细粒花岗结构为主，块状构造。

4. 玄武岩

区域内玄武岩一般经历了强变形，面理化，局部可见蓝片岩化。野外呈灰黑色，

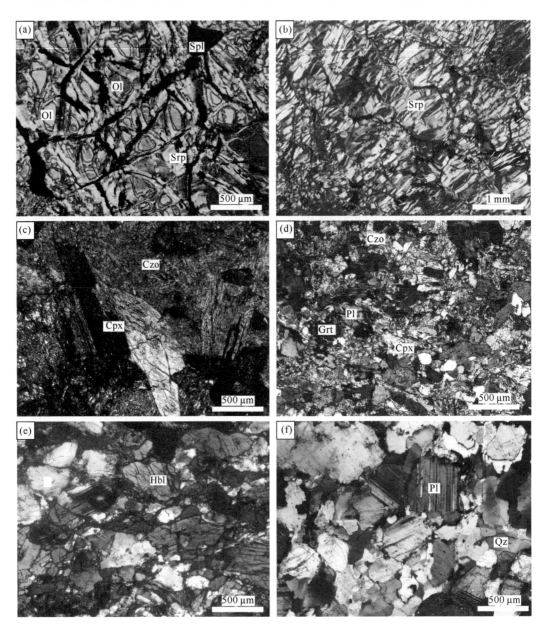

图 2.5　冈玛错西早古生代蛇绿岩镜下照片

（a）蛇纹石化橄榄岩，可见橄榄石残晶；（b）蛇纹岩；（c）变质辉长岩，长石均发生不同程度帘石化；（d）斜长角闪岩（变质辉长岩），可见重结晶单斜辉石、角闪石、石榴子石；（e）斜长角闪岩；（f）斜长花岗岩。Ol- 橄榄石，Srp- 蛇纹石，Spl- 尖晶石，Cpx- 单斜辉石，Czo- 黝帘石，Grt- 石榴子石，Pl- 斜长石，Hbl- 角闪石，Qz- 石英

出露规模较小。玄武岩一般呈粒状变晶结构，块状构造。主要矿物为阳起石，含少量的钠长石、黝帘石等变质矿物以及不透明镁铁质矿物（图 2.7）。斑晶主要呈斜长石和辉石假象，已被绿泥石、绿帘石交代，仅保留少量残余。

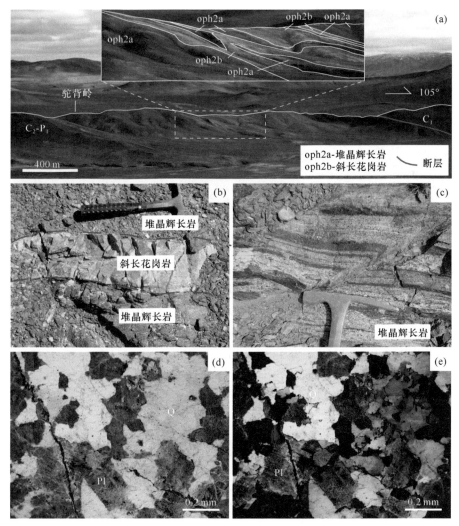

图 2.6　冈玛错西驼背岭蛇绿岩野外露头照片及镜下照片（据胡培远等，2014）

Pl- 斜长石；Q- 石英

2.2.3　年代学

为了准确地厘定冈玛错西蛇绿岩混杂岩的时代，我们对这些岩石进行了详细的年代学工作。我们选择了 6 件样品进行锆石 U-Pb 定年，其中有 4 件堆晶辉长岩样品（桃 0602，GMC44，GMC1056 和 T11-12），2 件斜长花岗岩样品（GMC1043 和 T11-26）（表 2.1）。辉长岩和斜长花岗岩的锆石形态较一致，均呈补丁状、弱环带、条带状或面状结构，显示出岩浆锆石的特征。U-Pb 定年选择了两种方法，其中桃 0602 样品定年工作在中国地质科学院地质研究所离子探针中心完成（SHRIMP Ⅱ），其他 5 件样品在台湾大学地质学系用 LA-ICP-MS 方法测定。6 个样品的分析结果显示，锆石中 Th 和 U 的

图 2.7　冈玛错西早古生代蛇绿岩中基性火山岩镜下照片

（a）蓝片岩化玄武岩；（b）蚀变玄武岩。Czo- 黝帘石，Ttn- 榍石，Ab- 钠长石，Act- 蓝闪石

含量较高，并且二者之间呈正相关关系，Th/U 值均大于 0.4，结合锆石的形态特征，这些锆石都是典型的岩浆成因的锆石。6 件测年样品均获得较好的谐和年龄（图 2.8），分别为：GMC1043 为 487±4 Ma（n=24，MSWD=0.13），GMC1044 为 486±3 Ma（n=27，MSWD=0.27），GMC1056 为 501±3 Ma（n=20，MSWD=0.19），T11-12 为 437±2 Ma（n=23，MSWD=0.25），T11-26 为 440±3 Ma（n=19，MSWD=1.3），桃 0602 为 467±4 Ma（n=15，MSWD=1.5）。斜长花岗岩和辉长岩年龄结果相吻合，同时根据野外关系，斜长花岗岩年龄一般略晚于辉长岩。上述结果表明冈玛错西蛇绿岩的形成时代为晚寒武世—早志留世。

表 2.1　冈玛错早古生代蛇绿岩锆石 U-Pb 定年数据（分析仪器包括 SHRIMP、LA-ICP-MS）

点号	Th/U	普通铅校正同位素比值						普通铅校正同位素年龄 /Ma					
		$^{207}Pb^*/^{206}Pb^*$	2σ	$^{207}Pb^*/^{235}U$	2σ	$^{206}Pb^*/^{238}U$	2σ	$^{207}Pb/^{206}Pb$	$\pm2\sigma$	$^{207}Pb/^{235}U$	$\pm2\sigma$	$^{206}Pb/^{238}U$	$\pm2\sigma$
GMC1043，斜长花岗岩，33°50′02″N，86°16′49″E													
01	0.27	0.05817	0.00628	0.63385	0.08195	0.07903	0.00192	536	238	498	51	490	11
02	0.33	0.05698	0.01092	0.61401	0.13529	0.07816	0.00254	491	391	486	85	485	15
03	0.20	0.05669	0.00467	0.61547	0.06403	0.07874	0.00195	479	182	487	40	489	12
04	0.02	0.05668	0.00983	0.61429	0.11971	0.07861	0.0019	479	359	486	75	488	11
05	0.43	0.059	0.00562	0.63231	0.07471	0.07777	0.00204	567	208	498	46	483	12
06	0.18	0.05743	0.00789	0.61719	0.09995	0.07796	0.00218	508	300	488	63	484	13
07	0.14	0.05905	0.01004	0.63229	0.13118	0.07766	0.00332	569	362	498	82	482	20
08	0.06	0.05972	0.00508	0.63084	0.06616	0.07662	0.00173	593	185	497	41	476	10
10	0.21	0.05103	0.00881	0.55294	0.11485	0.0786	0.00314	242	334	447	75	488	19
11	0.26	0.05693	0.0031	0.61521	0.04335	0.07839	0.00145	489	119	487	27	487	9
12	0.21	0.0578	0.00673	0.6228	0.08373	0.07815	0.00159	522	258	492	52	487	10
13	0.27	0.05689	0.00153	0.61618	0.02328	0.07855	0.001	487	58	487	15	487	6
14	0.33	0.0567	0.00677	0.61465	0.091	0.07859	0.00258	480	265	486	57	488	15
17	0.11	0.05632	0.01425	0.61694	0.17465	0.07946	0.00269	465	488	488	110	493	16
18	0.29	0.05701	0.00236	0.62339	0.0336	0.0793	0.00114	492	90	492	21	492	7
19	0.28	0.05786	0.00226	0.62802	0.03313	0.07872	0.00126	524	84	495	21	488	8

续表

点号	Th/U	普通铅校正同位素比值						普通铅校正同位素年龄 /Ma					
		$^{207}Pb^*/$ $^{206}Pb^*$	2σ	$^{207}Pb^*/$ ^{235}U	2σ	$^{206}Pb^*/$ ^{238}U	2σ	$^{207}Pb/$ ^{206}Pb	±2σ	$^{207}Pb/$ ^{235}U	±2σ	$^{206}Pb/$ ^{238}U	±2σ
GMC1043，斜长花岗岩，33°50′02″N，86°16′49″E													
20	0.18	0.05984	0.00254	0.6431	0.03547	0.07795	0.00115	598	90	504	22	484	7
21	0.13	0.05656	0.00617	0.6193	0.08096	0.07943	0.00195	474	242	489	51	493	12
24	0.15	0.05734	0.01048	0.61932	0.13075	0.07833	0.00252	505	380	489	82	486	15
25	0.15	0.05814	0.00744	0.62893	0.09659	0.07847	0.00229	535	284	495	60	487	14
27	0.01	0.05866	0.01111	0.63341	0.14338	0.07834	0.00329	555	395	498	89	486	20
28	0.22	0.05827	0.0173	0.63181	0.21341	0.07864	0.00363	540	569	497	133	488	22
29	0.03	0.05702	0.00239	0.62268	0.03424	0.0792	0.00119	492	91	492	21	491	7
30	0.27	0.05722	0.003	0.6208	0.04193	0.0787	0.00137	500	114	490	26	488	8
GMC1044，辉长岩，33°50′02″N，86°16′49″E													
01	0.22	0.05687	0.0006	0.6136	0.01237	0.07825	0.00096	487	23	486	8	486	6
02	0.34	0.05681	0.00194	0.61255	0.03148	0.07822	0.0016	484	74	485	20	485	10
03	0.26	0.05674	0.00278	0.61248	0.04432	0.07844	0.00216	481	107	485	28	487	13
04	0.18	0.05688	0.00103	0.60973	0.0178	0.07775	0.00104	487	39	483	11	483	6
05	0.35	0.05698	0.00092	0.61003	0.01644	0.07766	0.00103	491	35	484	10	482	6
07	0.36	0.05664	0.00044	0.61133	0.00998	0.07829	0.0009	478	17	484	6	486	5
08	0.15	0.05748	0.0013	0.6219	0.02201	0.07848	0.0012	510	49	491	14	487	7
09	0.22	0.05722	0.00065	0.62578	0.01305	0.07932	0.00095	500	24	493	8	492	6
10	0.22	0.05773	0.0009	0.63169	0.01672	0.07936	0.00106	520	33	497	10	492	6
11	0.20	0.0569	0.0007	0.62067	0.0138	0.07912	0.00099	488	26	490	9	491	6
12	0.21	0.05695	0.00095	0.61804	0.01711	0.07874	0.00106	490	36	489	11	489	6
13	0.29	0.0569	0.00164	0.62148	0.02701	0.07922	0.00137	488	63	491	17	491	8
15	0.35	0.05683	0.00065	0.61413	0.01291	0.0784	0.00094	485	25	486	8	487	6
16	0.20	0.05732	0.0006	0.61289	0.01215	0.07756	0.00093	504	22	485	8	482	6
17	0.16	0.05711	0.00043	0.6174	0.00993	0.07842	0.00091	496	16	488	6	487	5
18	0.17	0.05673	0.00229	0.61431	0.03748	0.0787	0.00193	481	88	486	24	488	12
19	0.20	0.05863	0.00086	0.624	0.01584	0.07722	0.00102	553	31	492	10	480	6
20	0.24	0.0567	0.00049	0.61073	0.01068	0.07813	0.00091	480	19	484	7	485	5
21	0.19	0.05667	0.00099	0.61076	0.01776	0.0782	0.0011	479	38	484	11	485	7
23	0.29	0.05714	0.00173	0.61363	0.02825	0.0779	0.00146	497	66	486	18	484	9
24	0.14	0.05872	0.00083	0.6298	0.01536	0.07781	0.00099	557	30	496	10	483	6
25	0.33	0.05659	0.0019	0.60633	0.03025	0.07773	0.0015	476	73	481	19	483	9
26	0.18	0.05756	0.00172	0.61655	0.02717	0.07771	0.00131	513	64	488	17	482	8
27	0.37	0.05686	0.00143	0.61812	0.02404	0.07895	0.0013	486	54	489	15	490	8
28	0.22	0.057	0.00281	0.6272	0.04456	0.07988	0.00205	492	107	494	28	495	12
29	0.17	0.05688	0.00078	0.61487	0.01487	0.07842	0.00102	487	30	487	9	487	6
30	0.12	0.05739	0.00348	0.61947	0.05339	0.07823	0.00235	507	132	490	33	486	14
GMC1056，辉长岩，33°47′15″N，86°16′01″E													
03	0.32	0.05719	0.00062	0.63617	0.01274	0.08068	0.00094	499	23	500	8	500	6
04	0.27	0.0571	0.00185	0.63471	0.03043	0.08063	0.00148	495	70	499	19	500	9
06	0.24	0.05726	0.00257	0.63157	0.0414	0.08	0.00195	502	98	497	26	496	12
07	0.16	0.05799	0.00108	0.64352	0.01924	0.08049	0.00109	529	40	504	12	499	7
08	0.15	0.0574	0.00096	0.64405	0.0177	0.08138	0.00106	507	36	505	11	504	6

续表

点号	Th/U	普通铅校正同位素比值						普通铅校正同位素年龄 /Ma					
		$^{207}Pb^*/^{206}Pb^*$	2σ	$^{207}Pb^*/^{235}U$	2σ	$^{206}Pb^*/^{238}U$	2σ	$^{207}Pb/^{206}Pb$	±2σ	$^{207}Pb/^{235}U$	±2σ	$^{206}Pb/^{238}U$	±2σ
GMC1056，辉长岩，33°47′15″N，86°16′01″E													
09	0.21	0.05717	0.00128	0.63592	0.02175	0.08069	0.00114	498	48	500	13	500	7
10	0.22	0.05699	0.0015	0.63311	0.02512	0.08059	0.00128	491	57	498	16	500	8
11	0.14	0.05733	0.00087	0.63821	0.01624	0.08074	0.00101	504	33	501	10	501	6
12	0.19	0.05764	0.00075	0.64131	0.01479	0.08072	0.001	516	28	503	9	500	6
13	0.13	0.05757	0.00406	0.64113	0.06338	0.08074	0.00267	513	155	503	39	501	16
14	0.16	0.05762	0.00228	0.6446	0.03734	0.08118	0.00175	515	86	505	23	503	10
15	0.14	0.05777	0.00275	0.63965	0.04344	0.08033	0.00192	521	103	502	27	498	11
16	0.11	0.05714	0.00128	0.63857	0.02214	0.08105	0.00118	497	49	501	14	502	7
18	0.21	0.05725	0.00115	0.63771	0.01994	0.08078	0.00108	501	43	501	12	501	6
19	0.30	0.05711	0.00135	0.62891	0.02288	0.07986	0.00121	496	51	495	14	495	7
20	0.14	0.05739	0.00113	0.64508	0.02062	0.08153	0.00122	507	42	505	13	505	7
21	0.12	0.05735	0.00149	0.64554	0.0254	0.08164	0.0013	505	56	506	16	506	8
22	0.19	0.057	0.00131	0.62393	0.02214	0.0794	0.00119	492	50	492	14	493	7
24	0.33	0.05675	0.00134	0.63447	0.02332	0.0811	0.00128	482	51	499	14	503	8
25	0.28	0.05749	0.00285	0.64722	0.04594	0.08164	0.00206	510	108	507	28	506	12
T11-12，辉长岩，33°49′17″N，86°17′53″E													
01	0.14	0.05569	0.0006	0.53809	0.01082	0.07008	0.00083	440	25	437	7	437	5
02	0.16	0.05566	0.00166	0.53898	0.02331	0.07023	0.00111	439	68	438	15	438	7
03	0.12	0.05549	0.00082	0.53283	0.01339	0.06965	0.00089	432	34	434	9	434	5
04	0.26	0.05615	0.00077	0.53504	0.01297	0.06913	0.00091	458	31	435	9	431	5
06	0.28	0.05568	0.00086	0.5398	0.01423	0.07032	0.00094	440	35	438	9	438	6
07	0.14	0.05602	0.00088	0.54442	0.01433	0.07048	0.00091	453	36	441	9	439	5
08	0.14	0.05574	0.00068	0.53459	0.0119	0.06957	0.00087	442	28	435	8	434	5
09	0.14	0.05581	0.00061	0.54147	0.01103	0.07038	0.00084	445	25	439	7	438	5
10	0.13	0.05568	0.00081	0.53901	0.01348	0.07022	0.0009	440	33	438	9	437	5
11	0.25	0.05563	0.00058	0.53909	0.01054	0.07029	0.00082	438	24	438	7	438	5
12	0.15	0.05549	0.00065	0.54086	0.01161	0.07069	0.00086	432	27	439	8	440	5
13	0.28	0.05552	0.00062	0.53369	0.01109	0.06972	0.00085	433	25	434	7	434	5
15	0.25	0.0559	0.00067	0.54598	0.01222	0.07084	0.00093	448	27	442	8	441	6
16	0.15	0.05581	0.00121	0.53537	0.01823	0.06957	0.00104	445	49	435	12	434	6
17	0.18	0.05568	0.00061	0.53972	0.01103	0.07031	0.00085	440	25	438	7	438	5
18	0.18	0.05557	0.00095	0.53506	0.01507	0.06983	0.00094	435	39	435	10	435	6
19	0.15	0.05556	0.00108	0.53723	0.01677	0.07014	0.001	435	44	437	11	437	6
20	0.14	0.05543	0.00055	0.5378	0.01033	0.07038	0.00084	430	23	437	7	438	5
21	0.26	0.05546	0.00053	0.54167	0.01	0.07085	0.00082	431	22	440	7	441	5
22	0.11	0.05563	0.0007	0.53628	0.01212	0.06992	0.00087	438	29	436	8	436	5
23	0.15	0.05569	0.00099	0.53666	0.01581	0.06989	0.00099	440	41	436	10	435	6
24	0.18	0.0559	0.00098	0.54665	0.01584	0.07093	0.00098	448	40	443	10	442	6
25	0.13	0.05648	0.00112	0.54797	0.01745	0.07038	0.00102	471	45	444	11	438	6
T11-26，斜长花岗岩，33°49′17″N，86°17′53″E													
01	0.37	0.05562	0.00041	0.53422	0.00836	0.06967	0.0008	437	17	435	6	434	5
02	0.22	0.05681	0.00276	0.55118	0.03671	0.07037	0.00148	484	109	446	24	438	9

续表

点号	Th/U	普通铅校正同位素比值						普通铅校正同位素年龄 /Ma					
		$^{207}Pb^*/$ $^{206}Pb^*$	2σ	$^{207}Pb^*/$ ^{235}U	2σ	$^{206}Pb^*/$ ^{238}U	2σ	$^{207}Pb/$ ^{206}Pb	±2σ	$^{207}Pb/$ ^{235}U	±2σ	$^{206}Pb/$ ^{238}U	±2σ
T11-26，斜长花岗岩，33°49′17″N，86°17′53″E													
03	0.03	0.05587	0.00065	0.53519	0.01164	0.06948	0.00089	447	27	435	8	433	5
05	0.18	0.0557	0.00046	0.53848	0.0091	0.07012	0.00081	440	19	437	6	437	5
06	0.24	0.0596	0.00358	0.5782	0.04579	0.07037	0.00156	589	132	463	29	438	9
09	0.31	0.05513	0.00076	0.53651	0.01298	0.07058	0.00091	417	32	436	9	440	5
10	0.11	0.05708	0.00079	0.57614	0.01377	0.07321	0.00091	495	31	462	9	455	5
11	0.16	0.05687	0.00059	0.56426	0.01129	0.07197	0.00089	487	24	454	7	448	5
12	0.16	0.05587	0.00059	0.54683	0.01109	0.071	0.00088	447	24	443	7	442	5
13	0.06	0.05739	0.00222	0.56473	0.03112	0.07138	0.00137	507	87	455	20	444	8
15	0.06	0.05559	0.00572	0.53906	0.06903	0.07033	0.00203	436	231	438	46	438	12
17	0.29	0.0555	0.00053	0.54027	0.01011	0.07061	0.00084	432	22	439	10	440	5
18	0.10	0.05574	0.00154	0.54674	0.02278	0.07115	0.00118	442	63	443	15	443	7
19	0.22	0.05572	0.00093	0.54041	0.01499	0.07035	0.00095	441	38	439	10	438	6
21	0.18	0.05647	0.0057	0.55607	0.0742	0.07141	0.00268	471	225	449	48	445	16
23	0.17	0.05718	0.00106	0.55708	0.01674	0.07067	0.00099	499	42	450	11	440	6
27	0.26	0.05569	0.00107	0.53882	0.01693	0.07018	0.00103	440	44	438	11	437	6
28	0.13	0.05583	0.00422	0.53773	0.05303	0.06986	0.00185	446	170	437	35	435	11
桃 0602，堆晶辉长岩，33°50′32″N，86°18′11″E													
01	0.73	0.0617490	0.0030233	0.6225310	0.0329660	0.0731200	0.0014620	664	110	469	20	455	8.9
02	0.82	0.0557340	0.0018930	0.5823820	0.0221160	0.0758170	0.0012890	440	75	443	13	471	7.6
03	0.86	0.0583430	0.0025070	0.5954640	0.0273700	0.0740180	0.0011100	540	93	440	17	460	7.8
04	0.69	0.0550190	0.0010450	0.5882610	0.0151320	0.0775180	0.0013950	413	43	440	11	481	8.2
05	0.91	0.0524820	0.0042968	0.5538400	0.0447720	0.0764180	0.0013752	305	190	383	18	475	8.1
06	0.72	0.0562630	0.0035406	0.5676810	0.0385560	0.0731240	0.0017544	460	140	383	22	455	10
07	0.7	0.0563530	0.0029839	0.5635620	0.0315280	0.0725180	0.0013050	464	120	416	17	451	7.6
08	0.88	0.0581520	0.0030212	0.6245560	0.0343200	0.0779170	0.0013243	532	110	435	30	484	8.1
09	0.92	0.0564460	0.0025944	0.5804920	0.0284200	0.0746180	0.0013428	468	100	393	17	463	8.1
10	0.56	0.0502760	0.0038152	0.5207880	0.0405600	0.0752180	0.0013536	202	180	452	29	468	8.2
11	0.91	0.0551700	0.0038570	0.5877360	0.0428510	0.0772190	0.0014668	418	160	494	23	479	8.6
12	0.49	0.0518710	0.0036778	0.5347330	0.0389820	0.0747180	0.0013446	276	160	417	32	465	8
13	0.87	0.0535540	0.0028890	0.5455740	0.0310650	0.0739180	0.0013302	351	120	456	18	460	7.8
14	0.91	0.0476840	0.0039984	0.4918610	0.0422260	0.0749180	0.0013482	78	200	426	21	465	8.1

　　此外，在冈玛错西的驼背岭地区同样保留较好的蛇绿岩组合，可视作冈玛错西蛇绿岩的延伸和组成部分。SIMS 和 LA-ICP-MS 锆石 U-Pb 测年结果（表 2.2 和表 2.3；图 2.9）为 504.8±4.2 Ma（n=12；MSWD=0.75）和 491.6±1.5 Ma（n=25；MSWD=1.2），参与年龄加权平均计算的锆石测点均位于岩浆成因振荡环带上，并且具有较高的 Th/U 值（平均值为 0.56），与典型岩浆成因锆石相似，因而斜长花岗岩应当形成于中—晚寒武世。此外，李才等（2016）在果干加年山及桃形湖地区也报道了类似的年代学信息，蛇绿岩中辉长岩锆石 U-Pb 年龄为 517~505 Ma。进一步证实了冈玛错西—桃形湖地区存在寒武纪—志留纪蛇绿岩。这也是青藏高原内部报道的最老的古特提斯蛇绿岩。

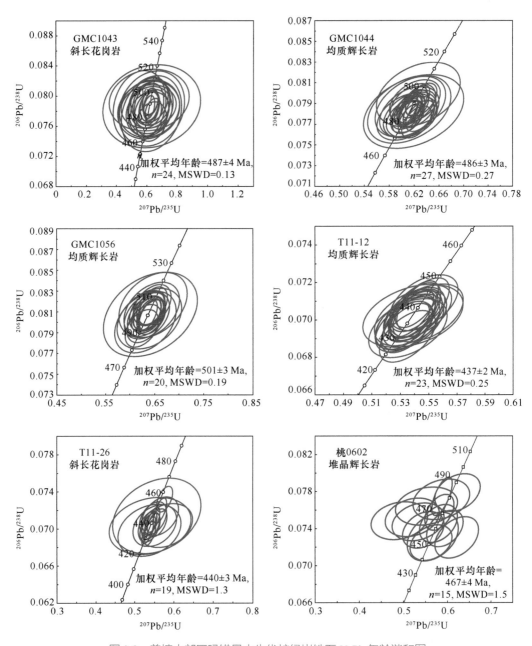

图 2.8　羌塘中部冈玛错早古生代蛇绿岩锆石 U-Pb 年龄谐和图

2.2.4　地球化学

1. 变质橄榄岩

1）矿物地球化学

对冈玛错西变质橄榄岩中主要组成矿物开展了电子探针分析，包括橄榄石、斜方辉石和尖晶石，分析结果见表 2.4。

表 2.2　藏北羌塘中部驼背岭蛇绿岩中斜长花岗岩的锆石 SIMS U-Pb-Th 分析结果

| 测点 | 含量 /10⁻⁶ | | Th/U | f^{206}/% | 同位素比值 | | | | | | 年龄 /Ma | | | | | |
	Th	U			$^{207}Pb/$ ^{206}Pb	2σ/%	$^{207}Pb/$ ^{235}U	2σ/%	$^{206}Pb/$ ^{238}U	1σ/%	$^{207}Pb/$ ^{206}Pb	2σ	$^{207}Pb/$ ^{235}U	2σ	$^{206}Pb/$ ^{238}U	2σ
1	0.26	3.23	0.08	1.46	0.05729	11.48	0.60807	11.59	0.0770	1.58	502.8	234.5	482.3	45.5	478.1	7.3
2	1.84	13.31	0.14	1.57	0.06029	4.86	0.51531	14.42	0.0780	1.52	95.6	308.3	422.0	51.0	484.1	7.1
3	1.16	10.66	0.11	0.00	0.06404	6.18	0.72797	6.36	0.0824	1.51	743.0	125.5	555.4	27.6	510.7	7.4
4	3.33	18.09	0.18	0.00	0.05419	4.39	0.61091	4.66	0.0818	1.57	378.9	95.8	484.1	18.1	506.7	7.6
5	0.76	8.50	0.09	1.34	0.06008	6.85	0.68247	7.01	0.0824	1.50	606.5	141.6	528.3	29.3	510.3	7.4
6	2.21	19.19	0.12	0.00	0.05485	4.23	0.61801	4.48	0.0817	1.50	406.1	91.9	488.6	17.5	506.4	7.3
7	0.98	9.35	0.10	1.03	0.05452	6.16	0.60173	6.35	0.0800	1.54	392.7	132.7	478.3	24.5	496.4	7.3
8	5.12	22.07	0.23	0.23	0.05833	4.02	0.62921	4.29	0.0782	1.52	542.3	85.5	495.6	17.0	485.6	7.1
9	2.24	23.15	0.10	0.13	0.05548	3.79	0.63320	4.07	0.0828	1.50	431.5	82.2	498.1	16.2	512.7	7.4
10	2.07	18.28	0.11	0.28	0.05976	4.30	0.65137	4.65	0.0791	1.75	594.9	90.6	509.3	18.8	490.5	8.3
11	1.12	8.85	0.13	0.00	0.05247	6.12	0.58879	6.31	0.0814	1.53	305.8	133.8	470.1	24.0	504.4	7.4
12	0.79	7.04	0.11	1.21	0.05521	6.75	0.59107	7.03	0.0776	1.96	420.9	144.0	471.6	26.9	482.0	9.1
13	1.56	10.65	0.15	0.30	0.05714	5.40	0.63832	5.60	0.0810	1.50	496.8	114.7	501.3	22.4	502.2	7.3
14	1.12	9.41	0.12	0.00	0.06115	5.76	0.69690	5.96	0.0827	1.52	644.5	119.3	536.9	25.2	512.0	7.5
15	0.71	6.92	0.10	1.25	0.06151	6.73	0.66398	6.91	0.0783	1.55	657.3	138.1	517.0	28.4	485.9	7.3
16	0.53	6.89	0.08	0.00	0.06042	6.60	0.67323	6.78	0.0808	1.54	618.8	136.4	522.7	28.1	500.9	7.4
17	2.38	10.20	0.23	1.44	0.05805	5.59	0.49972	13.12	0.0776	1.55	33.8	285.7	411.5	45.4	481.9	7.2
18	0.94	4.74	0.20	1.09	0.06024	7.92	0.67171	8.08	0.0809	1.61	612.4	162.5	521.7	33.5	501.3	7.8

表 2.3　藏北羌塘中部驼背岭蛇绿岩中斜长花岗岩的锆石 LA-ICP-MS U-Pb-Th 分析结果

| 测点 | 含量 /10⁻⁶ | | | Th/U | 同位素比值 | | | | | | 年龄 /Ma | | | | | |
	Pb	Th	U		$^{207}Pb/$ ^{206}Pb	2σ	$^{207}Pb/$ ^{235}U	2σ	$^{206}Pb/$ ^{238}U	2σ	$^{207}Pb/$ ^{206}Pb	2σ	$^{207}Pb/$ ^{235}U	2σ	$^{206}Pb/$ ^{238}U	2σ
1	6	41	65	0.62	0.0571	0.0026	0.6472	0.0290	0.0822	0.0014	496	70	507	18	509	8
2	6	50	64	0.79	0.0575	0.0025	0.6281	0.0272	0.0792	0.0013	512	67	495	17	491	8
3	30	389	277	1.40	0.0581	0.0016	0.6358	0.0180	0.0794	0.0011	533	38	500	11	492	7
4	11	80	118	0.68	0.0580	0.0023	0.6364	0.0258	0.0796	0.0012	529	63	500	16	494	7
5	12	119	126	0.94	0.0626	0.0030	0.6898	0.0328	0.0800	0.0012	693	75	533	20	496	7
6	8	54	85	0.63	0.0573	0.0030	0.6336	0.0332	0.0802	0.0013	502	86	498	21	498	8
7	5	38	56	0.69	0.0565	0.0030	0.6049	0.0322	0.0776	0.0014	472	87	480	20	482	8
8	18	148	197	0.68	0.0568	0.0017	0.6069	0.0187	0.0776	0.0011	482	43	482	12	481	7
9	12	108	120	0.89	0.0575	0.0026	0.6340	0.0283	0.0800	0.0012	509	72	499	18	496	7
10	5	35	55	0.64	0.0571	0.0030	0.6224	0.0318	0.0791	0.0013	494	83	491	20	491	8
11	22	222	223	0.99	0.0577	0.0020	0.6292	0.0216	0.0791	0.0012	518	49	496	13	491	7
12	14	111	146	0.76	0.0571	0.0020	0.6296	0.0220	0.0800	0.0012	495	51	496	14	496	7
13	18	165	192	0.86	0.0570	0.0019	0.6231	0.0211	0.0793	0.0012	490	49	492	13	492	7
14	3	21	32	0.66	0.0585	0.0063	0.6343	0.0676	0.0787	0.0020	547	192	499	42	488	12

续表

测点	含量 /10⁻⁶				同位素比值							年龄 /Ma					
	Pb	Th	U	Th/U	²⁰⁷Pb/²⁰⁶Pb	2σ	²⁰⁷Pb/²³⁵U	2σ	²⁰⁶Pb/²³⁸U	2σ		²⁰⁷Pb/²⁰⁶Pb	2σ	²⁰⁷Pb/²³⁵U	2σ	²⁰⁶Pb/²³⁸U	2σ
15	12	144	122	1.18	0.0577	0.0023	0.6359	0.0256	0.0799	0.0012		518	62	500	16	496	7
16	12	85	130	0.65	0.0572	0.0019	0.6197	0.0209	0.0785	0.0012		500	49	490	13	487	7
17	15	126	164	0.77	0.0574	0.0020	0.6293	0.0221	0.0795	0.0012		508	51	496	14	493	7
18	11	61	121	0.50	0.0573	0.0021	0.6262	0.0232	0.0793	0.0012		502	55	494	14	492	7
19	6	39	66	0.60	0.0573	0.0027	0.6219	0.0293	0.0786	0.0013		505	74	491	18	488	8
20	5	38	56	0.68	0.0577	0.0030	0.6365	0.0325	0.0800	0.0013		519	83	500	20	496	8
21	8	56	89	0.63	0.0565	0.0022	0.6184	0.0243	0.0794	0.0012		471	60	489	15	493	7
22	6	58	67	0.87	0.0569	0.0025	0.6222	0.0266	0.0793	0.0013		487	65	491	17	492	8
23	12	100	137	0.73	0.0575	0.0022	0.6023	0.0226	0.0759	0.0011		512	56	479	14	472	7
24	11	74	117	0.64	0.0578	0.0024	0.6350	0.0267	0.0796	0.0012		523	66	499	17	494	7
25	11	39	125	0.31	0.0573	0.0025	0.6384	0.0272	0.0808	0.0013		503	66	501	17	501	8

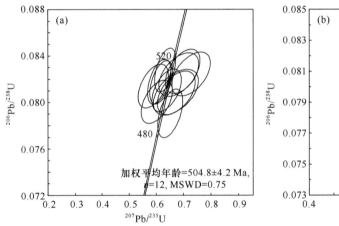
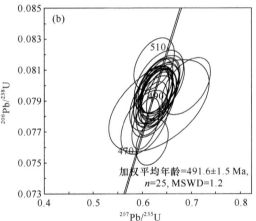

图 2.9　驼背岭蛇绿岩中斜长花岗岩中锆石 SIMS（a）和 LA-ICP-MS（b）U-Pb 谐和图
（据胡培远等，2014a）

表 2.4　早古生代蛇绿岩中橄榄岩矿物电子探针分析结果

样品	GMC1071										
岩性	橄榄石					斜方辉石			尖晶石		
SiO₂	40.86	40.84	40.95	40.74	41.02	56.55	56.46	56.71	0.02	0.01	0.04
TiO₂	0.00	0.00	0.07	0.03	0.00	0.00	0.00	0.00	0.03	0.00	0.00
Al₂O₃	0.00	0.00	0.01	0.02	0.00	2.46	2.51	2.17	61.05	60.41	61.93
Cr₂O₃	0.04	0.02	0.00	0.00	0.04	0.01	0.04	0.00	2.67	3.17	2.10
FeO	13.04	13.29	13.16	12.94	12.49	8.67	9.12	8.90	14.86	15.18	14.40
MnO	0.10	0.08	0.23	0.08	0.10	0.16	0.25	0.19	0.16	0.00	0.01
MgO	46.17	46.25	46.24	45.77	45.80	31.80	32.15	32.57	19.10	18.83	19.44
CaO	0.00	0.01	0.00	0.02	0.00	0.20	0.20	0.16	0.02	0.00	0.01

续表

样品	GMC1071										
岩性	橄榄石					斜方辉石			尖晶石		
P$_2$O$_5$	0.00	0.01	0.01	0.00	0.00	0.00	0.00	0.02	0.00	0.00	0.01
Na$_2$O	0.00	0.00	0.00	0.02	0.00	0.00	0.00	0.01	0.02	0.01	0.00
K$_2$O	0.00	0.00	0.00	0.01	0.00	0.00	0.00	0.01	0.00	0.00	0.00
NiO	0.22	0.18	0.23	0.20	0.28	0.00	0.01	0.00	0.31	0.30	0.37
总计	100.42	100.70	100.89	99.84	99.73	99.85	100.75	100.72	98.24	97.92	98.29
Fo	86.2	86.1	86.0	86.2	86.6						
Fa	13.66	13.87	13.73	13.68	13.26						
Tp	0.11	0.08	0.25	0.09	0.11						
Wo						0.40	0.38	0.29			
En						86.12	85.60	86.17			
Fs						13.49	14.02	13.51			
Ac						0.00	0.00	0.02			
Mg$^\#$	86.3	86.1	86.2	86.3	86.7	86.7	86.3	86.7	69.6	68.9	70.6
Cr$^\#$									2.9	3.4	2.2

样品	GMC1073											
岩性	橄榄石					斜方辉石				尖晶石		
SiO$_2$	41.09	40.51	41.10	40.91	41.25	56.24	56.02	56.41	0.16	0.18	0.02	0.02	0.05
TiO$_2$	0.00	0.00	0.01	0.00	0.00	0.00	0.01	0.00	0.00	0.02	0.00	0.02	0.03
Al$_2$O$_3$	0.00	0.00	0.00	0.00	0.00	2.44	2.47	2.27	61.61	60.82	59.95	60.41	62.70
Cr$_2$O$_3$	0.01	0.01	0.02	0.02	0.02	0.07	0.09	0.07	3.32	3.83	4.77	4.12	2.51
FeO	12.69	12.96	12.89	12.89	13.16	8.53	8.52	8.53	15.07	15.67	15.66	15.42	14.84
MnO	0.00	0.23	0.20	0.22	0.10	0.06	0.11	0.21	0.03	0.02	0.11	0.09	0.00
MgO	46.59	46.62	46.22	46.35	45.62	32.10	31.88	32.27	18.91	18.73	18.22	18.49	19.13
CaO	0.00	0.00	0.00	0.00	0.00	0.21	0.19	0.21					
P$_2$O$_5$	0.01	0.00	0.02	0.03	0.00	0.00	0.00	0.00	0.01	0.00	0.02	0.00	0.01
Na$_2$O	0.00	0.00	0.00	0.06	0.00	0.00	0.00	0.00	0.00	0.01	0.00	0.01	0.00
K$_2$O	0.00	0.00	0.00	0.00	0.01	0.01	0.00	0.00	0.00	0.01	0.00	0.01	0.00
NiO	0.21	0.28	0.23	0.25	0.26	0.02	0.04	0.00	0.31	0.29	0.27	0.29	0.32
总计	100.59	100.60	100.68	100.73	100.42	99.68	99.33	99.96	99.42	99.57	99.02	8.88	99.59
Fo	86.8	86.3	86.3	86.3	86.0								
Fa	13.25	13.46	13.50	13.46	13.91								
Tp	0.00	0.24	0.21	0.24	0.11								
Wo						0.41	0.38	0.40					
En						86.56	85.45	86.44					
Fs						13.03	13.17	13.16					
Ac						0.00	0.00	0.01					
Mg$^\#$	86.7	86.5	86.5	86.5	86.1	87.0	87.0	87.1	69.1	68.1	67.5	68.1	69.7
Cr$^\#$									3.5	4.1	5.1	4.4	2.6

橄榄石具有相对低的 MgO 含量和 Fo（Fo=Mg/［Mg+Fe^{2+}］）值（0.86~0.87），同时其 NiO 含量介于 0.18%~0.28%（质量分数，下同），显示出与深海橄榄岩类似的特征。斜方辉石具有相对高的 Mg$^{\#}$ 值（0.86~0.88），其 Al$_2$O$_3$ 含量介于 2.17%~2.51% 之间。尖晶石相对稳定，显示出极低的 Cr$^{\#}$（Cr$^{\#}$=Cr/［Cr+Al］）值（2.2~5.1），同时其 Mg$^{\#}$ 介于 0.68~0.71 之间，Al$_2$O$_3$ 含量介于 60%~63%，为典型的铝尖晶石（Al-Spinel）。

在橄榄石–尖晶石的 Cr-Mg 图解上（图 2.10），所有样品点均落于底部，显示出与深海橄榄岩相似的特征，暗示橄榄岩相对较为饱满，未经历后期弧前地幔楔的高程度部分熔融。

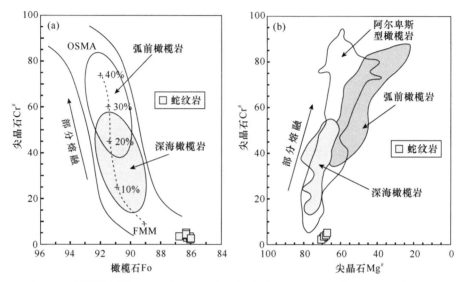

图 2.10　橄榄岩橄榄石 Fo– 尖晶石 Cr$^{\#}$ 图解（a）和尖晶石 Mg$^{\#}$– 尖晶石 Cr$^{\#}$ 图解

深海橄榄岩数据据 Dick and Bullen，1984 和 Jan and Windley，1990，弧前橄榄岩数据据 Pearce et al.，2000 和 Ishii et al.，1992，部分熔融趋势据 Arai，1994。OSMA- 橄榄石 – 尖晶石地幔序列；FMM- 饱满的大洋中脊玄武岩地幔

2）全岩地球化学

变质橄榄岩主量元素分析结果见表 2.5。岩石蚀变较强，烧失量（LOI）较高（5.84%~12.30%），扣除烧失量重新计算氧化物含量：SiO$_2$ 含量在 41.21%~51.92% 之间，平均为 47.11%，略高于全球深海橄榄岩平均值（45.6%）（Niu，2004）；TiO$_2$ 含量在 0.01%~0.11% 之间，接近 Pearce 等（1984）划分的 SSZ 型蛇绿岩（0.03%~0.304%）；Al$_2$O$_3$ 含量在 1.28%~5.49% 之间，平均 2.97%，低于地幔岩的 4.45%（McDonough and Sun，1995），接近纽芬兰岛湾蛇绿岩中橄榄岩的相应值（2.52%）（Irvine and Findlay，1972）和全球深海橄榄岩的平均值（1.92%）（Niu，2004）；CaO 含量（0.08%~1.22%，平均为 0.36%）远低于地幔岩的 3.55%（McDonough and Sun，1995）；MgO 含量（32.79%~43.86%，平均为 38.56%），Mg$^{\#}$ 值（86.2~92.6），与世界上典型蛇绿岩中方辉橄榄岩的相应值（88.6~92.1；Coleman，1977）基本一致；在 Al$_2$O$_3$-SiO$_2$/MgO 和 Al$_2$O$_3$-MgO 图解中（图 2.11）集中在橄榄岩、深海橄榄岩区域及其附近，具有与欧洲大陆下部岩石圈地幔橄榄岩相似的主量元素协变关系。

表 2.5　早古生代蛇绿岩全岩主量元素（%）和微量元素（10⁻⁶）含量

样品	T11-26	GMC1043	GMC1043-1	GMC1043-2	GMC1043-3	GMC1043-4	GMC1044	GMC1045
岩性	斜长花岗岩	斜长花岗岩	斜长花岗岩	斜长花岗岩	斜长花岗岩	斜长花岗岩	辉长岩	辉长岩
SiO_2	69.89	77.36	76.31	75.75	76.06	76.98	56.66	62.70
TiO_2	0.17	0.09	0.08	0.08	0.08	0.04	0.38	0.35
Al_2O_3	16.81	12.64	13.05	13.84	13.26	12.91	14.88	15.08
Fe_2O_3t	1.75	0.00	2.29	2.16	2.36	1.78	8.30	7.19
FeOt	1.57	0.00	2.06	1.94	2.12	1.60	7.47	6.47
MnO	0.04	0.05	0.15	0.07	0.11	0.12	0.14	0.16
MgO	0.68	0.28	0.39	0.35	0.39	0.35	5.93	3.54
CaO	3.43	2.27	2.39	3.32	2.96	2.64	10.70	7.41
Na_2O	5.66	3.99	3.90	3.58	3.57	3.70	0.71	2.43
K_2O	0.28	0.59	0.52	0.40	0.55	0.57	0.16	0.23
P_2O_5	0.08	0.01	0.02	0.02	0.02	0.02	0.03	0.08
LOI	0.92	0.84	0.77	0.67	1.10	0.84	2.01	0.80
总计	99.71	98.11	99.87	100.24	100.46	99.95	99.90	99.97
K	2324	5050	4317	3321	4566	4732	1328	1877
Ti	923	570	430	467	417	119	2172	2336
P	349	20.12	87.28	87.28	87.28	87.28	131	331
Li	0.33	5.54	1.45	0.24	0.56	0.37	9.89	5.92
Sc	3.68	1.79	3.57	3.49	3.17	3.23	33.20	31.00
V	19.10	56.72	6.68	8.37	14.90	6.08	187	202
Cr	4.46	6.60	2.04	2.82	2.48	4.62	159	62.84
Co	4.41	2.72	1.53	2.11	2.52	1.25	21.40	21.30
Ni	2.73	4.39	1.71	4.06	2.88	5.11	52.80	22.54
Ga	11.9	10.56	10.50	11.00	10.30	5.13	14.10	12.86
Rb	4.64	13.64	10.90	7.77	9.82	7.80	1.62	3.66
Sr	374	307	206	205	186	169	98	159
Zr	71.20	42.98	13.00	44.30	17.40	12.90	29.50	25.74
Nb	0.83	0.16	0.11	0.12	0.09	0.06	1.07	1.23
Cs	1.49	3.65	4.98	5.45	3.87	2.16	0.13	2.99
Ba	79.90	109	89.70	61.60	71.20	67.80	35.50	49.18
Ta	0.04	0.01	0.05	0.05	0.05	0.05	0.11	0.08
Pb	2.66	1.63	0.50	0.70	0.72	0.24	0.81	2.28
Th	0.05	0.06	0.05	0.05	0.05	0.05	0.33	0.13
U	0.05	0.04	0.05	0.05	0.05	0.05	0.08	0.05
Hf	2.41	0.92	0.35	1.11	0.49	0.31	1.04	0.69
Y	4.23	4.04	8.95	5.95	9.27	10.50	11.40	11.21
La	1.08	0.50	0.36	0.38	0.31	0.37	1.80	1.32
Ce	2.53	0.75	0.67	0.70	0.63	0.46	4.16	3.54
Pr	0.42	0.08	0.07	0.08	0.06	0.05	0.68	0.53

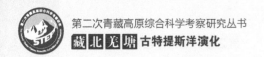

续表

样品	T11-26	GMC1043	GMC1043-1	GMC1043-2	GMC1043-3	GMC1043-4	GMC1044	GMC1045
岩性	斜长花岗岩	斜长花岗岩	斜长花岗岩	斜长花岗岩	斜长花岗岩	斜长花岗岩	辉长岩	辉长岩
Nd	2.22	0.33	0.32	0.38	0.26	0.25	3.29	2.75
Sm	0.68	0.09	0.10	0.14	0.09	0.08	1.09	0.90
Eu	0.37	0.49	0.54	0.59	0.41	0.43	0.35	0.37
Gd	0.92	0.24	0.49	0.47	0.42	0.42	1.62	1.27
Tb	0.14	0.06	0.14	0.12	0.13	0.15	0.31	0.24
Dy	0.80	0.55	1.29	0.92	1.32	1.47	2.08	1.85
Ho	0.17	0.16	0.34	0.21	0.38	0.43	0.48	0.45
Er	0.50	0.61	1.14	0.73	1.30	1.59	1.57	1.52
Tm	0.07	0.11	0.18	0.12	0.23	0.28	0.23	0.25
Yb	0.48	0.94	1.33	0.87	1.67	2.17	1.63	1.83
Lu	0.08	0.17	0.23	0.15	0.30	0.40	0.26	0.31
$Mg^{\#}$	47.6	22.5	28.4	27.4	27.8	31.4	62.5	53.5
Eu^{*}	1.43	10.16	7.46	7.03	6.45	7.17	0.81	1.05

样品	GMC1046	GMC1047	GMC1048	GMC1049	GMC1055	GMC1056	T11-12	GMC1057
岩性	辉长岩	辉长岩	辉长岩	辉长岩	辉长岩	辉长岩	辉长岩	堆晶辉长岩
SiO_2	63.44	61.34	67.07	65.03	62.49	67.06	60.44	59.65
TiO_2	0.41	0.38	0.43	0.38	0.49	0.38	0.44	0.10
Al_2O_3	15.56	15.61	12.02	14.35	13.69	12.94	15.66	9.04
Fe_2O_3t	7.19	7.59	7.55	6.82	9.41	6.79	8.57	5.82
FeOt	6.47	6.83	6.79	6.14	8.47	6.11	7.71	5.24
MnO	0.17	0.14	0.15	0.14	0.17	0.10	0.16	0.09
MgO	3.30	3.93	2.58	2.95	2.78	2.32	3.86	9.07
CaO	6.93	7.69	8.00	7.64	8.00	7.11	8.29	12.57
Na_2O	2.16	2.17	1.89	1.92	2.29	2.55	1.99	1.29
K_2O	0.18	0.18	0.18	0.16	0.31	0.23	0.16	0.28
P_2O_5	0.06	0.05	0.07	0.07	0.06	0.08	0.05	0.01
LOI	0.60	0.85	0.10	0.54	0.24	0.51	0.67	2.01
总计	99.99	99.93	100.04	100.01	99.94	100.06	100.29	99.93
K	1473	1475	1359	1408	2686	2070	1328	2369
Ti	2638	2467	2781	2564	3268	2616	2301	603
P	224	213	279	300	240	342	218	39.68
Li	4.53	5.69	4.19	5.84	4.46	3.48	5.87	4.82
Sc	30.60	31.70	25.16	26.98	32.58	26.56	31.40	5.53
V	176	196	208	191	282	192	195	23.32
Cr	45.44	70.61	64.52	59.70	10.93	54.32	42.10	1462
Co	18.54	21.04	22.50	19.90	25.88	19.97	19.90	46.64
Ni	15.34	23.09	23.81	22.72	15.36	19.73	16.10	428
Ga	13.66	13.59	13.54	13.65	15.81	14.78	14.10	11.21

续表

样品	GMC1046	GMC1047	GMC1048	GMC1049	GMC1055	GMC1056	T11-12	GMC1057
岩性	辉长岩	辉长岩	辉长岩	辉长岩	辉长岩	辉长岩	辉长岩	堆晶辉长岩
Rb	3.15	2.45	1.78	1.79	4.03	2.31	0.98	9.20
Sr	139	126	109	119	117	119	90	211
Zr	32.78	24.74	27.94	36.50	27.92	46.09	15.30	3.63
Nb	1.44	1.30	1.67	1.51	2.03	1.95	0.55	0.51
Cs	2.23	1.85	1.09	1.21	1.91	0.69	0.16	0.20
Ba	40.76	40.16	38.66	42.00	77.42	66.40	47.10	41.69
Ta	0.11	0.08	0.10	0.12	0.12	0.11	0.05	0.03
Pb	1.10	1.93	1.31	2.75	1.90	2.05	0.67	2.08
Th	0.13	0.12	0.13	0.14	0.29	0.22	0.06	0.10
U	0.05	0.05	0.05	0.07	0.09	0.08	0.05	0.05
Hf	0.81	0.65	0.78	0.88	0.81	1.20	0.64	0.12
Y	13.44	10.31	11.57	10.76	16.21	14.74	10.90	2.35
La	1.27	1.39	1.68	1.71	1.87	2.27	1.12	0.53
Ce	3.72	3.81	4.65	4.44	5.51	6.28	2.71	1.25
Pr	0.62	0.59	0.70	0.65	0.88	0.95	0.46	0.17
Nd	3.45	3.02	3.58	3.31	4.68	4.79	2.44	0.84
Sm	1.22	1.02	1.18	1.07	1.57	1.51	0.99	0.29
Eu	0.42	0.40	0.44	0.42	0.55	0.52	0.40	0.98
Gd	1.73	1.42	1.64	1.50	2.13	2.04	1.72	0.41
Tb	0.33	0.26	0.30	0.28	0.40	0.38	0.30	0.07
Dy	2.35	1.86	2.08	1.91	2.78	2.62	2.18	0.49
Ho	0.54	0.42	0.47	0.43	0.65	0.59	0.50	0.10
Er	1.75	1.33	1.48	1.36	2.07	1.86	1.47	0.31
Tm	0.27	0.20	0.22	0.21	0.32	0.28	0.21	0.04
Yb	1.90	1.42	1.58	1.44	2.27	1.97	1.47	0.28
Lu	0.31	0.22	0.25	0.23	0.36	0.31	0.24	0.04
$Mg^{\#}$	51.7	54.7	44.4	50.2	40.8	44.3	51.2	78.4
Eu^{*}	0.89	1.01	0.96	1.02	0.91	0.91	0.94	8.76

样品	GMC1058	GMC1059	GMC1060	T11-01	T11-02	T11-03	T11-04	T11-08
岩性	堆晶辉长岩	堆晶辉长岩	堆晶辉长岩	变质玄武岩	变质玄武岩	变质玄武岩	变质玄武岩	变质玄武岩
SiO_2	61.57	51.10	64.13	48.86	47.99	44.88	46.09	48.22
TiO_2	0.05	0.09	0.10	2.31	2.17	1.74	2.00	1.66
Al_2O_3	6.69	11.83	3.72	14.06	13.02	15.74	14.12	13.86
Fe_2O_3t	6.95	7.21	6.40	14.48	14.38	12.18	14.71	12.26
FeOt	6.25	6.49	5.76	13.03	12.94	10.96	13.24	11.03
MnO	0.11	0.10	0.11	0.35	0.28	0.20	0.27	0.20
MgO	11.16	16.03	10.80	5.81	5.68	6.82	6.79	6.56
CaO	10.37	8.92	11.01	6.45	6.95	11.49	9.36	12.25

续表

样品	GMC1058	GMC1059	GMC1060	T11-01	T11-02	T11-03	T11-04	T11-08
岩性	堆晶辉长岩	堆晶辉长岩	堆晶辉长岩	变质玄武岩	变质玄武岩	变质玄武岩	变质玄武岩	变质玄武岩
Na_2O	1.42	1.18	1.44	3.29	3.43	1.81	2.68	1.73
K_2O	0.26	0.17	0.17	0.90	0.97	0.30	0.09	0.29
P_2O_5	0.01	0.02	0.01	0.22	0.20	0.14	0.17	0.14
LOI	1.36	3.08	2.12	3.73	4.59	4.41	3.77	3.20
总计	99.96	99.73	100.02	100.46	99.66	99.71	100.05	100.37
K	2204	1431	1413	7471	8052	2490	747	2407
Ti	349	587	638	17890	16860	13580	15460	13180
P	47.10	66.72	25.30	960	873	611	742	611
Li	2.93	3.44	4.44	117.00	105.00	28.50	50.90	25.20
Sc	2.19	4.28	3.77	44.60	40.50	38.70	40.20	38.20
V	20.36	35.24	24.64	474	446	366	410	369
Cr	267	350	2250	92.10	88.40	219	114	165
Co	56.26	59.08	54.48	41.90	39.10	42.70	46.40	41.80
Ni	520	509	530	61.1	57.6	86.6	71.3	78.9
Ga	9.30	8.12	8.48	26.90	24.80	21.50	21.60	19.90
Rb	4.27	2.58	2.93	29.00	31.90	9.08	2.05	7.57
Sr	90	67	66	112	159	149	162	163
Zr	1.85	3.21	3.55	164	156	120	137	111
Nb	0.41	0.35	0.24	8.94	8.47	6.39	7.06	5.90
Cs	0.07	0.09	0.08	1.98	3.14	0.52	0.19	0.45
Ba	16.19	13.63	11.86	145.00	165	70.70	30.90	98.10
Ta	0.03	0.03	0.01	0.67	0.63	0.45	0.50	0.41
Pb	2.61	2.29	1.56	2.86	2.34	1.89	1.81	1.74
Th	0.06	0.06	0.08	4.01	3.79	1.72	1.92	1.63
U	0.06	0.07	0.05	0.89	0.84	0.36	0.44	0.35
Hf	0.07	0.08	0.14	5.40	5.05	3.82	4.37	3.61
Y	0.98	2.91	2.23	40.90	39.90	28.80	34.50	28.30
La	0.42	0.46	0.33	14.60	13.80	10.40	11.10	8.81
Ce	1.22	1.42	0.76	31.50	29.80	22.50	25.30	20.60
Pr	0.18	0.25	0.11	4.68	4.40	3.44	3.84	3.06
Nd	0.81	1.37	0.65	21.00	20.00	16.10	18.20	15.10
Sm	0.18	0.41	0.26	6.08	5.82	4.75	5.30	4.38
Eu	1.29	0.83	0.51	1.97	1.85	1.60	1.79	1.47
Gd	0.18	0.46	0.39	7.87	7.36	5.90	6.78	5.80
Tb	0.03	0.08	0.07	1.39	1.35	1.00	1.15	1.00
Dy	0.18	0.50	0.50	8.83	8.47	6.23	7.36	6.13
Ho	0.04	0.11	0.11	1.83	1.79	1.28	1.53	1.29
Er	0.12	0.32	0.31	5.61	5.26	3.67	4.53	3.79
Tm	0.02	0.05	0.04	0.77	0.77	0.51	0.61	0.51

续表

样品	GMC1058	GMC1059	GMC1060	T11-01	T11-02	T11-03	T11-04	T11-08
岩性	堆晶辉长岩	堆晶辉长岩	堆晶辉长岩	变质玄武岩	变质玄武岩	变质玄武岩	变质玄武岩	变质玄武岩
Yb	0.13	0.34	0.27	4.90	5.08	3.16	3.80	3.27
Lu	0.02	0.06	0.04	0.77	0.84	0.49	0.60	0.52
$Mg^{\#}$	78.9	83.8	79.7	48.3	47.9	56.6	51.8	55.5
Eu^{*}	22.18	5.86	4.91	0.87	0.86	0.92	0.91	0.89

样品	T11-09	T11-10	T11-11	T11-36	T11-37	T11-38	T11-39	T11-40
岩性	变质玄武岩	变质玄武岩	变质玄武岩	变质玄武岩	变质玄武岩	变质玄武岩	变质玄武岩	变质玄武岩
SiO_2	47.19	48.01	48.11	48.28	48.07	47.83	48.04	48.09
TiO_2	1.62	1.24	1.28	1.35	1.36	1.35	1.26	1.34
Al_2O_3	13.77	17.36	17.33	17.30	17.18	17.17	17.41	17.26
Fe_2O_3t	13.23	11.13	11.40	11.75	11.75	11.68	11.25	11.85
FeOt	11.90	10.01	10.26	10.57	10.57	10.51	10.12	10.66
MnO	0.20	0.17	0.18	0.18	0.17	0.17	0.17	0.18
MgO	6.54	7.77	7.72	7.58	7.56	7.54	7.69	7.56
CaO	11.89	9.65	9.65	9.54	9.53	9.46	9.59	9.57
Na_2O	1.68	2.95	2.94	3.01	3.02	2.98	2.92	2.94
K_2O	0.25	0.20	0.20	0.17	0.17	0.17	0.20	0.21
P_2O_5	0.14	0.11	0.12	0.12	0.12	0.12	0.11	0.12
LOI	3.21	1.28	1.13	1.11	1.05	0.96	1.19	0.99
总计	99.72	99.87	100.06	100.39	99.98	99.43	99.83	100.11
K	2075	1660	1660	1411	1411	1411	1660	1743
Ti	12610	9491	10170	10730	10750	10380	9668	10460
P	611	480	524	524	524	524	480	524
Li	30.70	3.89	3.60	4.12	3.25	3.25	3.83	3.29
Sc	38.20	26.70	27.40	29.60	28.50	27.70	25.30	26.60
V	355	183	193	205	201	198	178	191
Cr	167	94.30	98.70	96.50	103	93.60	87.70	93.60
Co	42.80	39.90	42.10	41.60	40.90	39.60	37.40	37.90
Ni	85.7	122	117	109	109	102	110	96.3
Ga	20.50	17.50	17.80	18.90	18.10	17.50	16.70	17.00
Rb	6.35	2.95	2.98	2.48	2.60	2.82	2.97	2.89
Sr	214	148	156	139	143	150	149	144
Zr	107	89.90	98.00	98.70	99.50	99.20	92.20	97.50
Nb	5.56	1.41	1.52	1.53	1.53	1.57	1.49	1.57
Cs	0.50	0.43	0.46	0.30	0.26	0.32	0.51	0.31
Ba	72.50	62.80	59.50	46.00	45.00	47.00	46.50	45.10
Ta	0.40	0.13	0.14	0.14	0.14	0.13	0.13	0.13
Pb	1.88	0.76	0.84	0.77	0.81	0.87	1.16	0.80
Th	1.58	0.36	0.38	0.39	0.39	0.41	0.38	0.40

续表

样品	T11-09	T11-10	T11-11	T11-36	T11-37	T11-38	T11-39	T11-40
岩性	变质玄武岩	变质玄武岩	变质玄武岩	变质玄武岩	变质玄武岩	变质玄武岩	变质玄武岩	变质玄武岩
U	0.35	0.14	0.15	0.14	0.14	0.16	0.14	0.16
Hf	3.50	2.77	3.01	3.01	3.10	3.05	2.89	3.08
Y	28.00	25.00	26.90	27.80	27.20	27.80	25.10	27.50
La	9.27	3.71	3.99	4.14	4.08	4.13	3.95	3.94
Ce	21.70	10.10	10.70	11.10	11.10	11.00	10.50	10.80
Pr	3.17	1.77	1.96	2.02	1.98	2.01	1.86	1.95
Nd	14.60	9.74	10.50	10.70	10.70	10.70	9.98	10.40
Sm	4.18	3.15	3.58	3.63	3.41	3.60	3.25	3.60
Eu	1.48	1.27	1.39	1.41	1.37	1.38	1.26	1.41
Gd	5.47	4.58	5.00	4.93	4.97	5.12	4.73	5.09
Tb	0.98	0.82	0.86	0.88	0.88	0.90	0.82	0.86
Dy	5.78	5.12	5.64	5.63	5.67	5.77	5.25	5.72
Ho	1.21	1.09	1.18	1.17	1.15	1.21	1.11	1.19
Er	3.68	3.25	3.48	3.60	3.51	3.60	3.31	3.66
Tm	0.49	0.46	0.49	0.50	0.50	0.50	0.47	0.50
Yb	3.05	2.89	3.12	3.13	3.12	3.19	2.94	3.16
Lu	0.48	0.45	0.49	0.48	0.51	0.51	0.48	0.50
$Mg^{\#}$	53.5	61.9	61.2	60.1	60.0	60.1	61.4	59.8
Eu^{*}	0.95	1.02	1.00	1.02	1.02	0.98	0.98	1.01

样品	T11-41	GMC1061	GMC1062	GMC1063	GMC1065	GMC1071	GMC1072	GMC1073
岩性	变质玄武岩	橄榄岩	橄榄岩	橄榄岩	橄榄岩	橄榄岩	橄榄岩	橄榄岩
SiO_2	48.32	47.67	47.08	43.98	43.96	47.40	46.07	48.75
TiO_2	1.34	0.03	0.04	0.03	0.03	0.03	0.03	0.03
Al_2O_3	17.25	3.19	3.79	3.05	3.65	7.24	8.06	5.40
Fe_2O_3t	11.63	9.48	9.36	9.34	9.18	8.13	8.21	8.06
FeOt	10.47	8.53	8.42	8.40	8.26	7.31	7.39	7.25
MnO	0.18	0.12	0.11	0.12	0.13	0.11	0.10	0.12
MgO	7.56	32.56	33.26	31.32	30.69	27.49	28.76	23.86
CaO	9.52	0.80	0.60	0.68	0.61	4.62	3.27	4.44
Na_2O	3.01	0.01	0.01	0.03	0.03	0.13	0.05	0.17
K_2O	0.23	0.00	0.00	0.01	0.01	0.02	0.01	0.03
P_2O_5	0.12	0.00	0.00	0.01	0.01	0.00	0.02	0.03
LOI	1.21	6.37	6.00	11.00	11.27	5.02	5.60	8.80
总计	100.37	100.24	100.26	99.56	99.57	100.19	100.19	99.69
K	1909	632	126	41.66	137	428	184	238
Ti	10460	280	310	234	198	241	280	220
P	524	44.68	28.56	25.74	32.60	26.94	79.65	112
Li	5.56	2.02	2.23	1.65	3.83	1.86	2.13	2.18

续表

样品	T11-41	GMC1061	GMC1062	GMC1063	GMC1065	GMC1071	GMC1072	GMC1073
岩性	变质玄武岩	橄榄岩	橄榄岩	橄榄岩	橄榄岩	橄榄岩	橄榄岩	橄榄岩
Sc	26.70	8.72	9.50	7.20	7.06	5.77	5.01	4.97
V	191	35.58	43.62	14.61	36.32	2.41	23.41	5.43
Cr	94.00	4396	4426	4012	4350	1728	2007	1890
Co	37.10	129	118	122	122	96.12	102	96.96
Ni	100	1670	1678	1588	1553	1142	1209	1113
Ga	17.10	4.10	4.05	3.72	3.86	4.77	5.06	5.08
Rb	3.52	1.10	0.56	0.12	0.55	1.34	0.75	0.73
Sr	154	0.49	0.05	6.66	12.10	36.65	25.54	43.60
Zr	98.30	1.36	1.43	1.41	1.63	7.75	1.37	1.83
Nb	1.56	0.15	0.10	0.34	0.85	8.15	0.10	0.20
Cs	0.44	0.20	0.21	0.28	0.14	0.31	0.37	0.19
Ba	48.00	14.96	15.06	3.32	28.72	13.32	6.97	12.96
Ta	0.13	0.02	0.01	0.06	0.07	0.68	0.01	0.02
Pb	0.80	0.30	0.12	1.18	0.73	0.50	0.16	1.16
Th	0.38	0.00	0.01	0.05	0.09	0.02	0.00	0.06
U	0.16	0.05	0.04	0.04	0.05	0.02	0.04	0.08
Hf	3.06	0.05	0.04	0.05	0.07	0.17	0.04	0.05
Y	27.30	0.56	0.56	0.49	0.62	0.58	0.64	0.74
La	4.11	0.15	0.12	0.06	0.17	0.16	0.14	0.15
Ce	10.90	0.27	0.27	0.16	0.37	0.39	0.30	0.37
Pr	1.97	0.04	0.04	0.02	0.05	0.05	0.05	0.05
Nd	10.50	0.20	0.20	0.14	0.25	0.24	0.23	0.28
Sm	3.48	0.06	0.06	0.05	0.07	0.06	0.07	0.09
Eu	1.34	0.01	0.01	0.02	0.03	0.06	0.03	0.10
Gd	4.86	0.08	0.08	0.07	0.11	0.08	0.09	0.11
Tb	0.88	0.01	0.01	0.01	0.02	0.01	0.02	0.02
Dy	5.58	0.09	0.10	0.09	0.11	0.09	0.10	0.14
Ho	1.20	0.02	0.02	0.02	0.03	0.02	0.02	0.03
Er	3.58	0.06	0.06	0.07	0.08	0.07	0.07	0.09
Tm	0.50	0.01	0.01	0.01	0.01	0.01	0.01	0.01
Yb	3.09	0.07	0.07	0.08	0.09	0.08	0.08	0.11
Lu	0.49	0.01	0.01	0.01	0.01	0.01	0.01	0.02
Mg#	60.2	88.9	89.2	88.7	88.6	88.7	89.1	87.3
Eu*	1.00	0.63	0.65	1.09	1.12	2.61	1.24	3.20

样品	GMC1075	GMC1076	GMC1077	GMC1078	GMC1079	GMC1080
岩性	橄榄岩	橄榄岩	橄榄岩	橄榄岩	橄榄岩	橄榄岩
SiO$_2$	47.06	46.46	45.47	42.91	45.36	45.93
TiO$_2$	0.02	0.05	0.02	0.03	0.03	0.03

续表

样品	GMC1075	GMC1076	GMC1077	GMC1078	GMC1079	GMC1080
岩性	橄榄岩	橄榄岩	橄榄岩	橄榄岩	橄榄岩	橄榄岩
Al_2O_3	2.16	4.03	1.79	3.08	2.07	3.36
Fe_2O_3t	9.28	8.80	8.67	8.20	8.59	8.12
FeOt	8.35	7.92	7.80	7.38	7.73	7.31
MnO	0.09	0.11	0.09	0.12	0.11	0.09
MgO	34.52	33.49	31.62	33.06	31.61	28.81
CaO	0.19	0.88	0.23	0.15	0.10	0.68
Na_2O	0.01	0.00	0.01	0.03	0.02	0.04
K_2O	0.00	0.00	0.00	0.01	0.01	0.02
P_2O_5	0.00	0.00	0.01	0.01	0.01	0.01
LOI	6.96	6.39	11.68	11.96	11.72	12.57
总计	100.29	100.22	99.60	99.55	99.61	99.65
K	13.28	96.9	30.44	66.96	46.46	55.04
Ti	207.4	379.4	134	194	196	138
P	31.68	34.68	26.00	28.34	28.44	27.96
Li	0.77	1.24	1.10	2.30	1.41	1.76
Sc	7.58	7.86	4.25	6.64	5.26	5.27
V	38.98	34.34	13.23	22.86	13.45	11.02
Cr	2388	3256	2210	2696	2658	3406
Co	126	113	129	124	124	116
Ni	1655	1519	1633	1733	1704	1755
Ga	2.07	4.49	2.67	2.76	2.41	4.81
Rb	0.24	0.38	0.12	0.16	0.09	0.18
Sr	11.38	5.40	5.04	6.55	4.32	5.54
Zr	1.65	1.60	1.24	1.85	1.88	1.72
Nb	0.11	0.10	0.87	0.14	0.12	0.14
Cs	0.02	0.32	0.01	0.02	0.01	0.02
Ba	6.36	3.11	3.74	19.53	7.61	9.35
Ta	0.01	0.01	0.07	0.01	0.01	0.02
Pb	0.65	0.28	0.67	1.10	0.60	0.81
Th	0.02	0.01	0.04	0.06	0.05	0.07
U	0.02	0.01	0.03	0.07	0.02	0.10
Hf	0.04	0.04	0.05	0.05	0.05	0.06
Y	0.67	1.50	0.82	0.81	0.76	0.86
La	0.14	0.16	0.10	0.15	0.10	0.13
Ce	0.31	0.44	0.30	0.40	0.28	0.39
Pr	0.05	0.08	0.05	0.06	0.05	0.06
Nd	0.23	0.48	0.25	0.30	0.24	0.32
Sm	0.07	0.16	0.09	0.09	0.08	0.11
Eu	0.04	0.05	0.06	0.07	0.05	0.06

续表

样品	GMC1075	GMC1076	GMC1077	GMC1078	GMC1079	GMC1080
岩性	橄榄岩	橄榄岩	橄榄岩	橄榄岩	橄榄岩	橄榄岩
Gd	0.08	0.22	0.11	0.11	0.11	0.13
Tb	0.02	0.04	0.02	0.02	0.02	0.02
Dy	0.10	0.24	0.14	0.13	0.13	0.15
Ho	0.02	0.05	0.03	0.03	0.03	0.04
Er	0.07	0.17	0.10	0.10	0.10	0.11
Tm	0.01	0.03	0.02	0.02	0.01	0.02
Yb	0.08	0.19	0.11	0.12	0.11	0.12
Lu	0.01	0.03	0.02	0.02	0.02	0.02
$Mg^{\#}$	89.7	89.9	89.5	90.4	89.6	89.2
Eu^{*}	1.54	0.73	1.85	2.02	1.82	1.46

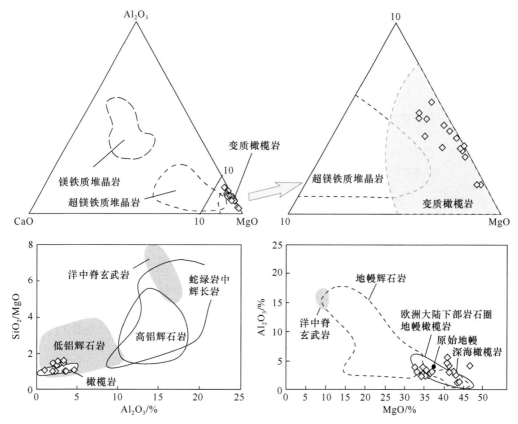

图 2.11　变质橄榄岩 CaO-Al_2O_3-MgO，Al_2O_3-SiO_2/MgO 和 MgO-Al_2O_3 图解

底图据 Coleman，1977；Bodinier and Godard，2003；Whattam et al.，2011

橄榄岩稀土总量较低（$0.43 \times 10^{-6} \sim 2.66 \times 10^{-6}$，平均为 1.56×10^{-6}）低于 Boynton（1984）发表的球粒陨石值（3.29×10^{-6}），也明显低于原始地幔值（7.08×10^{-6}；McDonough，1991）。球粒陨石标准化稀土元素配分曲线呈宽阔"U"型至平坦型分布

［图 2.12（a）］。LREE/HREE=1.26~7.6，$(La/Yb)_N$=0.53~3.81，轻稀土弱富集，轻、重稀土分馏不明显；轻稀土分异程度不高，$(La/Sm)_N$=0.65~4.00；重稀土分异程度较低，$(Gd/Yb)_N$=0.66~1.02；δEu=0.23~1.3。REE 丰度变化较宽，反映橄榄岩的熔融程度和亏损程度具有明显的差异（王希斌和郝梓国，1994）。中稀土比轻、重稀土元素亏损，轻稀土略富集，其总趋势与典型蛇绿岩中变质橄榄岩的稀土配分模式相似。微量元素分布形式与全球深海橄榄岩微量元素分布形式基本一致［图 2.12（b）］（Niu，2004），明显的 Cs、U、Pb 富集，较弱的 Ba、Ta 富集，部分样品 Th、Nb 有明显负异常，Zr、Hf 显示为弱负异常。

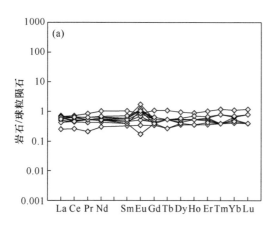
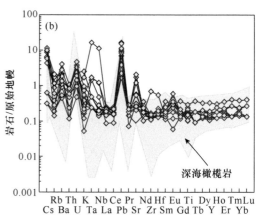

图 2.12　变质橄榄岩球粒陨石标准化稀土元素配分图和原始地幔标准化微量元素蛛网图

球粒陨石和原始地幔值据 Sun and McDonough，1989；深海橄榄岩数据据 Niu，2004

整体而言，变质橄榄岩经历了较强的蛇纹石化，原岩矿物组合已难识别。残留的矿物电子探针分析结果显示，橄榄岩样品总体具有深海橄榄岩的矿物学特征，较为饱满。此外，全岩地球化学分析表明，大多数样品全岩组成具有高 Cr（> 2000×10^{-6}）和 Ni（> 2000×10^{-6}），指示分析样品是地幔橄榄岩部分熔融后难熔残留体（Hattori and Guillot，2007）。稀土微量元素含量接近深海橄榄岩区域及其附近，其球粒陨石标准化的稀土元素配分曲线和原始地幔标准化的微量元素分布形式总体显示为亏损地幔的特征，并与 Niu（2004）给出的全球深海橄榄岩标准化后稀土和微量元素的分配形式基本一致，即橄榄岩呈现出深海橄榄岩的特征。

2. 基性岩

对早古生代蛇绿岩中基性岩单元（包括辉长岩、玄武岩和斜长花岗岩）开展了全岩主微量元素分析，分析结果见表 2.5。

1）玄武岩

玄武岩 SiO_2 含量介于 44.9%~48.9% 之间，同时具有相对高的 TiO_2 含量（1.2%~2.3%），与典型 MORB 岩浆类似。Al_2O_3=13.0%~17.4%，Fe_2O_3t=11.1%~14.7%，MgO=5.7%~7.8%，其 $Mg^{\#}$ 介于 55~70 之间。在 Zr/TiO_2-Nb/Y 图解上，所有玄武岩样品均落入

亚碱性玄武岩和安山质玄武岩范围内［图 2.13（a）；Winchester and Floyd，1977］，在（Na$_2$O+K$_2$O）-FeOt-MgO（AFM）图解中，样品均显示出拉斑玄武岩的特征［图 2.13（b）；Irvine and Baragar，1971］。

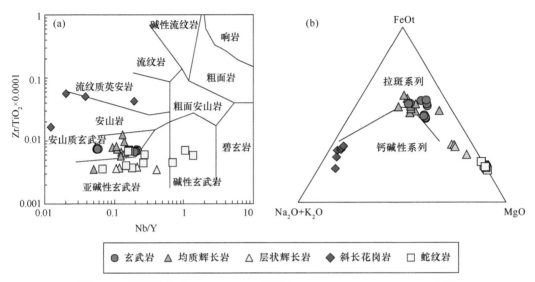

图 2.13　基性岩（a）Zr/TiO$_2$-Nb/Y 图解（Winchester and Floyd，1977）和（b）（Na$_2$O + K$_2$O）-FeOt-MgO（AFM）图解（Irvine and Baragar，1971）

球粒陨石标准化稀土曲线显示玄武岩具有平坦或弱富集的稀土形态（(La/Yb)$_N$=0.9~2.4），并且具有弱的 Eu 异常或异常不明显，表明玄武岩岩浆未经过明显的结晶分异过程［图 2.14（a）］。在蛛网图上，样品均显示出 Nb 的负异常，且相对富集 Rb、Ba 和 U。整体而言，样品具有与正常大洋中脊玄武岩（N-MORB）和富集大洋中脊玄武岩（E-MORB）类似的稀土曲线。在 Mg$^#$ 相关图解中，样品均显示出 Al$_2$O$_3$、CaO、Cr 和 Ni 的正相关性，Fe$_2$O$_3$t、TiO$_2$、K$_2$O+Na$_2$O 和 P$_2$O$_5$ 的负相关关系（图 2.15）。

2）辉长岩

均质和层状辉长岩样品显示出较大的 SiO$_2$ 含量变化（51%~56%），同时受到蚀变的影响，其全碱含量波动较大（0.9%~2.8%；表 2.5）。SiO$_2$ 含量则随着样品中斜长石等浅色矿物含量的增加而增加，导致浅色层状辉长岩的 SiO$_2$ 含量显著升高。此外，辉长岩样品相较于层状辉长岩均显示出高的 TiO$_2$、Al$_2$O$_3$、Fe$_2$O$_3$t 含量和低的 MgO 含量，表明堆晶作用对元素含量的控制。在 Zr/TiO$_2$-Nb/Y 图解中，样品均落入亚碱性玄武岩和安山质玄武岩范围［图 2.13（a）；Winchester and Floyd，1977］，在 AFM 图解中，样品则显示出明显的拉斑质演化趋势［图 2.13（b）；Irvine and Baragar，1971］。

层状辉长岩具有相对平坦的稀土元素分布曲线，但其稀土含量明显低于均质辉长岩。此外，所有辉长岩样品均显示出明显的正 Eu 异常（Eu/Eu*=8~22），表明堆晶过程中斜长石的结晶。辉长岩样品均明显亏损 Nb 和 Ti，同时不同程度富集 Rb、Ba、U 等元素（图 2.14）。在 Mg$^#$ 哈克图解上，样品均显示出与玄武岩样品相似且连续的变化趋

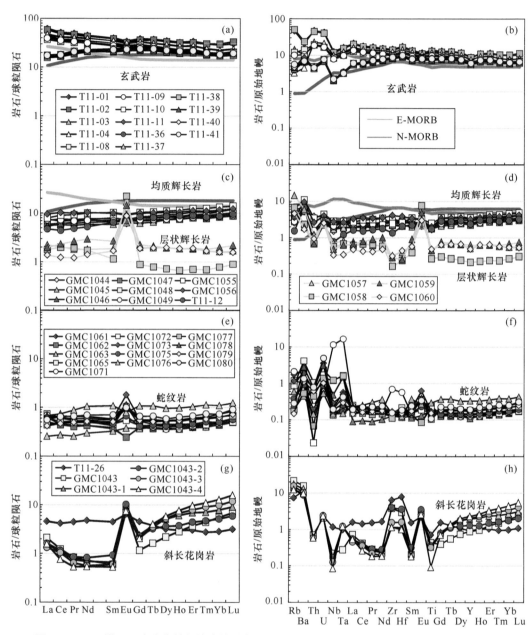

图 2.14　冈玛错西早古生代蛇绿岩全岩球粒陨石标准化稀土配分图和原始地幔标准化蛛网图

（据 Zhai et al.，2016）

N-MORB、E-MORB、球粒陨石、原始地幔值均据 Sun and McDonough，1989

势，暗示可能为同源岩浆演化的结果（图 2.15）。

　　3）斜长花岗岩

　　斜长花岗岩样品均具有高的 SiO_2（70%~77%）和 Na_2O（3.6%~5.7%）含量，同时具有极低的 K_2O 含量（0.3%~0.6%）（表 2.5），与典型斜长花岗岩相一致（Coleman and Peterman，1975）。CIPW 标准化后，其 Ab 含量介于 30~49 之间，An 含量介于 11~17 之间，

而 Or 含量介于 1.7~3.5，表明斜长花岗岩的化学组成与英云闪长岩相一致（图 2.16）。在 Zr/TiO₂-Nb/Y 图解中，斜长花岗岩均落入流纹岩和安山岩范围 [图 2.13（a）]。

稀土微量元素组成上，斜长花岗岩具有低的稀土元素含量，同时具有明显的 Eu 正

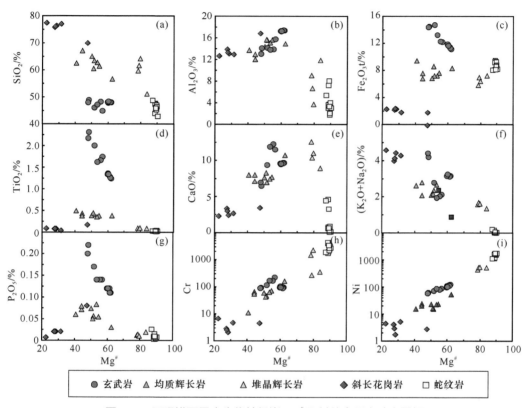

图 2.15　冈玛错西早古生代蛇绿岩 Mg# 和其他多元素哈克图解

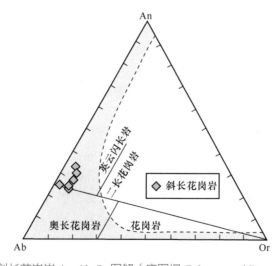

图 2.16　斜长花岗岩 An-Ab-Or 图解（底图据 Coleman and Peterman，1975）

异常 [Eu/Eu*=1.43~10 ; 图 2.14（g）]。除 T11-26 外，其余样品均显示出轻稀土相对亏损的特征（(La/Yb)$_N$=0.12~0.38）。这些特征与大洋斜长花岗岩相一致。此外，所有样品均显示出富集 Rb、Ba、Zr、Hf 和 Eu，同时亏损 Nb、Ti、Sm 和 Th 的特征 [图 2.14（h）；Sun and McDonough，1989]。

3. Sr-Nd-Hf 同位素

对 23 件基性岩样品开展全岩 Sr-Nd 同位素分析，结果见表 2.6。所有样品显示出相对宽泛的初始 $^{87}Sr/^{86}Sr$ 值（I_{Sr}），结果介于 0.0703308~0.709223，明显高于大洋样品的初始 Sr 同位素比值。所有样品具有相对高的 $^{143}Nd/^{144}Nd$ 值（0.512704~0.513000）（图 2.17）。$\varepsilon_{Nd}(t)$ 值介于 +3.5~+6.9 之间。此外一件蛇纹岩样品具有明显高的 $\varepsilon_{Nd}(t)$ 值（+10.6）。考虑到 Sr 元素相对 Nd 在蚀变过程中更活泼，我们认为样品高的 I_{Sr} 值可能与洋底热液蚀变有关。

辉长岩和斜长花岗岩具有相似的锆石 Hf 同位素组成，初始 $^{176}Hf/^{177}Hf$ 值介于 0.282745~0.282888 之间，锆石 $\varepsilon_{Hf}(t)$ 值介于 +10.1~+13.9 之间（图 2.18；表 2.7），指示其源自亏损的地幔源区。

4. 构造环境

冈玛错西蛇纹岩显示出高的 Cr 和 Ni 含量，尖晶石和橄榄岩矿物地球化学特征进一步显示出其原岩（橄榄岩）具有深海橄榄岩特征。一方面其较高的 $\varepsilon_{Nd}(t)$（+6.2~+10.6），表明蛇纹岩具有地幔源区的特征。另一方面，玄武岩和辉长岩具有相似的地球化学组成，均具有低的 REE 含量和不同程度轻稀土富集（亏损），均一且正的 $\varepsilon_{Nd}(t)$ 值。稀土配分曲线显示样品具有与 N-MORB 和 E-MORB 相似的配分曲线。在 Nb×2-Zr/4-Y 和 Th/Yb-Nb/Yb 图解中 [图 2.19（a）、（b）]，大部分基性岩样品均落入 N-MORB 范围内。这些特征共同表明这些基性岩具有大洋中脊类似的形成环境。此外，大部分样品同时具有 Nb 和 Ti 的负异常，表明其形成过程中还受到不同程度俯冲组分的影响，相对不太高的 Nd 和 Hf 同位素组成也进一步暗示其岩浆源区受到不同程度俯冲富集组分的改造（图 2.17）。

全岩地球化学和同位素结果表明，冈玛错西蛇绿岩形成于受俯冲改造的亏损地幔源区，具有 SSZ 蛇绿岩的特征（Metcalf et al.，2008 ；Pearce，2008 ；Wakabayashi et al.，2010）。通常，SSZ 蛇绿岩的形成环境包括弧前和弧后盆地（如：Dilek and Flower，2003 ；Dilek and Furnes，2011，2014 ；Furnes et al.，2014，2015 ；Pearce，2014）。对冈玛错西蛇绿岩而言，其橄榄岩中尖晶石成分明显有别于弧前难熔的地幔橄榄岩。此外，在 Ti-V 图解中，玄武岩样品均落入典型的 MORB（洋中脊玄武岩）范围，其相对高的 Ti 含量也有别于弧前玻安质岩浆岩，而与俯冲相关的 IAT 岩浆类似 [图 2.19（c）]。因此，我们认为冈玛错西蛇绿岩可能形成于与弧后盆地相关的大洋中脊环境。

表 2.6　早古生代蛇绿岩中基性岩和斜长花岗岩全岩 Sr-Nd 同位素组成

样品	岩性	年龄/Ma	Rb/10⁻⁶	Sr/10⁻⁶	$^{87}Rb/^{86}Sr$	$^{87}Sr/^{86}Sr$	±2σm	I_{Sr}	Sm/10⁻⁶	Nd/10⁻⁶	$^{147}Sm/^{144}Nd$	$^{143}Nd/^{144}Nd$	±2σm	$\varepsilon_{Nd}(0)$	$\varepsilon_{Nd}(t)$	$f_{Sm/Nd}$
T11-01	玄武岩	486	10.23	120	0.2475	0.709349	15	0.707635	4.44	15.82	0.1698	0.512748	5	2.1	3.8	-0.14
T11-02	玄武岩	486	20.15	497	0.1172	0.709213	15	0.708401	4.62	16.30	0.1714	0.512763	10	2.4	4.0	-0.13
T11-03	玄武岩	486	3.26	177	0.0533	0.707515	15	0.707146	3.34	12.19	0.1657	0.512820	5	3.6	5.5	-0.16
T11-04	玄武岩	486	0.75	187	0.0116	0.707481	17	0.707400	4.03	14.33	0.1700	0.512871	5	4.5	6.2	-0.14
T11-08	玄武岩	486	3.25	201	0.0467	0.706387	18	0.706063	3.40	12.03	0.1711	0.512870	8	4.5	6.1	-0.13
T11-09	玄武岩	486	1.98	278	0.0206	0.706461	18	0.706319	3.37	12.17	0.1674	0.512871	12	4.5	6.4	-0.15
T11-10	玄武岩	486	1.94	178	0.0314	0.703557	17	0.703339	2.71	8.20	0.1995	0.513000	5	7.1	6.9	0.01
T11-11	玄武岩	486	2.25	188	0.0346	0.703547	15	0.703308	2.78	8.32	0.2017	0.512994	13	6.9	6.6	0.03
T11-12	辉长岩	437	0.62	111	0.0162	0.704403	13	0.704302	0.73	1.90	0.2323	0.512996	12	7.0	5.0	0.18
GMC1044	辉长岩	486	3.01	168	0.0517	0.705042	15	0.704684	0.90	2.88	0.1883	0.512898	6	5.1	5.6	-0.04
GMC1045	辉长岩	486	2.96	149	0.0575	0.705163	14	0.704765	0.77	2.43	0.1923	0.512861	14	4.4	4.6	-0.02
GMC1046	辉长岩	486	3.41	157	0.0627	0.704705	14	0.704271	1.08	3.09	0.2101	0.512901	9	5.1	4.3	0.07
GMC1048	辉长岩	486	1.37	105	0.0377	0.704850	12	0.704589	1.02	3.11	0.1978	0.512854	12	4.2	4.1	0.01
GMC1049	辉长岩	486	1.17	41.6	0.0811	0.704883	15	0.704322	0.92	2.90	0.1921	0.512848	6	4.1	4.4	-0.02
GMC1056	辉长岩	501	1.94	126	0.0446	0.704702	14	0.704384	0.79	2.33	0.2048	0.512924	11	5.6	5.1	0.04
GMC1059	堆晶辉长岩	501	1.52	89	0.0496	0.705183	14	0.704829	0.79	2.46	0.1940	0.512826	15	3.7	3.8	-0.01
GMC1063	蛇纹岩	486	0.19	5.57	0.1006	0.705711	13	0.705014	0.04	0.13	0.1913	0.512941	11	5.9	6.2	-0.03
GMC1073	蛇纹岩	486	0.58	40.9	0.0411	0.703674	15	0.703389	0.07	0.26	0.1625	0.512856	12	4.3	6.4	-0.17
GMC1077	蛇纹岩	486	0.08	19.6	0.0123	0.709308	15	0.709223	0.08	0.36	0.1304	0.512970	7	6.5	10.6	-0.34
T11-26	斜长花岗岩	441	4.34	497	0.0252	0.705144	14	0.704985	0.66	2.24	0.1795	0.512770	5	2.6	3.5	-0.09
GMC1043	斜长花岗岩	487	10.87	315	0.0998	0.706255	15	0.705562	0.08	0.30	0.1586	0.512704	11	1.3	3.7	-0.19
GMC1043-2	斜长花岗岩	487	7.24	307	0.0682	0.704848	19	0.704848	0.14	0.43	0.1970	0.512888	7	4.9	4.9	0.00
GMC1043-3	斜长花岗岩	487	7.13	307	0.0673	0.705370	17	0.704903	0.14	0.43	0.2016	0.512886	15	4.8	4.5	0.02

注：$\varepsilon_{Nd} = [(^{143}Nd/^{144}Nd)_{样品}/(^{143}Nd/^{144}Nd)_{CHUR}-1] \times 10000$，$f_{Sm/Nd} = [(^{147}Sm/^{144}Sm)_{样品}/(^{147}Sm/^{144}Sm)_{CHUR}]-1$。

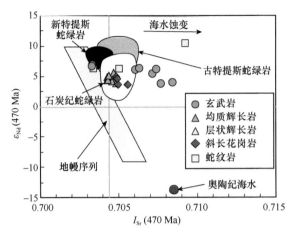

图 2.17　早古生代蛇绿岩 Sr-Nd 同位素组成

奥陶纪海水据 Keto and Jacobsen，1988 和 Burke et al.，1982，新特提斯蛇绿岩、古特提斯蛇绿岩和石炭纪蛇绿岩

据 Xu and Castillo，2004 和 Zhai et al.，2013a

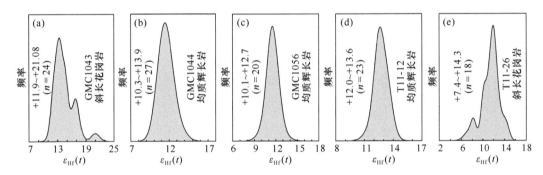

图 2.18　早古生代蛇绿岩锆石 $\varepsilon_{Hf}(t)$ 值频率直方图

表 2.7　早古生代蛇绿岩锆石 Hf 同位素组成

点号	年龄/Ma	$^{176}Yb/^{177}Hf$	1σ	$^{176}Lu/^{177}Hf$	1σ	$^{176}Hf/^{177}Hf$	1σ	$^{176}Hf/^{177}Hf_i$	$\varepsilon_{Hf}(0)$	$\varepsilon_{Hf}(t)$	1σ	T_{DM}/Ma	T_{DM}^C/Ma	$f_{Lu/Hf}$
					GMC1043，斜长花岗岩，33°50′02″N，86°16′49″E									
01	490	0.0796	0.0018	0.0016	0.0000	0.282854	0.000024	0.282839	2.9	13.2	0.8	575	623	−0.95
02	485	0.0609	0.0016	0.0013	0.0000	0.282818	0.000022	0.282807	1.6	11.9	0.8	620	699	−0.96
03	489	0.0504	0.0007	0.0009	0.0000	0.282932	0.000020	0.282924	5.7	16.1	0.7	453	431	−0.97
04	488	0.0725	0.0017	0.0017	0.0000	0.283076	0.000026	0.283060	10.7	21.0	0.9	254	122	−0.95
05	483	0.1167	0.0026	0.0024	0.0000	0.282899	0.000022	0.282877	4.5	14.3	0.8	521	542	−0.93
06	484	0.0911	0.0019	0.0018	0.0000	0.282901	0.000014	0.282885	4.6	14.7	0.5	509	522	−0.94
07	482	0.0221	0.0004	0.0004	0.0000	0.282895	0.000016	0.282891	4.4	14.8	0.6	499	510	−0.99
08	476	0.0039	0.0000	0.0001	0.0000	0.282959	0.000015	0.282959	6.6	17.1	0.5	405	360	−1.00
09	488	0.0162	0.0003	0.0003	0.0000	0.282947	0.000017	0.282944	6.2	16.8	0.6	425	386	−0.99
10	487	0.1162	0.0003	0.0023	0.0000	0.282916	0.000016	0.282895	5.1	15.1	0.6	494	498	−0.93
11	485	0.0590	0.0019	0.0013	0.0000	0.282849	0.000016	0.282837	2.7	13.0	0.6	576	629	−0.96
12	487	0.1155	0.0034	0.0024	0.0000	0.282871	0.000021	0.282850	3.5	13.5	0.7	561	600	−0.93

续表

点号	年龄/Ma	^{176}Yb/^{177}Hf	1σ	^{176}Lu/^{177}Hf	1σ	^{176}Hf/^{177}Hf	1σ	^{176}Hf/^{177}Hf$_i$	$\varepsilon_{Hf}(0)$	$\varepsilon_{Hf}(t)$	1σ	T_{DM}/Ma	T_{DM}^C/Ma	$f_{Lu/Hf}$
					GMC1043，斜长花岗岩，33°50′02″N，86°16′49″E									
13	488	0.1230	0.0009	0.0026	0.0000	0.282868	0.000017	0.282845	3.4	13.3	0.6	569	611	−0.92
14	493	0.0453	0.0003	0.0010	0.0000	0.282855	0.000017	0.282846	2.9	13.5	0.6	563	604	−0.97
15	492	0.1347	0.0005	0.0028	0.0000	0.282886	0.000019	0.282860	4.0	14.0	0.6	545	573	−0.91
16	488	0.1831	0.0013	0.0038	0.0000	0.283004	0.000021	0.282969	8.2	17.7	0.7	380	329	−0.89
17	484	0.0534	0.0006	0.0012	0.0000	0.282822	0.000015	0.282811	1.8	12.0	0.5	613	689	−0.96
18	493	0.0787	0.0009	0.0016	0.0000	0.282862	0.000016	0.282847	3.2	13.5	0.6	562	602	−0.95
19	486	0.0111	0.0002	0.0002	0.0000	0.282830	0.000016	0.282827	2.0	12.7	0.6	588	651	−0.99
20	487	0.0446	0.0008	0.0009	0.0000	0.282827	0.000025	0.282819	2.0	12.4	0.9	601	669	−0.97
21	486	0.0157	0.0001	0.0003	0.0000	0.282933	0.000018	0.282930	5.7	16.3	0.6	445	419	−0.99
22	488	0.0097	0.0004	0.0002	0.0000	0.282856	0.000020	0.282854	3.0	13.7	0.7	550	589	−0.99
23	491	0.0112	0.0003	0.0002	0.0000	0.282816	0.000018	0.282814	1.6	12.3	0.6	606	679	−0.99
24	488	0.0805	0.0051	0.0014	0.0001	0.282884	0.000020	0.282871	4.0	14.2	0.7	529	552	−0.96
					GMC1044，辉长岩，33°50′02″N，86°16′49″E									
01	486	0.0729	0.0005	0.0016	0.0000	0.282790	0.000019	0.282775	0.6	10.8	0.7	667	770	−0.95
02	485	0.1041	0.0007	0.0024	0.0000	0.282831	0.000024	0.282809	2.1	12.0	0.8	621	693	−0.93
03	487	0.0874	0.0032	0.0019	0.0001	0.282828	0.000023	0.282810	2.0	12.1	0.8	617	689	−0.94
04	483	0.0410	0.0008	0.0010	0.0000	0.282782	0.000024	0.282773	0.4	10.7	0.8	666	775	−0.97
05	482	0.0834	0.0014	0.0019	0.0000	0.282831	0.000023	0.282814	2.1	12.1	0.8	611	683	−0.94
06	486	0.1272	0.0008	0.0029	0.0000	0.282808	0.000026	0.282781	1.3	11.0	0.9	664	755	−0.91
07	487	0.0347	0.0010	0.0009	0.0000	0.282830	0.000020	0.282822	2.0	12.5	0.7	597	663	−0.97
08	492	0.0172	0.0006	0.0005	0.0000	0.282776	0.000020	0.282772	0.1	10.8	0.7	666	773	−0.99
09	492	0.0232	0.0002	0.0006	0.0000	0.282787	0.000019	0.282782	0.5	11.2	0.7	652	750	−0.98
10	491	0.0364	0.0004	0.0009	0.0000	0.282830	0.000022	0.282822	2.1	12.6	0.8	597	660	−0.97
11	489	0.0489	0.0001	0.0012	0.0000	0.282839	0.000018	0.282828	2.4	12.8	0.6	589	648	−0.96
12	491	0.1010	0.0006	0.0024	0.0000	0.282798	0.000025	0.282776	0.9	10.9	0.9	670	765	−0.93
13	487	0.1118	0.0050	0.0029	0.0001	0.282887	0.000021	0.282861	4.1	13.9	0.6	545	575	−0.91
14	482	0.0277	0.0002	0.0007	0.0000	0.282808	0.000021	0.282801	1.3	11.6	0.7	626	713	−0.98
15	487	0.0836	0.0009	0.0023	0.0000	0.282823	0.000019	0.282801	1.8	11.8	0.7	632	709	−0.93
16	488	0.0389	0.0003	0.0011	0.0000	0.282791	0.000018	0.282782	0.7	11.1	0.6	655	753	−0.97
17	480	0.0454	0.0005	0.0013	0.0000	0.282783	0.000018	0.282771	0.4	10.5	0.6	671	782	−0.96
18	485	0.0340	0.0002	0.0009	0.0000	0.282814	0.000016	0.282806	1.5	11.9	0.6	619	700	−0.97
19	485	0.0296	0.0006	0.0007	0.0000	0.282802	0.000016	0.282795	1.1	11.5	0.6	634	724	−0.98
20	484	0.0368	0.0002	0.0009	0.0000	0.282801	0.000021	0.282792	1.0	11.4	0.7	639	732	−0.97
21	483	0.0231	0.0003	0.0006	0.0000	0.282767	0.000020	0.282761	−0.2	10.3	0.7	681	802	−0.98
22	483	0.1128	0.0033	0.0026	0.0001	0.282826	0.000029	0.282803	1.9	11.7	1.0	631	709	−0.92
23	482	0.0122	0.0001	0.0003	0.0000	0.282801	0.000018	0.282798	1.0	11.5	0.6	629	720	−0.99
24	490	0.1714	0.0023	0.0039	0.0000	0.282833	0.000028	0.282797	2.1	11.7	1.0	645	718	−0.88
25	495	0.0477	0.0009	0.0012	0.0000	0.282774	0.000024	0.282763	0.1	10.6	0.8	681	791	−0.97
26	487	0.0389	0.0007	0.0010	0.0000	0.282830	0.000024	0.282821	2.1	12.5	0.9	598	665	−0.97
27	486	0.0900	0.0002	0.0021	0.0000	0.282814	0.000024	0.282794	1.5	11.5	0.8	641	726	−0.94

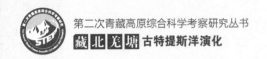
续表

点号	年龄/Ma	$^{176}Yb/^{177}Hf$	1σ	$^{176}Lu/^{177}Hf$	1σ	$^{176}Hf/^{177}Hf$	1σ	$^{176}Hf/^{177}Hf_i$	$\varepsilon_{Hf}(0)$	$\varepsilon_{Hf}(t)$	1σ	T_{DM}/Ma	T_{DM}^C/Ma	$f_{Lu/Hf}$
GMC1056，辉长岩，33°47'15″N，86°16'01″E														
01	500	0.1027	0.0030	0.0025	0.0001	0.282809	0.000023	0.282786	1.3	11.5	0.8	654	736	−0.93
02	500	0.0518	0.0002	0.0013	0.0000	0.282789	0.000024	0.282777	0.6	11.2	0.8	661	755	−0.96
03	496	0.0261	0.0007	0.0007	0.0000	0.282804	0.000020	0.282798	1.1	11.8	0.7	631	712	−0.98
04	499	0.0451	0.0004	0.0012	0.0000	0.282818	0.000019	0.282807	1.6	12.2	0.7	619	689	−0.96
05	504	0.0466	0.0005	0.0013	0.0000	0.282785	0.000019	0.282773	0.5	11.1	0.7	667	762	−0.96
06	500	0.0327	0.0007	0.0010	0.0000	0.282779	0.000018	0.282770	0.3	10.9	0.6	670	772	−0.97
07	500	0.0431	0.0001	0.0012	0.0000	0.282795	0.000017	0.282783	0.8	11.4	0.6	653	741	−0.96
08	501	0.0403	0.0003	0.0012	0.0000	0.282792	0.000019	0.282780	0.7	11.3	0.7	657	748	−0.96
09	500	0.0665	0.0004	0.0019	0.0000	0.282806	0.000022	0.282788	1.2	11.6	0.8	648	731	−0.94
10	501	0.0265	0.0002	0.0008	0.0000	0.282794	0.000018	0.282787	0.8	11.5	0.6	646	734	−0.98
11	503	0.0787	0.0006	0.0024	0.0000	0.282826	0.000021	0.282804	1.9	12.2	0.7	626	693	−0.93
12	498	0.0396	0.0001	0.0012	0.0000	0.282807	0.000019	0.282796	1.2	11.8	0.7	635	714	−0.96
13	502	0.0218	0.0001	0.0006	0.0000	0.282782	0.000018	0.282776	0.3	11.2	0.6	660	757	−0.98
14	501	0.0451	0.0003	0.0012	0.0000	0.282794	0.000021	0.282782	0.8	11.4	0.7	654	744	−0.96
15	495	0.0419	0.0003	0.0011	0.0000	0.282807	0.000020	0.282797	1.2	11.8	0.7	633	714	−0.97
16	505	0.0462	0.0007	0.0012	0.0000	0.282828	0.000030	0.282817	2.0	12.7	1.1	605	664	−0.96
17	506	0.0320	0.0004	0.0009	0.0000	0.282813	0.000026	0.282805	1.5	12.3	0.9	620	689	−0.97
18	493	0.0857	0.0003	0.0024	0.0000	0.282792	0.000026	0.282770	0.7	10.8	0.9	678	777	−0.93
19	503	0.1242	0.0019	0.0032	0.0000	0.282775	0.000026	0.282745	0.1	10.1	0.9	719	827	−0.90
20	506	0.0232	0.0004	0.0006	0.0000	0.282800	0.000020	0.282794	1.0	11.9	0.7	635	714	−0.98
T11-12，辉长岩，33°49'17″N，86°17'53″E														
01	437	0.0071	0.0000	0.0001	0.0000	0.282868	0.000023	0.282867	3.4	13.0	0.8	533	593	−1.00
02	438	0.0085	0.0001	0.0002	0.0000	0.282853	0.000017	0.282851	2.9	12.4	0.6	554	628	−0.99
03	434	0.0046	0.0001	0.0001	0.0000	0.282886	0.000020	0.282885	4.0	13.5	0.7	508	554	−1.00
04	431	0.0072	0.0001	0.0001	0.0000	0.282844	0.000013	0.282843	2.5	12.0	0.5	566	652	−1.00
05	438	0.0056	0.0001	0.0001	0.0000	0.282870	0.000017	0.282869	3.5	13.1	0.6	530	587	−1.00
06	439	0.0085	0.0001	0.0002	0.0000	0.282883	0.000012	0.282882	3.9	13.6	0.4	512	558	−0.99
07	434	0.0033	0.0000	0.0001	0.0000	0.282820	0.000016	0.282820	1.7	11.2	0.6	597	701	−1.00
08	438	0.0070	0.0000	0.0001	0.0000	0.282859	0.000016	0.282858	3.1	12.7	0.6	545	612	−1.00
09	437	0.0053	0.0000	0.0001	0.0000	0.282850	0.000021	0.282850	2.8	12.4	0.7	557	632	−1.00
10	438	0.0061	0.0002	0.0001	0.0000	0.282856	0.000014	0.282855	3.0	12.6	0.5	549	618	−1.00
11	440	0.0072	0.0001	0.0001	0.0000	0.282856	0.000014	0.282855	3.0	12.6	0.5	549	618	−1.00
12	434	0.0064	0.0000	0.0001	0.0000	0.282889	0.000014	0.282888	4.1	13.6	0.5	504	548	−1.00
13	441	0.0061	0.0001	0.0001	0.0000	0.282881	0.000017	0.282880	3.8	13.5	0.6	515	562	−1.00
14	434	0.0067	0.0001	0.0001	0.0000	0.282865	0.000015	0.282864	3.3	12.8	0.5	537	602	−1.00
15	438	0.0075	0.0000	0.0001	0.0000	0.282868	0.000017	0.282867	3.4	13.0	0.6	533	593	−1.00
16	435	0.0042	0.0000	0.0001	0.0000	0.282849	0.000014	0.282848	2.7	12.3	0.5	558	636	−1.00
17	437	0.0075	0.0004	0.0002	0.0000	0.282849	0.000013	0.282847	2.7	12.3	0.5	560	638	−0.99

续表

点号	年龄/Ma	^{176}Yb/^{177}Hf	1σ	^{176}Lu/^{177}Hf	1σ	^{176}Hf/^{177}Hf	1σ	^{176}Hf/^{177}Hf$_i$	$\varepsilon_{Hf}(0)$	$\varepsilon_{Hf}(t)$	1σ	T_{DM}/Ma	$T_{DM}{}^{C}$/Ma	$f_{Lu/Hf}$
T11-12，辉长岩，33°49′17″N，86°17′53″E														
18	438	0.0033	0.0000	0.0001	0.0000	0.282859	0.000014	0.282858	3.1	12.7	0.5	545	612	−1.00
19	441	0.0069	0.0001	0.0001	0.0000	0.282852	0.000014	0.282850	2.8	12.5	0.5	555	627	−1.00
20	436	0.0048	0.0001	0.0001	0.0000	0.282858	0.000015	0.282857	3.0	12.6	0.5	547	616	−1.00
21	435	0.0171	0.0005	0.0004	0.0000	0.282865	0.000014	0.282862	3.3	12.7	0.5	541	606	−0.99
22	442	0.0071	0.0001	0.0001	0.0000	0.282856	0.000013	0.282855	3.0	12.7	0.5	549	616	−1.00
23	438	0.0047	0.0000	0.0001	0.0000	0.282877	0.000015	0.282876	3.7	13.3	0.5	520	572	−1.00
T11-26，斜长花岗岩，33°49′17″N，86°17′53″E														
01	434	0.0889	0.0011	0.0017	0.0000	0.282724	0.000025	0.282710	−1.7	7.4	0.9	763	949	−0.95
02	438	0.0159	0.0001	0.0004	0.0000	0.282868	0.000024	0.282865	3.4	12.9	0.8	535	596	−0.99
03	433	0.0257	0.0003	0.0006	0.0000	0.282792	0.000017	0.282787	0.7	10.1	0.6	645	775	−0.98
04	437	0.0345	0.0006	0.0007	0.0000	0.282817	0.000018	0.282811	1.6	11.0	0.6	613	720	−0.98
05	438	0.0328	0.0009	0.0007	0.0000	0.282852	0.000020	0.282847	2.8	12.3	0.7	563	638	−0.98
06	440	0.0350	0.0011	0.0007	0.0000	0.282831	0.000014	0.282825	2.1	11.5	0.5	594	686	−0.98
07	455	0.0106	0.0002	0.0003	0.0000	0.282845	0.000013	0.282843	2.6	12.5	0.5	566	635	−0.99
08	448	0.0512	0.0020	0.0012	0.0001	0.282857	0.000025	0.282847	3.0	12.5	0.9	564	632	−0.96
09	442	0.0126	0.0002	0.0004	0.0000	0.282860	0.000028	0.282857	3.1	12.7	1.0	547	612	−0.99
10	444	0.0316	0.0005	0.0008	0.0000	0.282824	0.000018	0.282817	1.8	11.4	0.6	604	701	−0.97
11	438	0.0072	0.0002	0.0002	0.0000	0.282821	0.000018	0.282819	1.7	11.3	0.6	599	700	−0.99
12	440	0.0221	0.0004	0.0005	0.0000	0.282843	0.000013	0.282839	2.5	12.1	0.5	572	654	−0.99
13	443	0.0379	0.0008	0.0009	0.0000	0.282908	0.000016	0.282901	4.8	14.3	0.6	486	512	−0.97
14	438	0.0254	0.0003	0.0006	0.0000	0.282848	0.000013	0.282843	2.7	12.1	0.5	567	647	−0.98
15	445	0.0349	0.0001	0.0010	0.0000	0.282789	0.000016	0.282781	0.6	10.1	0.6	657	783	−0.97
16	440	0.0224	0.0012	0.0005	0.0000	0.282736	0.000014	0.282731	−1.3	8.2	0.6	723	897	−0.98
17	437	0.0032	0.0000	0.0001	0.0000	0.282789	0.000013	0.282789	0.6	10.2	0.5	641	770	−1.00
18	435	0.0044	0.0001	0.0001	0.0000	0.282834	0.000016	0.282833	2.2	11.7	0.6	580	671	−1.00

注：ε_{Hf}、$f_{Lu/Hf}$、T_{DM} 和 $T_{DM}{}^{C}$ 分别由如下计算获得：$\varepsilon_{Hf}(0)= \{ [(^{176}Hf/^{177}Hf)_s/(^{176}Hf/^{177}Hf)_{CHUR,0}-1] \times 10000$，$\varepsilon_{Hf}(t)= \{ [(^{176}Hf/^{177}Hf)_s-(^{176}Lu/^{176}Hf)_s \times (e^{\lambda t}-1)] / [(^{176}Hf/^{177}Hf)_{CHUR,0}-(^{176}Lu/^{177}Hf)_{CHUR} \times (e^{\lambda t}-1)]-1 \} \times 10000$，$f_{Lu/Hf}=(^{176}Hf/^{177}Hf)_s/(^{176}Lu/^{177}Hf)_{CHUR}-1$，这里 $(^{176}Lu/^{177}Hf)_s$ 和 $(^{176}Hf/^{177}Hf)_s$ 代表样品分析测试值，$(^{176}Lu/^{177}Hf)_{CHUR}=0.0332$，$(^{176}Hf/^{177}Hf)_{CHUR,0}=0.282772$（Blichert-Toft and Albarède，1997）；$T_{DM}=1/\lambda \times \ln\{1+ [(^{176}Hf/^{177}Hf)_s-(^{176}Hf/^{177}Hf)_{DM}] / [(^{176}Lu/^{177}Hf)_s-(^{176}Lu/^{177}Hf)_{DM}] \}$，$T_{DM}{}^{C}=T_{DM}-(T_{DM}-t)[(f_{cc}-f_s)/(f_{cc}-f_{DM})]$，$\lambda=1.865 \times 10^{-11}a^{-1}$（Söderlund et al.，2004），$t=$ 锆石结晶年龄。f_{cc}、f_s、$f_{DM}=f_{Lu/Hf}$ 分别代表地壳值、样品值和亏损地幔值（具体数值参考吴福元等，2007）。

2.2.5 小结

早古生代蛇绿岩主要出露于冈玛错西和果干加年山地区，出露单元相对较齐全，包括变质橄榄岩、堆晶岩（堆晶辉长岩、堆晶辉石岩和堆晶斜长岩等）、斜长花岗岩、辉长岩墙和玄武岩等，各单元呈规模不等的岩块产出，并大多以构造混杂岩方式出露。

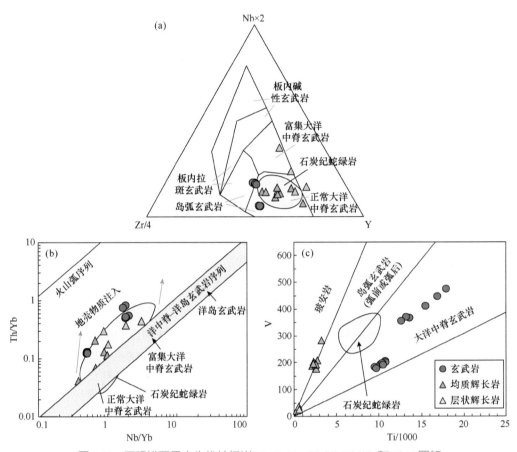

图 2.19　冈玛错西早古生代蛇绿岩 Nb-Zr-Y、Nb/Yb-Th/Yb 和 Ti-V 图解

（a）底图据 Meschede，1986；（b）底图据 Pearce，2008；（c）底图据 Shervais，1982；Pearce，2014；
石炭纪蛇绿岩据 Zhai et al.，2013a

已有锆石 U-Pb 定年资料显示，蛇绿岩形成于晚寒武—早志留世（505~437 Ma）。全岩 Sr-Nd 和锆石 Lu-Hf 同位素研究显示，各类岩石的岩浆来源于亏损的地幔源区。岩石学和全岩地球化学研究表明，变质橄榄岩属于蛇绿岩底部的地幔橄榄岩单元，其为亏损原始地幔 7%~20% 部分熔融的残留，形成于大洋中脊（MOR）环境，随后和俯冲带内镁铁质岩石熔体进行了熔体/岩石反应，受到了俯冲作用改造。冈玛错西蛇绿岩是目前青藏高原及其邻区发现的时代最老的古特提斯蛇绿岩，可能代表了古特提斯洋早期打开和扩张的产物。

2.3　石炭纪蛇绿岩

2.3.1　地质特征

石炭纪蛇绿岩与早古生代的野外产状类似，均呈蛇绿混杂岩产出，代表性的出露点为冈玛错东和果干加年山［图 2.20（a）、（b）］。二者中各类岩石的野外产状和围岩特征也类似。

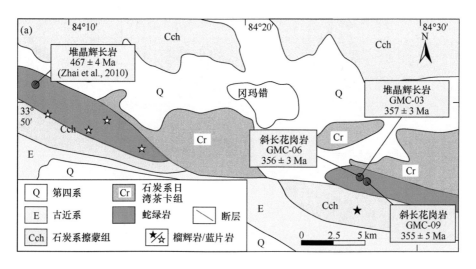

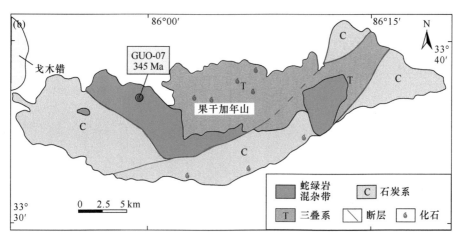

图 2.20　冈玛错（a）和果干加年山（b）石炭纪蛇绿岩野外地质图（据 Zhai et al.，2013b 修改）

冈玛错东蛇绿混杂岩围岩主要为下石炭统日湾茶卡组和擦蒙组浅变质的板岩、片岩和石英岩，在蛇绿混杂岩南侧产出高压变质的榴辉岩（Zhai et al.，2011a，2013a，2013b）。蛇绿混杂岩主要由堆晶辉长岩、辉长岩、变质玄武岩和斜长花岗岩构成［图 2.21（a）、（c）］。岩石呈大小不等的岩块产出，局部可见辉长岩侵入于玄武岩的切割关系。大部分玄武岩块体经历了不同程度的变形、变质作用，但变质程度较低，一般为绿片岩相。未发生变形变质的玄武岩，保留有完好的气孔－杏仁状构造。斜长花岗岩呈大小不等的脉状或不规则状脉体产在辉长岩中。

果干加年山地区地层单元主要由上石炭统、上三叠统、变质基性岩和大量的外来岩块组成，四周被新生代沉积物覆盖。上石炭统展金组以板岩、片岩和石英岩为主，岩石中见有同变形变质的玄武岩夹层和辉绿岩岩脉，并有较多的小型石英脉；另外在

图 2.21　西藏羌塘中部冈玛错东和果干加年山早石炭世蛇绿混杂岩野外露头（据 Zhai et al.，2013b）

中部地区还出露有较多的灰黑色或浅紫红色灰岩，岩石中含有大量的珊瑚类化石，初步鉴定时代为晚石炭世。上三叠统望湖岭组以角度不整合在上石炭统和变质基性岩之上，主要由砾岩、灰黑色灰岩、角砾状灰岩、中酸性火山岩、火山碎屑岩、砂岩和硅质粉砂岩组成，底部砾岩中含有大量的灰岩、变质基性岩和石英岩砾石。在上三叠统和变质基性岩的分布区域内，见有大量大小不等的紫灰色、灰黑色结晶灰岩、角砾状灰岩、层孔虫礁灰岩块体以及含有大量腹足类和珊瑚类生物化石，呈外来岩块状产出。

果干加年山蛇绿混杂岩主要出露于果干加年山中西部，呈北西－南东向长条状分布，宽约 4 km，长约 20 km，角度不整合在上三叠统望湖岭组之下，与上石炭统片岩、石英岩以断层接触，少量呈"飞来峰"产在西部及望湖岭南侧的晚石炭世和晚三叠世地层中。另外，在岩体的分布区域也出露有大小不等的灰岩外来岩块，这表明基性岩形成后，该地区至少经历了一次较强的构造事件。上三叠统望湖岭组以角度不整合在蛇绿混杂岩之上，表明基性岩形成的时代应该早于晚三叠世。蛇绿岩呈块状或片状产出，主要岩石类型有变质堆晶岩和变质玄武岩，并有少量蛇纹岩，可见变质残余的堆晶结构。大部分岩石经历了绿片岩相变质作用，局部达高绿片岩相、角闪岩相，变形变质程度不均一，变形较强的地区岩石片理发育，可见定向排列的针柱状矿物（阳起石）。变质堆晶岩局部地方依然保留有原岩的堆晶结构，暗色和浅色条带交互产出特征明显。

2.3.2　岩石学

冈玛错东和果干加年山一带蛇绿混杂岩主要出露岩石单元包括：堆晶辉长岩、辉长岩墙、斜长花岗岩和玄武岩。堆晶辉长岩，灰黑色，暗色矿物层和浅色矿物层呈韵律交替出现，层状堆晶结构非常发育，岩石现已遭受绿片岩相变质作用改造［图 2.21（f）］。辉石大多已转变为角闪石、绿帘石等，但残留辉石仍然可见；斜长石部分已黝帘石化，但仍可见晶形保存较好的斜长石颗粒。

变基性岩主要为变质的玄武岩、辉绿岩和细粒辉长岩，与堆晶辉长岩呈侵入接触关系。一般为高绿片岩相－角闪岩相变质，片理化程度较高。岩石主要由阳起石构成（含量＞90%），并有少量绿帘石、钠长石和绿泥石，局部地方见有变质残余的辉石和少量石榴子石、白云母。

部分玄武岩相对变质变形程度较轻，呈黑绿色，可见残留的枕状构造。整体蚀变较强，矿物表面浑浊，镜下可见辉绿结构，表现为细粒长柱状斜长石搭建格架中充填不规则单斜辉石颗粒。

2.3.3　年代学

为了准确厘定它们的时代，我们采集了 2 件堆晶辉长岩和 2 件斜长花岗岩样品，对它们进行锆石 SHRIMP U-Pb 定年（表 2.8）。其中，GMC-03（堆晶辉长岩）、GMC-06

表 2.8 石炭纪蛇绿岩锆石 U-Pb 定年结果

点号	普通 $^{206}Pb_c$/%	$U/10^{-6}$	$Th/10^{-6}$	$^{232}Th/^{238}U$	$^{206}Pb^*/10^{-6}$	同位素比值						同位素年龄 /Ma						不谐和度 /%
						$^{207}Pb^*/^{206}Pb^*$	±%	$^{207}Pb^*/^{235}U$	±%	$^{206}Pb^*/^{238}U$	±%	$^{206}Pb^*/^{238}U$	±1σ	$^{207}Pb^*/^{206}Pb$	±1σ	$^{208}Pb/^{232}Th$	±1σ	
GMC-03, 堆晶辉长岩, 33°45'52"N, 84°25.30'E, 加权平均年龄: 357.0±2.5 Ma																		
1.1	0.15	797	301	0.39	38.4	0.05267	1.6	0.4068	1.8	0.05601	0.83	351.3	2.8	315	36	342.5	6.8	−12
2.1	0.00	267	325	1.26	12.9	0.0584	2.1	0.455	2.3	0.0565	0.82	354.3	2.8	545	46	352.8	6	35
3.1	0.17	318	146	0.47	15.3	0.0547	2.2	0.4225	2.3	0.05599	0.72	351.2	2.5	401	48	344.1	8	12
4.1	0.65	152	111	0.76	7.48	0.053	4.5	0.416	4.6	0.05701	1	357.4	3.6	328	100	348	11	−9
5.1	0.22	396	529	1.38	19.7	0.0527	2.4	0.42	2.4	0.05783	0.67	362.4	2.3	316	54	358.9	4.9	−15
6.1	0.22	256	214	0.86	12.3	0.0512	2.6	0.393	2.9	0.05576	1.3	349.8	4.5	249	60	342.3	7.7	−41
7.1	0.49	175	157	0.92	8.6	0.0536	3.8	0.42	3.9	0.05681	1.1	356.2	3.8	353	85	345.7	9.1	−1
8.1	0.09	662	549	0.86	32.6	0.05438	1.4	0.4296	1.5	0.0573	0.52	359.2	1.8	387	32	356.8	4.2	7
9.1	0.00	181	142	0.81	8.87	0.0584	2.4	0.46	2.6	0.05707	0.94	357.8	3.3	546	52	358	8	34
10.1	0.00	67	38	0.59	3.22	0.0576	3.9	0.447	4.2	0.05624	1.5	352.7	5.2	514	87	412	16	31
11.1	0.22	209	106	0.52	10	0.0551	2.5	0.423	2.7	0.05567	0.85	349.2	2.9	414	57	347.7	9.6	16
12.1	0.40	270	352	1.35	13.4	0.0535	2.8	0.426	2.9	0.05775	0.79	361.9	2.8	352	63	356.5	6.3	−3
13.1	0.38	166	148	0.92	8.31	0.0522	3.8	0.418	4.0	0.058	1.1	363.5	3.9	295	87	362.3	9.4	−23
14.1	0.00	279	274	1.01	13.7	0.055	2	0.4322	2.1	0.05698	0.76	357.2	2.6	413	44	362.4	6	13
15.1	0.00	411	210	0.53	20.3	0.05472	1.6	0.4334	1.7	0.05744	0.63	360.1	2.2	401	36	356	6.1	10
GMC-06, 斜长花岗岩, 33°45'52"N, 84°25.30'E, 加权平均年龄: 356.1±3.0 Ma																		
1.1	0.69	224	218	1.00	10.8	0.0505	3.4	0.388	3.6	0.05581	1.2	350.1	4	216	78	347.7	8.1	−62
2.1	0.77	124	62	0.52	5.97	0.0529	4.3	0.404	4.5	0.05548	1.4	348.1	4.7	322	98	323	14	−8
3.1	0.98	149	71	0.50	7.2	0.0504	8.4	0.388	8.5	0.0558	1.3	350.1	4.3	212	190	324	24	−65
4.1	0.22	287	241	0.87	14.1	0.0535	2.1	0.421	2.6	0.05706	1.6	357.7	5.4	348	47	359.3	7.9	−3
5.1	0.60	174	157	0.94	8.47	0.054	4.8	0.42	4.9	0.05641	1.1	353.8	3.9	372	110	355	10	5

续表

点号	普通 206Pbc/%	U/10^-6	Th/10^-6	232Th/238U	206Pb*/10^-6	同位素比值						同位素年龄/Ma						不谐和度/%
						207Pb*/206Pb*	±%	207Pb*/235U	±%	206Pb*/238U	±%	206Pb*/238U	±1σ	207Pb/206Pb	±1σ	208Pb/232Th	±1σ	
GMC-06, 斜长花岗岩, 33°45′52″N, 84°25.30′E, 加权平均年龄: 356.1±3.0 Ma																		
6.1	0.39	148	96	0.67	7.31	0.055	5.6	0.436	5.7	0.05746	1.2	360.1	4.3	412	120	365	17	13
7.1	1.18	103	50	0.50	5.08	0.0511	5.9	0.398	6.1	0.05646	1.5	354.1	5.1	247	140	332	20	−44
8.1	0.31	127	95	0.77	6.15	0.054	4.5	0.419	4.7	0.05635	1.3	353.4	4.4	369	100	351	13	4
9.1	0.00	117	67	0.59	5.76	0.0584	2.8	0.46	3.1	0.05712	1.3	358.1	4.4	545	62	374	11	34
10.1	0.97	168	83	0.51	8.52	0.0507	6.6	0.408	6.7	0.05839	1.4	365.8	4.9	228	150	360	21	−61
11.1	0.65	160	107	0.69	7.93	0.0525	4.1	0.415	4.2	0.05737	1.1	359.6	4	307	93	359	15	−17
12.1	0.50	190	151	0.82	9.31	0.0532	4.5	0.417	4.7	0.05682	1.1	356.3	3.7	339	100	356	11	−5
13.1	1.04	129	107	0.85	6.42	0.0502	6.7	0.398	6.8	0.05741	1.3	359.8	4.4	206	160	360	14	−75
14.1	1.23	120	75	0.65	5.84	0.0472	4.1	0.364	4.3	0.05597	1.4	351.1	4.8	58	97	345	16	−501
15.1	0.21	175	141	0.83	8.86	0.0547	3.1	0.443	3.4	0.05876	1.4	368.1	4.8	401	70	371.5	9.5	8
16.1	0.76	193	154	0.83	9.45	0.0493	3.8	0.385	4.0	0.05668	1.1	355.4	4	160	88	347.1	9.1	−121
17.1	0.00	132	71	0.55	6.25	0.0567	2.9	0.431	3.1	0.05507	1.2	345.6	4.1	482	63	370	11	28
18.1	0.52	185	124	0.69	9.3	0.055	4.1	0.442	4.3	0.05819	1.1	364.6	3.9	414	92	363	11	12
GMC-09, 斜长花岗岩, 33°44′22″N, 84°26.47′E, 加权平均年龄: 354.7±4.7 Ma																		
1.1	0.51	289	199	0.71	14.2	0.0543	2	0.426	2.4	0.05686	1.3	356.5	4.5	383	45	338.9	7.3	7
2.1	0.77	131	99	0.78	6.6	0.0494	5.3	0.397	5.6	0.05826	1.5	365	5.4	166	120	348	13	−120
3.1	0.22	226	117	0.54	10.9	0.0541	3.4	0.418	3.7	0.05594	1.4	350.9	4.6	377	77	361	12	7
4.1	0.76	96	50	0.54	4.73	0.0524	5.9	0.411	6.1	0.05689	1.7	356.7	5.7	302	130	364	19	−18
5.1	0.77	150	112	0.77	7.33	0.0524	5.5	0.407	5.7	0.05632	1.5	353.2	5.1	304	120	356	13	−16
6.1	0.30	455	285	0.65	22.1	0.0523	2.6	0.407	2.8	0.05646	1.2	354	4.2	300	58	348.9	8.1	−18
7.1	0.98	138	129	0.97	6.58	0.0525	7.5	0.398	7.7	0.05495	1.6	344.8	5.2	308	170	327	14	−12
8.1	0.92	123	111	0.94	6.07	0.0502	8.2	0.395	8.4	0.05704	1.6	357.6	5.6	205	190	353	15	−74

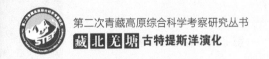

续表

点号	普通 $^{206}Pb_c$/%	U/10^{-6}	Th/10^{-6}	$^{232}Th/^{238}U$	$^{206}Pb^*/10^{-6}$	同位素比值						同位素年龄/Ma						不谐和度/%
						$^{207}Pb^*/^{206}Pb^*$	±%	$^{207}Pb^*/^{235}U$	±%	$^{206}Pb^*/^{238}U$	±%	$^{206}Pb/^{238}U$	±1σ	$^{207}Pb/^{206}Pb$	±1σ	$^{208}Pb/^{232}Th$	±1σ	
GMC-09, 斜长花岗岩, 33°44′22″N, 84°26.47′E, 加权平均年龄：354.7±4.7 Ma																		
9.1	0.31	128	87	0.70	6.18	0.054	3.5	0.416	3.8	0.05595	1.5	351	5.2	370	78	370	11	5
10.1	0.71	154	79	0.53	7.42	0.0506	4.1	0.389	4.3	0.05582	1.5	350.1	5.2	223	94	350	13	-57
11.1	1.19	141	79	0.58	6.97	0.0479	7	0.374	7.3	0.0567	2.1	355.6	7.2	93	170	318	19	-281
12.1	1.18	129	84	0.67	6.38	0.0472	5.3	0.37	5.5	0.05673	1.5	355.7	5.3	62	130	336	14	-476
13.1	0.77	191	100	0.54	9.16	0.0495	7.6	0.377	7.8	0.05525	1.8	346.7	6	172	180	325	21	-102
14.1	0.52	161	114	0.73	8.21	0.0517	3.3	0.421	3.6	0.05904	1.5	369.8	5.3	273	75	372	11	-36
GUO-07, 堆晶辉长岩, 33°37′17″N, 85°58.40′E, 加权平均年龄：345.4±4.6 Ma																		
1.1	2.06	17	6	0.37	1.14	0.113	9.5	1.16	10	0.0744	4	463	18	1845	170	1082	100	75
2.1	1.32	169	70	0.42	8.11	0.0561	11	0.426	11	0.055	2.3	345.4	7.6	458	230	336	38	25
3.1	6.56	33	9	0.29	1.7	0.057	29	0.44	30	0.0559	3.7	351	13	481	650	492	150	27
4.1	5.27	59	15	0.26	2.95	0.055	36	0.41	36	0.0549	3.5	344	12	393	810	307	190	12
5.1	1.97	143	37	0.27	7.08	0.052	11	0.404	11	0.0563	2.3	353.3	8	286	250	331	61	-24
6.1	4.66	62	25	0.42	3.1	0.048	28	0.37	28	0.0557	3.1	349	11	85	660	273	92	-309
7.1	0.93	231	98	0.44	11.1	0.0544	7.2	0.418	7.5	0.0557	2.1	349.2	7.2	388	160	349	24	10
8.1	1.85	72	23	0.33	3.49	0.0589	13	0.448	13	0.0552	2.9	346.1	9.7	564	280	461	68	39
9.1	1.69	254	123	0.50	12	0.0496	8.4	0.37	8.6	0.054	2.1	339.3	7	178	200	299	24	-91
10.1	0.50	233	122	0.54	11	0.0609	3.7	0.462	4.3	0.0549	2.1	344.7	7	637	80	371	15	46
11.1	6.40	55	15	0.27	2.73	0.033	58	0.25	58	0.0542	3.5	340	12	-880	1700	171	170	138
12.1	1.16	488	388	0.82	23.4	0.049	5.5	0.372	5.8	0.0551	1.9	345.7	6.6	147	130	310	12	-135
13.1	1.17	117	64	0.56	5.57	0.0635	8.8	0.478	9.2	0.0546	2.4	342.9	8.1	725	190	368	29	53
14.1	2.37	108	72	0.69	5.16	0.0507	14	0.38	15	0.0544	2.6	341.4	8.7	225	330	325	27	-52
15.1	8.55	29	24	0.86	1.87	0.037	78	0.35	79	0.0693	4.6	432	19	-580	2100	340	110	174

（斜长花岗岩）和 GMC-09（斜长花岗岩）采自冈玛错东，GUO-07（堆晶辉长岩）采自果干加年山。堆晶辉长岩和斜长花岗岩的锆石形态基本一致，呈补丁状、条带状、面状结构或岩浆振荡环带结构。锆石 U-Pb 定年在中国地质科学院地质研究所离子探针中心完成（SHRIMP）。分析结果显示，4 件样品的锆石中 Th 和 U 的含量较高，并且二者之间呈正相关关系，Th/U 值较高（＞0.4），显示出典型的岩浆成因锆石的特征（Hoskin and Schaltegger，2003）。定年结果为：GMC-03 为 357±3 Ma（n=15，MSWD=2.5），GMC-06 为 356±3 Ma（n=18，MSWD=2.0），GMC-09 为 355±5 Ma（n=14，MSWD=1.5），GUO-07 为 345±5 Ma（n=13，MSWD=0.24）（图 2.22）。

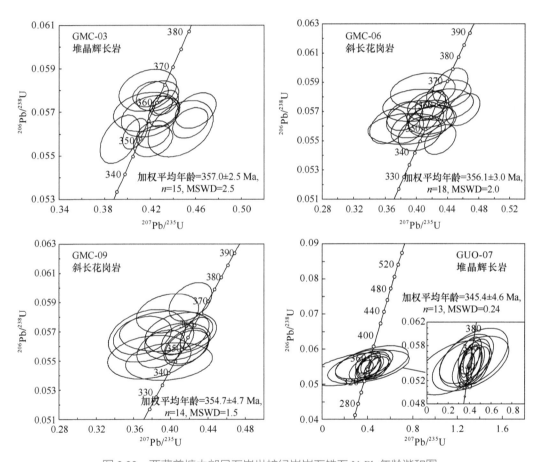

图 2.22　西藏羌塘中部早石炭世蛇绿岩岩石锆石 U-Pb 年龄谐和图
（据 Zhai et al.，2013b）

　　此外，Zhang X Z 等（2016）对香桃湖地区（冈玛错东）蛇绿混杂岩也开展了系统研究，年代学结果表明这套蛇绿混杂岩中同样存在早石炭世构造块体，其形成时代为 350 Ma，与本次定年结果在误差范围内相一致。而李才等（2016）同样对桃形湖、果干加年山等地蛇绿岩开展相关研究，获得 350~360 Ma 的形成时代。这些年龄数据表明，冈玛错东和果干加年山蛇绿岩混杂岩形成的时代均为早石炭世。

2.3.4 地球化学

1. 冈玛错蛇绿岩

1）玄武岩

冈玛错东蛇绿混杂岩中玄武岩地球化学特征表现为低 SiO_2（46%~50%）和 TiO_2（1.0%~1.7%），高 Al_2O_3（14%~15%）、Fe_2O_3（10%~13%）和 MgO（7%~9%），Na_2O+K_2O < 3.7%（表 2.9），在基性岩 Zr/TiO_2-Nb/Y 图解上 [图 2.23（a）]（Winchester and Floyd，1977），基性岩样品点多数落在亚碱性玄武岩或安山岩 / 玄武岩的区域内，并在 AFM 图解上表现出拉斑玄武岩的趋势 [图 2.23（b）]。稀土元素球粒陨石标准化曲线可以分为两组，一组样品表现为稀土含量较低，轻稀土轻微亏损（$(La/Yb)_N$=0.6~0.7），稀土元素配分曲线与 N-MORB 类似 [图 2.24（a）]。另一组样品尽管稀土总量依然很低，但相对于前一组样品稀土总量稍高，轻稀土元素轻微富集（$(La/Yb)_N$=3~4），稀土元素配分曲线与 E-MORB 类似 [图 2.24（a）]。类似的特征也表现在微量元素标准化曲线上，即一组与典型的 N-MORB 类似，另一组与典型的 E-MORB 类似。所有的玄武岩样品均显示出不明显的 Eu 异常（Eu/Eu^*=0.9~1.7），以及轻微亏损的 Nb 和 Ti [图 2.24（b）]。

2）辉长岩

冈玛错东蛇绿混杂岩中均质辉长岩 SiO_2 含量略高于玄武岩（49%~61%），TiO_2 为 0.7%~1.8%，Al_2O_3 为 10%~15%，Fe_2O_3t 为 9%~11% 和 MgO 为 5%~7%（表 2.9）。在 Zr/TiO_2-Nb/Y 图解上 [图 2.23（a）]（Winchester and Floyd，1977），辉长岩样品点多数落在亚碱性玄武岩或安山岩 / 玄武岩的区域内。辉长岩稀土含量比玄武岩低，并具有变化的稀土配分模式，轻稀土自轻微亏损到轻微富集 [图 2.24（c）]。均质辉长岩无明显的 Eu 异常，但堆晶辉长岩表现出轻微的正 Eu 异常（Eu/Eu^*=1.2）。在微量元素标准化曲线上，表现出 Nb、Ta 和 Ti 的亏损，以及 Th 和 U 的富集 [图 2.24（d）]。斜长花岗岩 SiO_2 含量较高（66%~76%），地球化学成分与奥长花岗岩类似，综合岩石学与其产出状态，认为其为典型的大洋斜长花岗岩 [图 2.24（e）、（f）]。斜长花岗岩稀土元素总量不高，并且轻稀土相对重稀土富集明显，正 Eu 异常明显（Eu/Eu^*=2~4）。

2. 果干加年山蛇绿岩

果干加年山变质基性岩 SiO_2 含量在 45%~53% 之间，TiO_2 含量在 1.4%~2.7% 之间，Al_2O_3 含量在 17%~20% 之间，CaO 含量在 7%~11% 之间（表 2.9）。$Mg^\#$ 在 0.30~0.47 之间，CaO/Al_2O_3 值在 0.4~0.6 之间，表明变质基性岩岩浆经历过较高程度的分离结晶作用。在基性岩 Zr/TiO_2-Nb/Y 图解上 [图 2.23（a）]（Winchester and Floyd，1977），基性岩样品点多数落在亚碱性玄武岩或安山岩 / 玄武岩的区域内，并在 AFM 图解上表现出拉斑玄武岩的趋势 [图 2.23（b）]。

表 2.9　石炭纪蛇绿岩全岩主量（%）和微量（10^{-6}）元素含量

样品	GMC071	GMC073	GMC074	GMC-08	GMC-09	GMC-11	GMC-14	GMC-17	GMC081	GMC082	GMC083	GMC084	GMC085	GMC086	GMC088	G0723
岩性	玄武岩	玄武岩	辉长岩	玄武岩	玄武岩	玄武岩	玄武岩	玄武岩	辉长岩	辉长岩	辉长岩	辉长岩	斜长花岗岩	斜长花岗岩	斜长花岗岩	玄武岩
位置	GMC	GMC	GMC	GMC	GMC	GMC	GMC	GMC	GMC	GMC	GMC	GMC	GMC	GMC	GMC	GUO
SiO_2	46.62	45.58	48.59	48.41	49.58	49.68	49.72	49.65	50.37	61.04	51.36	51.96	71.55	65.62	76.09	48.62
TiO_2	1.36	1.51	1.25	1.69	1.46	0.96	1.08	1.37	1.21	1.78	1.11	0.74	0.18	0.23	0.14	1.42
Al_2O_3	15.34	15.07	14.91	13.77	14.01	15.07	14.11	14.01	15.46	9.78	15.43	15.23	14.22	18.08	11.09	14.61
Fe_2O_3t	12.48	12.82	11.21	12.68	12.01	10.03	10.22	11.42	9.78	10.68	9.83	8.81	1.67	2.13	1.95	12.18
FeOt	11.23	11.53	10.08	11.41	10.81	9.02	9.20	10.28	8.80	9.61	8.85	7.92	1.50	1.92	1.75	10.96
MnO	0.22	0.25	0.30	0.19	0.19	0.17	0.17	0.18	0.16	0.13	0.16	0.15	0.02	0.03	0.02	0.17
MgO	8.84	7.44	7.48	7.02	7.89	8.33	9.38	7.65	6.91	5.38	7.14	7.07	0.85	0.94	0.52	7.77
CaO	10.31	11.02	11.50	11.03	9.98	11.41	9.53	11.05	7.70	7.96	7.48	8.63	2.44	3.45	4.18	10.04
Na_2O	1.85	2.07	1.87	2.42	2.63	2.48	3.60	2.97	3.64	1.50	3.88	3.62	6.29	7.19	3.95	3.12
K_2O	0.70	0.82	0.64	0.08	0.10	0.10	0.09	0.10	0.94	0.34	0.89	0.68	0.48	0.74	0.14	0.34
P_2O_5	0.20	0.22	0.19	0.14	0.13	0.08	0.09	0.11	0.23	0.16	0.14	0.10	0.05	0.05	0.04	0.13
LOI	1.47	2.61	1.48	2.00	1.78	1.60	1.98	1.43	2.81	1.55	2.62	2.42	1.45	1.76	0.92	0.99
总计	99.37	99.39	99.40	99.4	99.8	99.9	100.0	99.9	99.2	100.3	100.0	99.4	99.2	100.2	99.0	99.4
K	4894	5788	4669	664	830	830	747	830	6239	3176	6174	5072	3948	6192	1281	2012
Ti	8298	9266	7596	10132	8753	5755	6475	8213	6574	10642	6127	4794	1012	1300	990	8566
P	802	851	804	611	567	349	393	480	1054	1042	799	650	278	429	377	488
Li	38.52	32.24	31.96	16.17	9.77	10.15	11.24	7.13	14.76	9.86	18.59	13.70	4.76	9.55	8.18	3.04
Be	0.58	0.72	0.64	0.44	0.36	0.27	0.34	0.40	0.40	0.32	0.46	0.56	0.35	0.46	0.38	0.33
Sc	37.88	43.00	33.60	47.57	40.69	43.32	46.29	45.01	28.98	46.10	47.24	30.14	2.56	2.45	1.50	46.96
V	259	280	241	371	320	272	293	310	232	295	253	158	36	44	66	297
Cr	118	146	209	224	219	321	306	291	166	329	150	96.9	4.08	15.93	13.45	96.9

续表

样品	GMC071	GMC073	GMC074	GMC-08	GMC-09	GMC-11	GMC-14	GMC-17	GMC081	GMC082	GMC083	GMC084	GMC085	GMC086	GMC088	G0723
岩性	玄武岩	玄武岩	辉长岩	玄武岩	玄武岩	玄武岩	玄武岩	玄武岩	辉长岩	辉长岩	辉长岩	辉长岩	斜长花岗岩	斜长花岗岩	斜长花岗岩	玄武岩
位置	GMC	GMC	GMC	GMC	GMC	GMC	GMC	GMC	GMC	GMC	GMC	GMC	GMC	GMC	GMC	GUO
Co	43.62	40.46	31.60	44.28	43.38	39.40	44.24	43.21	31.77	44.00	39.76	34.72	6.21	5.53	4.17	40.70
Ni	94.6	63.7	57.5	65.1	66.0	66.2	82.9	66.6	75.8	86.4	36.46	50.20	4.06	6.17	3.91	51.02
Cu	51.95	23.63	12.63	67.6	36.89	57.9	25.09	2.63	73.9	24.20	118	22.48	14.53	10.44	11.93	29.63
Zn	93.6	96.2	117	92.4	57.5	57.7	56.1	67.8	57.5	71.0	57.0	131	38.94	12.64	14.86	77.4
Ga	16.91	16.15	14.14	18.78	17.08	15.76	15.30	16.43	14.35	16.70	16.33	16.17	12.09	14.98	12.98	15.06
Rb	49.88	53.3	36.12	1.47	2.44	3.00	1.96	1.96	25.99	4.65	24.00	19.14	14.18	19.44	3.27	2.85
Sr	313	326	354	147	121	113	97.2	122	257	95.6	277	247	262	385	91.2	112
Zr	89.8	104	82.2	113	98.0	52.4	64.1	77.7	65.5	65.7	57.0	42.43	133	99.5	60.5	84.2
Nb	10.96	12.09	9.74	1.78	1.66	0.90	1.16	1.43	2.29	1.10	4.01	3.52	0.84	1.99	0.60	1.85
Cs	7.21	18.67	3.94	0.31	0.33	0.27	0.17	0.26	0.64	0.20	0.56	0.62	0.38	0.56	0.21	0.08
Ba	209	287	219	9.96	12.82	7.49	9.01	12.07	156	13.70	132	138	82.9	120	21.30	12.54
Ta	0.66	0.71	0.88	0.15	0.20	0.09	0.10	0.12	0.15	0.09	0.26	0.24	0.29	0.18	0.04	0.16
Pb	3.80	5.82	4.37	0.67	0.67	0.52	0.32	0.24	1.46	0.79	1.81	3.72	1.25	1.72	2.34	0.57
Th	1.41	1.68	1.67	0.15	0.31	0.16	0.09	0.16	0.42	0.23	1.09	0.93	1.24	0.76	0.19	0.26
U	0.48	0.55	0.51	0.06	0.10	0.07	0.09	0.07	0.14	0.11	0.35	0.23	0.26	0.27	0.11	0.06
Hf	2.06	2.36	2.41	2.90	2.55	1.37	1.69	2.05	1.81	1.59	1.93	1.41	1.71	2.29	1.32	2.08
Y	23.32	25.86	21.74	41.39	33.85	24.09	26.74	31.80	18.18	25.80	19.79	13.86	4.20	3.12	2.46	31.68
La	12.07	13.22	9.48	3.73	3.36	1.84	2.16	2.67	4.62	2.73	7.10	5.13	4.62	3.89	1.44	2.77
Ce	25.82	28.54	20.20	12.12	10.38	5.71	6.88	8.43	11.51	8.96	16.16	11.32	7.18	5.88	2.42	9.26
Pr	3.32	3.66	2.66	2.20	1.82	1.04	1.26	1.54	1.78	1.38	2.27	1.62	0.72	0.60	0.30	1.63
Nd	14.52	16.24	12.49	12.15	10.12	5.81	6.92	8.51	9.28	7.86	11.01	7.86	2.61	2.21	1.34	9.25
Sm	3.89	4.34	3.26	4.45	3.64	2.24	2.67	3.16	2.67	2.79	2.99	2.14	0.50	0.42	0.32	3.41

续表

样品	GMC071	GMC073	GMC074	GMC-08	GMC-09	GMC-11	GMC-14	GMC-17	GMC081	GMC082	GMC083	GMC084	GMC085	GMC086	GMC088	G0723
岩性	玄武岩	玄武岩	辉长岩	玄武岩	玄武岩	玄武岩	玄武岩	玄武岩	辉长岩	辉长岩	辉长岩	辉长岩	斜长花岗岩	斜长花岗岩	斜长花岗岩	玄武岩
位置	GMC	GMC	GMC	GMC	GMC	GMC	GMC	GMC	GMC	GMC	GMC	GMC	GMC	GMC	GMC	GUO
Eu	1.35	1.44	1.23	1.49	1.32	0.87	1.03	1.11	1.03	1.13	1.13	0.94	0.51	0.52	0.37	1.19
Gd	4.46	5.01	3.85	5.91	5.08	3.14	3.63	4.39	3.33	3.62	3.66	2.58	0.58	0.44	0.41	4.74
Tb	0.72	0.79	0.61	1.09	0.92	0.58	0.67	0.81	0.52	0.66	0.56	0.39	0.08	0.07	0.05	0.85
Dy	4.50	4.98	4.02	7.29	6.33	3.99	4.61	5.59	3.53	4.49	3.89	2.65	0.60	0.45	0.34	5.80
Ho	0.90	1.00	0.85	1.59	1.36	0.88	1.01	1.21	0.70	0.95	0.76	0.52	0.13	0.10	0.07	1.23
Er	2.55	2.79	2.27	4.48	4.05	2.52	2.86	3.44	2.13	2.88	2.32	1.59	0.40	0.33	0.21	3.64
Tm	0.33	0.36	0.34	0.66	0.58	0.37	0.42	0.51	0.29	0.40	0.32	0.22	0.06	0.05	0.03	0.49
Yb	2.20	2.39	2.04	4.07	3.69	2.26	2.62	3.16	1.99	2.67	2.19	1.46	0.47	0.38	0.20	3.38
Lu	0.31	0.33	0.31	0.62	0.55	0.34	0.39	0.48	0.27	0.41	0.30	0.20	0.07	0.06	0.03	0.49
Eu*	1.0	0.9	1.1	0.9	0.9	1.0	1.0	0.9	1.1	1.1	1.0	1.2	2.9	3.7	3.1	0.9
ΣREE	65	72	54	62	53	32	37	45	44	41	55	39	19	15	8	48
Mg#	62	57	61	56	60	66	68	61	62	54	63	65	54	51	38	60

注：GMC 代表冈玛错地区；GUO 代表果干加年山地区。

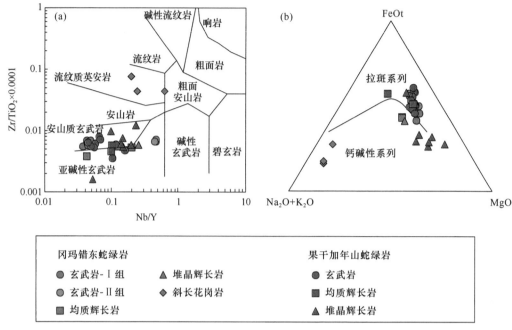

图 2.23　西藏羌塘中部冈玛错东和果干加年山地区蛇绿岩岩石分类和 AFM 图解

（据 Zhai et al.，2013b）

变质玄武岩和辉长岩的稀土元素总量不高（$\sum$REE 平均为 52×10^{-6}），稀土元素球粒陨石标准化曲线为略亏损型至平坦型（图 2.25），多数样品无明显的 Eu 异常（Eu/Eu* = 0.9~1.1）。LREE 含量低，$(La)_N$、$(La/Yb)_N$ 和 $(La/Sm)_N$ 的比值与典型的 N-MORB（Sun and McDonough，1989）、三江地区的八布蛇绿岩（钟大赉，1998）、双沟蛇绿岩（张旗，2021）和铜厂街蛇绿岩（张旗，1995）类似。在基性岩微量元素比值蛛网图（以原始地幔为标准）上，变质玄武岩和辉长岩的微量元素分布曲线与典型 N-MORB 类似，并表现出弱的 Th、Nb 和 Ti 的负异常（图 2.25）。

3. Sr-Nd 同位素

Sr-Nd 同位素分析资料显示（表 2.10），石炭纪蛇绿混杂岩各类岩石均具有较低 $^{87}Sr/^{86}Sr$ 初始值（I_{Sr}=0.70409~0.70632）和正的 $\varepsilon_{Nd}(t)$ 值（+1.0~+8.3）（图 2.26）。此外，Zhang X Z 等（2016）对香桃湖早石炭世蛇绿岩开展 Sr-Nd 同位素分析表明，样品具有相对宽泛的 $^{87}Sr/^{86}Sr$ 值（0.703~0.706），显示出海底热液蚀变的特征。蛇绿岩样品 Nd 同位素分析结果显示，其 $\varepsilon_{Nd}(t)$ 值介于 +1.12~+4.08 之间。这些结果进一步表明早石炭世蛇绿岩源自相对富集的地幔源区，可能受到了俯冲组分改造，导致其同位素亏损程度略低于其他古特提斯蛇绿岩。

4. 构造环境

羌塘地区石炭纪蛇绿岩变质程度达绿片岩相—角闪岩相。一般位于微量元素蛛网

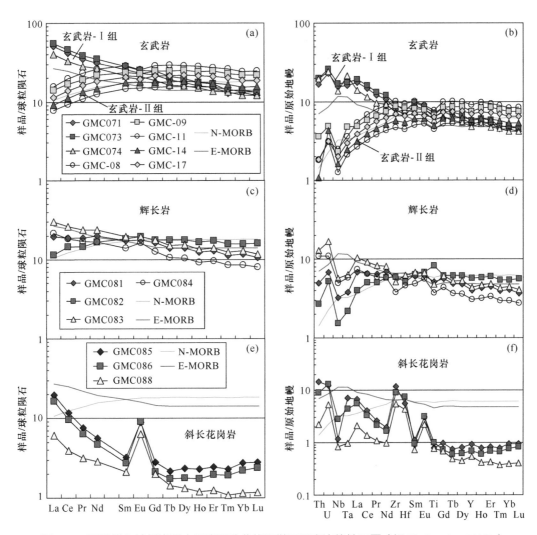

图 2.24　冈玛错东蛇绿岩稀土元素配分曲线和微量元素比值蛛网图（据 Zhai et al.，2013b）

图左侧的大离子亲石元素如 Rb、Ba、K 和 Sr 等很容易在这种蚀变和变质作用过程中发生活化转移，不能有效地指示其形成的构造环境，但位于右侧的高场强元素如 Nb、Ta、Hf、Zr、Ti、Y 等和稀土元素在这些作用过程中具有良好的稳定性（Mullen，1983），因此，这些高场强元素成为示踪岩石成因、源区性质和构造环境判别的有效标志。

　　冈玛错东蛇绿岩整体具有 N-MORB 和 E-MORB 的地球化学特征，显示出平坦或富集的稀土配分形式。在构造环境地球化学判别图解上（图 2.27），两组玄武岩的样品点分别落在 N-MORB 和 E-MORB 的区域内，而在 Pearce（2008）的 Th/Yb-Nb/Yb 图解上（图 2.28），大部分样品位于 N-MORB 的区域，少量位于地幔趋势之上，显示出 SSZ 型蛇绿岩的特征。均质辉长岩的特征与玄武岩类似，在构造环境判别图上，多数位于 N-MORB 的区域，少数表现出岛弧成因的特征。因此，冈玛错东早石炭世蛇绿岩形成过程中可能受到了俯冲作用的影响。

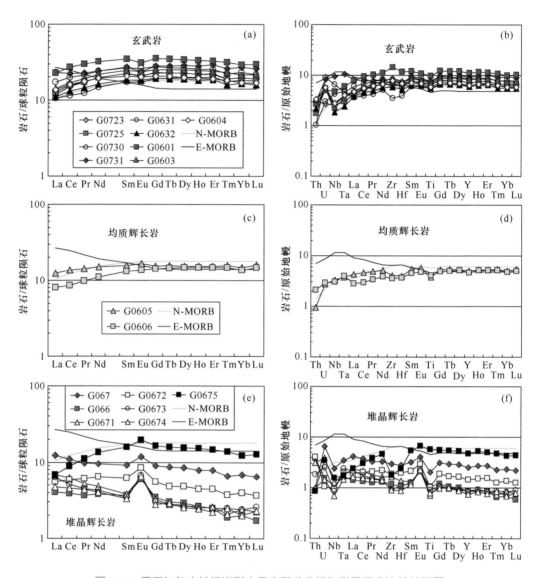

图 2.25 果干加年山蛇绿岩稀土元素配分曲线和微量元素比值蛛网图

果干加年山石炭纪蛇绿岩显示出典型 N-MORB 的地球化学特征，亏损轻稀土，呈平坦的重稀土分布。同时基性岩具有高的 TiO_2 含量，与典型大洋中脊玄武岩相类似，明显高于俯冲相关玄武质岩浆。此外，在玄武岩构造环境判别图解上，样品点多位于 N-MORB 的区域内。堆晶辉长岩的稀土元素含量也很低，并具有近似平坦的稀土元素分配型式，但是 Eu 正异常明显（Eu/Eu*=1.2~2.2），在微量元素标准化图解上显示出弱的 Nb 和 Ti 的亏损。Sr-Nd 同位素分析结果同样显示果干加年山蛇绿岩具有明显正的 $\varepsilon_{Nd}(t)$ 值（+5~+9），与典型 MORB 相一致，且明显高于冈玛错东蛇绿岩。以上特征表明果干加年山蛇绿岩可能形成于大洋中脊环境，为 MOR 型蛇绿岩，代表了古特提斯洋主大洋中脊的残余。

表 2.10　石炭纪蛇绿岩全岩 Sr-Nd 同位素分析结果

样品	岩性	年龄/Ma	Rb/10^{-6}	Sr/10^{-6}	^{87}Rb/^{86}Sr	^{87}Sr/^{86}Sr	±2σm	I_{Sr}	Sm/10^{-6}	Nd/10^{-6}	^{147}Sm/^{144}Nd	^{143}Nd/^{144}Nd	±2σm	$\varepsilon_{Nd}(0)$	$\varepsilon_{Nd}(t)$	$f_{Sm/Nd}$
GMC-14	玄武岩	356	1.72	69.5	0.071	0.704060	12	0.70370	2.31	6.33	0.2207	0.513062	15	8.3	7.2	0.12
GMC081	辉长岩	356	8.76	179	0.141	0.706544	14	0.70583	2.78	9.81	0.1715	0.512824	10	3.6	4.8	−0.13
GMC083	辉长岩	356	24.7	226	0.316	0.706009	18	0.70441	3.14	11.45	0.1659	0.512705	6	1.3	2.7	−0.16
GMC084	堆晶辉长岩	356	18.4	199	0.267	0.706162	14	0.70508	2.20	8.19	0.1622	0.512696	7	1.1	2.7	−0.18
GMC086	斜长花岗岩	356	18.8	306	0.178	0.705986	18	0.70550	0.44	2.41	0.1105	0.512490	12	−2.9	1.0	−0.44
GMC088	斜长花岗岩	356	3.27	77.3	0.123	0.706118	13	0.70481	0.35	1.50	0.1425	0.512630	10	−0.2	2.3	−0.28
G0601	玄武岩	345	2.70	143	0.054	0.706587	13	0.70452	4.69	13.70	0.2071	0.513086	9	8.7	8.3	0.05
G0604	玄武岩	345	1.58	123	0.037	0.704651	14	0.70409	2.79	8.35	0.2023	0.513046	12	8.0	7.7	0.03
G0605	玄武岩	345	1.07	164	0.019	0.704179	15	0.70530	2.18	6.69	0.1971	0.512874	5	4.6	4.6	0.00
G0606	玄武岩	345	1.42	79.2	0.052	0.705552	10	0.70632	1.75	4.63	0.2287	0.513068	10	8.4	7.0	0.16
G0674	堆晶辉长岩	345	0.61	219	0.008	0.704643	10	0.70447	1.88	5.11	0.2221	0.512947	10	6.0	4.9	0.13
G0675	堆晶辉长岩	345	1.20	212	0.016	0.704599	15	0.70460	2.09	5.63	0.2244	0.512936	5	5.8	4.6	0.14

注: $\varepsilon_{Nd} = [(^{143}Nd/^{144}Nd)_{样品}/(^{143}Nd/^{144}Nd)_{CHUR}-1] \times 10000$, $f_{Sm/Nd} = [(^{147}Sm/^{144}Sm)_{样品}/(^{147}Sm/^{144}Nd)_{CHUR}] -1$。

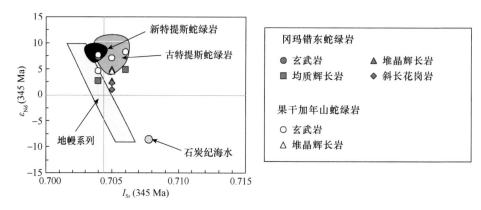

图 2.26　早石炭世蛇绿岩 I_{Sr}-$\varepsilon_{Nd}(t)$ 图解（据 Zhai et al., 2013b）

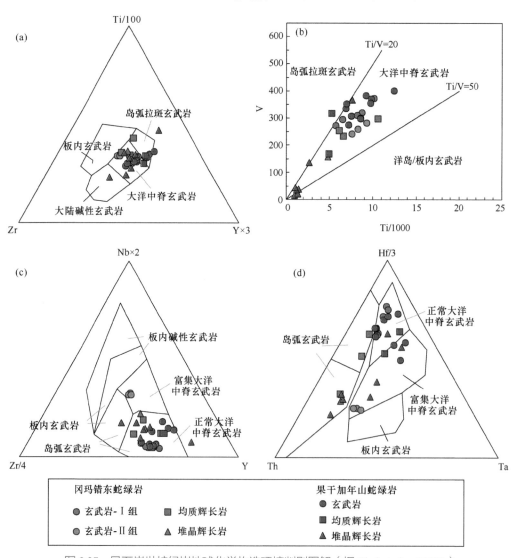

图 2.27　早石炭世蛇绿岩地球化学构造环境判别图解（据 Zhai et al., 2013b）

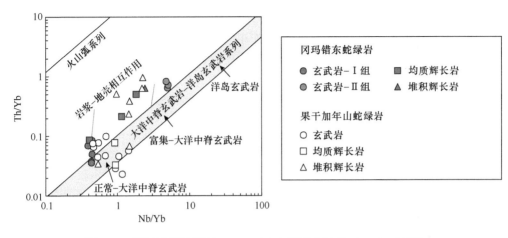

图 2.28　早石炭世蛇绿岩 Th/Yb-Nb/Yb 图解（据 Zhai et al.，2013b）

2.3.5　小结

羌塘地区石炭纪蛇绿岩广泛出露，且时代依据充分。在冈玛错东和果干加年山地区的蛇绿岩中获得了 357~345 Ma 的成岩年龄，证实该地区蛇绿岩均为早石炭世。此外，其他学者在桃形湖、果干加年山也报道了相似的蛇绿岩年龄，如：Zhang X Z 等（2016）报道了 351~352 Ma 的香桃湖蛇绿岩，李才等（2016）报道了桃形湖、果干加年山 352~345 Ma 的蛇绿岩。共同表明了羌塘中部存在早石炭世蛇绿岩。不同地区蛇绿岩在地球化学组成上表现出了一定的差异，代表其形成构造背景的差异。这些不同类别的岩石组合共同记录了古特提斯大洋的扩张和演化过程。另外，石炭纪和早古生代蛇绿岩，除了年龄差别较大，其野外产状、岩石组合和地球化学特征具有较大的相似性，但是二者之间的关系仍不清楚，尚需更详细的野外调查工作。

2.4　二叠纪蛇绿岩

2.4.1　地质特征

二叠纪蛇绿岩出露相对较广，沿龙木错—双湖一线普遍发育，主要出露地区包括格木日、角木日和双湖西等。此外，在香桃湖和果干加年山也有报道（李才等，2016；Zhang X Z et al.，2017b；Xu et al.，2020），但它们出露范围有限，且主要呈构造混杂岩块体产出，与石炭纪和早古生代蛇绿岩构造混杂在一起。二叠纪蛇绿岩野外多为洋岛型岩石组合，最上部层位的玄武岩多与玄武质角砾岩、灰岩和硅质岩互层产出，以江爱藏布西岸、格木日南坡和角木茶卡东等地区为代表。本次考察的重点是尼玛县荣玛乡角木日地区的二叠纪蛇绿岩，它是目前已发现的层序最好，岩石组合保存最为完整的二叠纪蛇绿岩（翟庆国等，2004，2006；李才等，2016）。

角木日地区蛇绿岩组合相对较完整，尤其是枕状玄武岩十分发育（图2.29），且岩石相对较新鲜，未遭受明显的变质和变形作用。主要岩石类型包括：辉石橄榄岩、橄榄辉石岩、辉长辉绿岩、橄榄辉长辉绿岩、辉长岩、块状玄武岩、枕状玄武岩和放射虫硅质岩等。橄榄岩、辉长岩和辉绿岩多呈岩脉或岩片状产出，与玄武岩共生，尽管出露面积不大，但局部地方可见辉长岩侵入于玄武岩的现象。规模相对较大的辉长岩呈现出似层状堆晶结构。

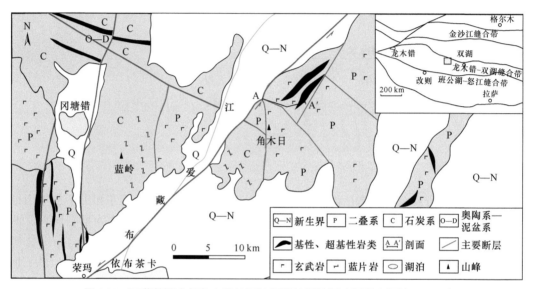

图2.29　西藏羌塘中部角木日地区蛇绿岩地质简图（据翟庆国等，2006）

2.4.2　岩石学

1. 橄榄岩类

蛇绿岩中的橄榄岩，主要为蛇纹石化方辉橄榄岩、二辉橄榄岩和蚀变橄榄辉石岩。岩石分布规模相对较小（图2.30），各岩石单元多呈岩片状产出，单个岩片宽在几十米至几百米不等，两侧与围岩以断层接触。岩石呈绿灰色，中粒半自形粒状结构，块状构造，主要矿物成分为：橄榄石、单斜辉石和斜方辉石，另外还有少量尖晶石（图2.30）。橄榄岩 SiO_2 含量在36%~40%之间，MgO含量在31%~35%之间。橄榄石 Fo 值在84~90之间，为贵橄榄石。斜方辉石，常产在橄榄石粒间结晶，显微镜下可见包橄结构，主要为顽火辉石（En 74~81，Wo 3~4，Fs 16~23）。单斜辉石，主要属于顽透辉石，少量属于普通辉石和透辉石，Wo 在42~45之间，En 在47~51之间，Fs 在6~11之间。

2. 辉长岩和辉绿岩类

辉长岩主要呈岩脉或岩墙状产在玄武岩之下，局部地方穿切玄武岩，岩石类型主要为辉长岩、辉长辉绿岩和橄榄辉长辉绿岩。辉长岩岩墙保存完整，单个宽度在10~50 cm

图 2.30　羌塘中部角木日蛇绿岩及相关岩石（据翟庆国等，2006）

（a）变质橄榄岩；（b）二辉橄榄岩镜下照片；（c）堆晶辉长岩；（d）细粒辉长岩镜下见辉长／辉绿结构；（e）枕状玄武岩；

（f）玄武岩见细粒单斜辉石和斜长石斑晶；（g）浊积岩鲍马序列手标本；（h）细粒辉绿岩示辉绿结构，即自形斜长石格架

中充填他形单斜辉石斑晶

之间，粗、细粒结构明显（图 2-30）。细粒橄榄辉长岩矿物结晶程度较差，辉石和斜长石呈半自形，粗粒橄榄辉长岩结晶较好（图 2-30）。辉长岩野外呈灰绿色，细粒或粗粒半自形 – 自形粒状结构，辉长结构，块状构造，主要矿物为斜长石、单斜辉石、斜方辉石和少量橄榄石。橄榄石已发生了较强的蛇纹石化，与橄榄岩中的橄榄石一致，均为贵橄榄石。辉石主要为单斜辉石，含量在 30% 左右，主要为次透辉石和普通辉石。斜长石发生了较强的绢云母化和黝帘石化，含量在 60% 左右，主要为钠长石。

3. 玄武岩类

角木日蛇绿岩中枕状玄武岩和块状玄武岩均较发育。块状玄武岩呈紫灰色，隐晶质结构或斑状结构，块状构造，局部地方气孔杏仁比较发育，杏仁主要为方解石和浊沸石等碳酸盐类矿物。枕状玄武岩，岩石类型有蚀变辉石玄武岩和玄武岩。岩枕呈不规则球状和椭球状，长轴方向基本一致，有些岩枕还具有流动构造和扭动构造。岩枕大小一般在 60 cm×100 cm 左右，大者可达十几米长，小的在 20 cm×40 cm 左右 [图 2.30（e）]，多保存完好的冷凝边。玄武岩斑晶主要为斜长石和辉石，斜长石具有典型的骸晶结构 [图 2.30（f）]，这种结构是岩浆水下喷发，快速冷凝的结果。辉石主要为单斜辉石，含量在 5%~20% 之间。

4. 硅质岩及上覆火山碎屑岩

蛇绿岩上覆岩石有硅质岩、玄武质凝灰岩、玄武质角砾凝灰岩、凝灰质角砾岩和浊积岩。硅质岩灰黑色、紫红色，产在枕状玄武岩之上及岩枕之间的空隙中，在角木日和角木茶卡南均有发育。硅质岩中见有放射虫化石，但由于保存不太好，具体情况无法鉴定。此外，在蛇绿岩上面还产有大量的玄武质凝灰岩、玄武质角砾岩、凝灰质角砾岩和火山砾岩，它们覆盖在硅质岩或枕状玄武岩之上，砾石主要为玄武岩，并含有少量大理岩砾石，未见陆源碎屑物质，这也说明这套岩石可能形成于远离大陆的环境。另外在角木日西坡还见有浊积岩，主要为粉砂岩和泥岩，具有较好的鲍马序列 [图 2.30（g）]，C 段、D 段和 E 段较发育，单段厚度较小，在 1~3 cm 之间。凝灰质角砾岩及其上覆灰岩夹层中产有蜓类化石，时代为中早二叠世 Artinskian 期（Zhang et al.，2013）。

2.4.3 地球化学

1. 橄榄岩

橄榄岩 SiO_2 含量在 36%~44% 之间，MgO 含量在 19%~35% 之间，Fo 值在 68~76 之间，TiO_2 含量在 0.6%~2.5% 之间，Al_2O_3 含量在 2.9%~3.3% 之间，CaO 含量在 3.4%~9.56% 之间，岩石具有超镁铁质堆晶岩的特征。在橄榄岩 ACM 和 AFM（图 2.31）图解上，橄榄岩均落在超镁铁质堆晶岩的区域内。

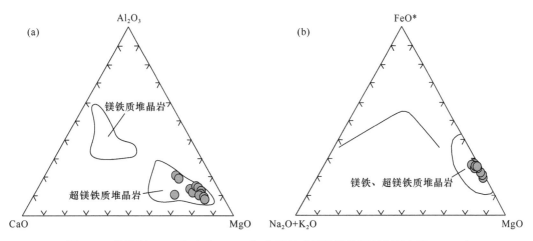

图 2.31　橄榄岩 ACM（a）和 AFM（b）图解（橄榄岩数据引自翟庆国，2005）

稀土和微量元素中 ∑REE 总量较低，在 $32×10^{-6}$~$129×10^{-6}$ 之间，轻稀土轻微富集，重稀土相对亏损，$(La/Sm)_N$ 比值大于 1.5，$(La/Yb)_N$ 平均为 6.1，无 δEu 异常（平均为 0.98）。球粒陨石标准化稀土配分曲线（图 2.33）呈轻微向右倾斜的曲线。微量元素中 Rb、Th、La 和 Ce 相对较富集，K、Y 和 Yb 较亏损，Sr、Zr、Hf、Sm 和 Ti 稍微亏损。微量元素比值蛛网图（以洋中脊玄武岩为标准）与富集型洋中脊玄武岩蛛网图一致（图 2.32），并与哀牢山带洋中脊型、准洋中脊型火山岩堆晶岩和昌宁—孟连带曼信准洋脊型玄武岩相似（莫宣学等，1998，2001；沈上越等，1998；朱勤文等，1991，1999；魏君奇等，1999）。

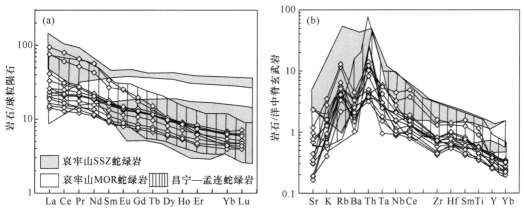

图 2.32　橄榄岩稀土和微量元素配分曲线（橄榄岩数据引自翟庆国，2005；哀牢山和昌宁–孟连蛇绿岩数据据莫宣学等，1998）

2. 辉长岩类

辉长岩 SiO_2 含量变化比较大，在 49%~52% 之间，TiO_2 含量在 0.8%~3.2% 之间，Al_2O_3 含量在 7%~22% 之间，CaO 含量在 6.8%~15.6% 之间。由硅碱图［图 2.33（a）］

知本地区辉长岩显示有碱性岩系列和亚碱性系列两类岩石的特征，将亚碱性系列的岩石利用 AFM 图解［图 2.33（b）］进一步划分，辉长岩显示拉斑玄武岩的特征。稀土和微量元素中 ∑REE 比橄榄岩稍高，介于 $57×10^{-6}$~$393×10^{-6}$ 之间，轻稀土轻微富集，重稀土相对亏损，$(La/Sm)_N$ 平均为 2.34，$(La/Yb)_N$ 平均为 6.16，$(Ce/Yb)_N$ 值平均为 4.98，无 δEu 异常（平均为 1.03），球粒陨石标准化稀土配分曲线［图 2.34（a）］呈轻微向右倾斜的曲线，与富集型洋中脊玄武岩的稀土配分曲线一致。大离子亲石元素中 K、Rb、Th 和 Ba 等相对较富集，Sr 的含量也较高，Y 和 Yb 较亏损。辉长岩微量元素比值蛛网图（以洋中脊玄武岩为标准）具有富集洋中脊玄武岩的特征［图 2.34（b）］。两类辉长岩的稀土配分曲线和微量元素比值蛛网图均基本一致，并且辉长岩和橄榄岩的稀土配分曲线和蛛网图也极其相似，这些特征与三江地区的准洋脊型玄武岩相一致（莫宣学等，1998，2001；沈上越等，1998；朱勤文等，1991，1999；魏君奇等，1999）。

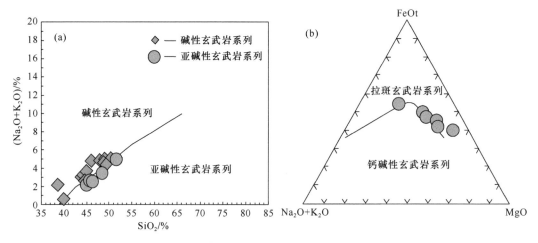

图 2.33　辉长岩 SiO_2-Na_2O+K_2O（a）和 AFM（b）图解（辉长岩数据引自翟庆国，2005）

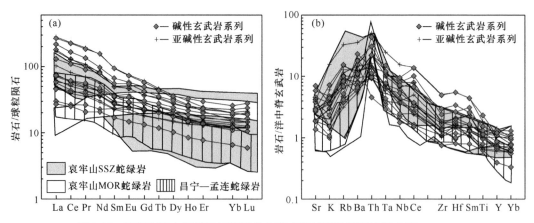

图 2.34　辉长岩稀土和微量元素配分曲线（辉长岩数据引自翟庆国，2005；
文献数据据莫宣学等，1998）

3. 玄武岩

玄武岩 SiO_2 含量多在 43%~54% 之间，TiO_2 含量中等，介于 0.9%~2.8% 之间，P_2O_5 的含量较高，在 0.4%~0.7% 之间，K_2O 的含量多在 0.5% 左右。另外，岩石中 Al_2O_3 含量在 13%~22% 之间，CaO 含量在 3.5%~13.5% 之间，这些特征与三江地区准洋脊型玄武岩的特征一致（莫宣学等，2001；沈上越等，1998；朱勤文等，1999；魏君奇等，1999）。由玄武岩 TAS 图解 [图 2.35（a）] 可知，玄武岩多属于玄武岩和粗面玄武岩，并有少量碧玄岩和玄武质粗面安山岩。其中玄武岩属于亚碱性岩系列，而粗面玄武岩属于碱性岩系列，在 FAM 图解上 [图 2.35（b）]，亚碱性岩系列玄武岩显示出拉斑玄武岩的趋势。

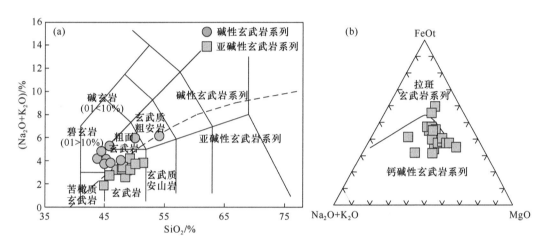

图 2.35 玄武岩 TAS 和 AFM 图解（玄武岩数据引自翟庆国等，2006）

玄武岩稀土元素 $\sum REE$ 不高，介于 78×10^{-6}~311×10^{-6} 之间，轻稀土轻微富集，$(La/Sm)_N$ 值平均为 1.98，$(La/Yb)_N$ 值介于 2~11 之间，与富集型洋中脊玄武岩（4.3~6.8）一致（Henderson，1984），无 δEu 异常（平均为 0.97）。球粒陨石标准化稀土配分曲线 [图 2.36（a）] 呈轻微向右倾斜的曲线，与富集型洋中脊玄武岩的配分曲线类似。微量元素中 Rb、Th 和 Ba 相对较富集，K、Nb 和 Ce 也较高，Y 和 Yb 稍微亏损。玄武岩微量元素比值蛛网图（以洋中脊玄武岩为标准）与富集型洋中脊玄武岩蛛网图一致 [图 2.36（a）]。

综上所述，角木日地区蛇绿岩中橄榄岩、辉长岩和玄武岩具有相似的微量和稀土元素组成，说明它们岩浆源区可能是相同的，均来源于富集地幔源区。橄榄岩、辉长岩和玄武岩类岩石的地球化学特征与三江地区的准洋中脊型玄武岩基本一致，这也表明本地区玄武岩的形成环境与三江地区准洋中脊型玄武岩类似（莫宣学等，2001；沈上越等，1998；朱勤文等，1999；魏君奇等，1999）。

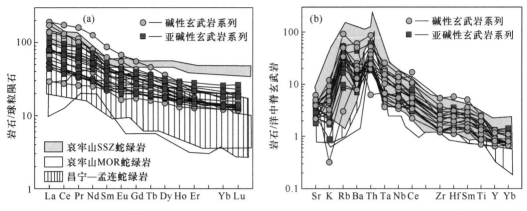

图 2.36　玄武岩稀土和微量元素配分曲线（玄武岩数据引自翟庆国等，2006）

2.4.4　构造环境

玄武岩形成的构造环境是确定蛇绿岩形成的大地构造背景的关键。角木日蛇绿岩中玄武岩以拉斑玄武岩为主，少量为碱性玄武岩，玄武岩和硅质岩、火山碎屑岩及少量复理石相沉积的粉砂岩、粉细砂岩共生，并发育较好的鲍马序列。浊积岩 C 段、D 段和 E 段较发育，指示其是远洋深海沉积物。玄武岩枕状构造发育，冷凝边、扭动构造和流动构造均较发育，并且玄武岩还保留有较好的骸晶结构，这些特征都说明玄武岩是岩浆水下喷发的产物。此外，在江爱藏布西岸、格木日南坡和角木茶卡东等地区广泛发育洋岛型岩石组合，灰岩 – 放射虫硅质岩 – 玄武岩互层产出，具有明显洋岛岩石组合的特征。这也说明二叠纪蛇绿岩的形成部位可能距离洋岛不远或共生，和冰岛地区类似，即扩张洋中脊上叠加了热点型岩浆活动。

在玄武岩 Ti-Zr-Sr 图解上［图 2.37（a）］（Pearce and Cann，1973），玄武岩的点多落在洋脊玄武岩的区域内，少数落在岛弧和钙碱性玄武岩的区域；在基性火山岩 ATK 图解上［图 2.37（b）］（赵崇贺，1989；莫宣学等，1998），玄武岩的点多数位于洋脊玄武岩的区域，少量落在造山带玄武岩和安山岩区，这说明研究区玄武岩多形成于洋中脊的环境。研究区玄武岩的这些特征和三江地区的洋脊 / 准洋脊玄武岩一致，说明本区玄武岩形成于洋中脊 / 准洋中脊环境。

2.4.5　小结

羌塘地区二叠纪蛇绿岩分布相对较广泛，除了角木日地区蛇绿岩岩石组合和层序关系比较典型外，其他地区更接近洋岛岩石组合，如在双湖西—查桑、角木茶卡、江爱藏布西岸和格木日南坡等地区广泛出露的二叠系鲁谷组玄武岩。这些岩石在大部分地区呈洋岛型岩石组合产出，即玄武岩 – 灰岩 – 硅质岩互层产出，尤其是在天

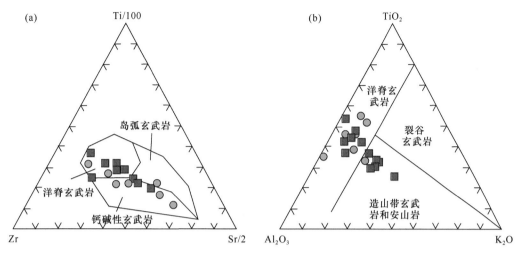

图 2.37 玄武岩 Zr-Ti-Sr（a）和 ATK（b）构造判别图解
（据 Pearce and Cann，1973；莫宣学等，1989；赵崇赞，1989）

泉、鲁谷和达不热等地洋岛组合最为典型（范建军等，2014；李才等，2016）。灰岩中含有大量珊瑚、蟆类和海绵等生物化石，指示玄武岩的时代为中二叠世（Zhang Y C et al.，2012）。角木日地区二叠纪蛇绿岩中玄武岩具有与三江地区准洋脊型玄武岩类似的地球化学特征，形成于洋盆扩张中脊（或其附近）且与洋岛（海山）距离不远的位置，它们是古特提斯洋大洋中脊和洋岛（地幔柱热点）共同作用背景下的产物。

2.5 羌塘中部早二叠世基性岩岩墙群

2.5.1 地质特征

基性岩墙群是大陆伸展背景下、主要来自陆下软流圈或岩石圈地幔的岩浆侵入体，是大陆伸展甚至裂解的关键遗迹，对古陆块聚合和伸展乃至裂解的重建具有至关重要的作用（Windley，1984；Ernst et al.，2005；Bryan and Ernst，2008）。羌塘基性岩墙群主要出露在龙木错—双湖缝合带以南的南羌塘地块中，岩墙群西起国境线，向东到双湖附近，长约 800 km（图 2.38）（西藏地质矿产局，1993；李才和程立人，1995；翟庆国等，2009c；Zhai Q G et al.，2009；Zhai Q et al.，2013c；Wang et al.，2019；Dan et al.，2021），岩墙产在羌塘中央隆起地区的"浅变质岩"中。对于这套"浅变质岩"的时代尚存在争论。西藏自治区区域地质志将其时代定为前泥盆系（西藏地质矿产局，1993），王国芝和王成善（2001）将其划归元古宙，李才和程立人（1995）认为其主体为石炭—二叠系，新近完成的 1 : 25 万区域地质调查也将其划归为晚石炭世。

羌塘中部基性岩墙均以近直立、近东西走向近平行产出，延伸方向大致与龙木错—双湖缝合带方向平行，岩墙与围岩的接触界线明显，单个宽度自几十厘米到几百米不

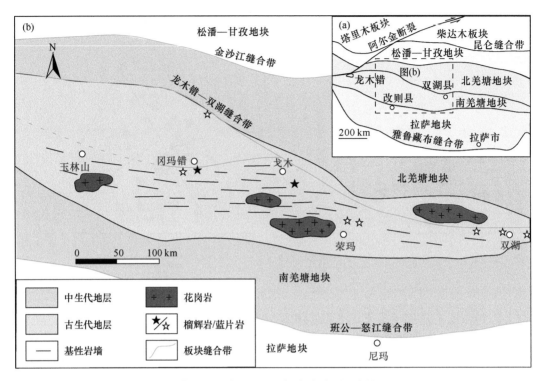

图 2.38 藏北羌塘中部地区基性岩岩墙群分布地质简图

等，长度自几十米到数千米，个别长度可达数十千米，部分岩墙可见明显的冷凝边结构（图 2.39）。岩墙岩性以辉绿岩为主，具有典型的辉绿结构，规模较大的岩墙中部可以看到辉长结构，并且个别地方可见到粗粒结构和细粒结构岩墙互相穿插的现象，反映可能经历了多期的岩浆事件。岩墙主要矿物成分为单斜辉石和斜长石，局部见有角闪石、石英、磁铁矿、锆石等［图 2.39（d）、（e）］。多数斜长石蚀变较强，但晶体形状保存完好，个别蚀变较弱的晶体仍保存较完好的聚片双晶，辉石全部为单斜辉石，经历一定的蚀变作用，但矿物晶体保存完好。此外，个别岩墙还发生了轻微的变质作用，可见后期的绿泥石［图 2.39（d）、（e）］。

2.5.2 基性岩岩墙群的时代

对于羌塘地区基性岩墙群的时代，西藏自治区地质志（1993）将其划归为"海西晚期—印支期"，但缺少可靠的年龄数据，李才等（2004）对辉绿岩进行了锆石 U-Pb（TIMS 法）和全岩 Sm-Nd 法定年，获得了单颗粒锆石年龄 312±4 Ma 和 Sm-Nd 全岩等时线年龄 299±13 Ma 与 314±5 Ma，将其时代定为晚石炭世。然而这些时代有关测试方法的局限性，其精度有待于进一步提高。

为了高精度地确定基性岩岩墙群的时代，我们采用高精度离子探针技术（SHRIMP），对不同地区的岩墙进行了锆石 U-Pb 定年（表 2.11）。4 个基性岩样品的锆石均呈自

图 2.39　基性岩墙群野外和镜下照片

Cpx- 单斜辉石；Pl- 斜长石；Mt- 铁钛氧化物

形、粒状或柱状，CL 图像呈面状、条带状结构。锆石 Th 和 U 的含量较高，并呈正相关的关系，Th/U 值在 0.46~2.91 之间，具有典型岩浆锆石的特征。4 个样品的测试结果分别为：E0812，279±1.7 Ma（MSWD=1.7）；Ge0815，283±1.4 Ma（MSWD=1.18）；LG0801，285±1.4 Ma（MSWD=0.7）；LG0802，285±2.5 Ma（MSWD=1.7）。这些年龄结果在谐和曲线上均成群分布（图 2.40），显示出较好的精度，代表了基性岩岩墙群的岩浆结晶年龄。李才（2003）研究发现，基性岩墙主要侵位于羌塘中央隆起地区的

表 2.11 二叠纪基性岩墙锆石 U-Pb 定年结果

点号	$^{206}Pbc/\%$	$U/10^{-6}$	$Th/10^{-6}$	$^{232}Th/^{238}U$	$^{206}Pb^*/10^{-6}$	$^{207}Pb^*/^{206}Pb^*$	±%	$^{207}Pb^*/^{235}U$	±%	$^{206}Pb^*/^{238}U$	±%	err corr	$^{206}Pb^*/^{238}U$ 年龄/Ma	±%	不谐和度/%
E0812，辉绿岩，33°18.478′N，86°01.637′E，加权平均年龄：282.8±1.4 Ma															
1.1	0.24	1008	1693	1.74	39	0.05076	1.8	0.3145	2	0.04493	0.85	0.435	283.3	2.4	−23
2.1	—	671	1427	2.20	25.6	0.05149	1.5	0.3162	1.8	0.04454	0.94	0.522	280.9	2.6	−7
3.1	0.10	1020	1833	1.86	39	0.05146	1.4	0.3154	1.6	0.04444	0.86	0.528	280.3	2.3	−7
4.1	0.14	862	1264	1.51	32.6	0.05265	1.4	0.319	1.7	0.04394	0.87	0.522	277.2	2.4	12
5.1	0.23	830	1276	1.59	32.1	0.0508	2.1	0.3147	2.3	0.04493	0.88	0.381	283.3	2.4	−22
6.1	0.07	571	697	1.26	21.6	0.05005	1.8	0.3032	2.1	0.04393	0.93	0.449	277.2	2.5	−40
7.1	0.06	1396	2176	1.61	53.4	0.05177	1.2	0.3177	1.5	0.0445	0.83	0.566	280.7	2.3	−2
8.1	0.24	437	558	1.32	16.4	0.0534	3.2	0.32	3.3	0.04347	0.99	0.296	274.3	2.7	20
9.1	0.04	1800	3786	2.17	69.8	0.05166	1	0.3216	1.3	0.04515	0.81	0.622	284.7	2.3	−5
10.1	0.16	1115	1998	1.85	42	0.05061	1.3	0.3054	1.6	0.04376	0.84	0.542	276.1	2.3	−24
11.1	0.04	879	1412	1.66	33.2	0.05321	1.6	0.322	1.8	0.04389	0.87	0.480	276.9	2.4	18
12.1	—	802	1173	1.51	30.4	0.05129	1.5	0.312	1.7	0.04412	0.88	0.510	278.3	2.4	−10
13.1	0.36	686	1015	1.53	25.9	0.0495	2.7	0.2991	2.8	0.04379	0.91	0.325	276.3	2.5	−60
14.1	—	1030	1535	1.54	39.2	0.05349	1.7	0.327	1.9	0.04434	0.86	0.445	279.7	2.3	20
15.1	0.05	862	1185	1.42	32.2	0.05134	1.7	0.3082	1.9	0.04353	0.87	0.450	274.7	2.3	−7
16.1	—	1461	3111	2.20	55.8	0.05248	1.4	0.3218	1.6	0.04447	0.83	0.516	280.5	2.3	8
17.1	0.17	1296	2458	1.96	48.9	0.05112	1.6	0.3091	1.8	0.04385	0.83	0.470	276.7	2.3	−12
Ge0815，辉长岩，33°10.645′N，85°15.650′E，加权平均年龄：279.0±1.6 Ma															
1.1	0.11	783	737	0.97	30.4	0.05204	1.5	0.3239	1.8	0.04514	1.0	0.569	284.6	2.9	1
2.1	0.21	1820	1181	0.67	71.4	0.05078	1.2	0.3189	1.5	0.04555	0.82	0.561	287.1	2.3	−24
3.1	0.00	974	1311	1.39	37.9	0.05294	1.3	0.3306	1.6	0.04529	0.96	0.600	285.5	2.7	13
4.1	0.28	806	892	1.14	30.6	0.0500	2.9	0.3040	3.0	0.04410	0.90	0.299	278.2	2.5	−43
5.1	—	372	377	1.05	14.2	0.0528	2.1	0.3244	2.4	0.04457	1.3	0.518	281.1	3.5	12
6.1	0.36	357	347	1.00	13.6	0.0507	2.6	0.3088	2.9	0.04421	1.3	0.458	278.9	3.6	−24
7.1	—	399	397	1.03	15.5	0.0525	2.0	0.3275	2.2	0.04523	1.0	0.455	285.2	2.8	7

续表

点号	^{206}Pbc/%	U/10^{-6}	Th/10^{-6}	$^{232}Th/^{238}U$	$^{206}Pb^*$/10^{-6}	$^{207}Pb^*/^{206}Pb^*$	±%	$^{207}Pb^*/^{235}U$	±%	$^{206}Pb^*/^{238}U$	±%	err corr	$^{206}Pb^*/^{238}U$ 年龄 /Ma	±%	不谐和度 /%
		Ge0815, 辉长岩, 33°10.645'N, 85°15.650'E, 加权平均年龄: 279.0±1.6 Ma													
8.1	0.15	752	2118	2.91	28.9	0.05005	1.8	0.3082	2.0	0.04466	0.90	0.453	281.7	2.5	−43
9.1	0.13	2025	3721	1.90	78.6	0.05110	1.1	0.3181	1.4	0.04515	0.81	0.581	284.7	2.3	−16
10.1	—	1618	2218	1.42	62.6	0.05349	1.2	0.3325	1.5	0.04509	0.84	0.575	284.3	2.3	19
11.1	0.20	830	912	1.14	31.7	0.0497	2.0	0.3043	2.2	0.04441	0.89	0.403	280.1	2.4	−55
12.1	—	846	1549	1.89	32.4	0.05336	1.4	0.3276	1.6	0.04453	0.88	0.540	280.9	2.4	18
13.1	1.26	143	105	0.76	5.49	0.0440	11	0.268	11	0.04420	1.8	0.154	278.8	4.8	348
14.1	0.35	386	171	0.46	14.8	0.0513	2.3	0.3153	2.5	0.04459	1.0	0.401	281.2	2.8	−11
15.1	0.69	497	591	1.23	18.7	0.0473	5.8	0.283	6.0	0.04344	1.3	0.219	274.1	3.5	−334
		LG0801, 辉绿岩, 33°51.366'N, 84°01.092'E, 加权平均年龄: 285.1±1.4 Ma													
1.1	—	511	665	1.34	19.9	0.0545	2.3	0.3405	2.7	0.04533	1.4	0.528	285.8	4.0	27
2.1	0.07	835	1087	1.34	33.1	0.05172	1.8	0.3286	2.1	0.04608	1.1	0.534	290.4	3.2	−6
3.1	0.17	697	783	1.16	27.4	0.05203	1.7	0.3278	2.0	0.04568	1.1	0.540	288.0	3.1	0
4.1	—	445	497	1.15	17.4	0.05341	1.6	0.3356	1.9	0.04557	1.1	0.588	287.3	3.2	17
5.1	—	600	763	1.31	23.5	0.05413	1.7	0.3399	2.0	0.04554	1.1	0.556	287.1	3.1	24
6.1	—	636	1298	2.11	24.4	0.0552	2.2	0.3412	2.5	0.04485	1.1	0.447	282.8	3.1	33
7.1	—	474	614	1.34	18.5	0.05577	1.6	0.3492	2.1	0.04542	1.4	0.664	286.3	4.0	35
8.1	0.07	797	1022	1.32	31.2	0.05257	1.5	0.3295	2.0	0.04547	1.3	0.662	286.6	3.8	8
9.1	—	1289	1774	1.42	49.6	0.05350	0.98	0.3306	1.4	0.04482	1.1	0.735	282.6	2.9	19
10.1	0.10	1166	1867	1.65	45.8	0.05190	1.3	0.3272	1.7	0.04571	1.1	0.649	288.2	3.1	−2
11.1	0.09	741	1446	2.02	28.3	0.0539	2.2	0.3299	2.5	0.04442	1.1	0.462	280.2	3.1	23
12.1	0.05	1116	1426	1.32	43.5	0.05253	1.1	0.3281	1.5	0.04531	1.1	0.695	285.6	3.0	7
13.1	0.08	488	612	1.29	18.9	0.05151	1.8	0.3191	2.1	0.04493	1.1	0.541	283.3	3.2	−8
14.1	—	839	1594	1.96	32.3	0.05407	1.5	0.3343	2.0	0.04485	1.2	0.620	282.8	3.4	24
15.1	0.01	719	1088	1.56	27.9	0.05209	1.6	0.3246	2.0	0.04520	1.1	0.568	285.0	3.1	2
16.1	—	342	417	1.26	13.3	0.05233	1.8	0.3272	2.2	0.04534	1.2	0.538	285.9	3.3	5

续表

点号	²⁰⁶Pbc/%	U/10⁻⁶	Th/10⁻⁶	²³²Th/²³⁸U	²⁰⁶Pb*/10⁻⁶	²⁰⁷Pb*/²⁰⁶Pb*	±%	²⁰⁷Pb*/²³⁵U	±%	²⁰⁶Pb*/²³⁸U	±%	err corr	²⁰⁶Pb/²³⁸U 年龄/Ma	±%	不谐和度/%
LG0801，辉绿岩，33°51.366'N，84°01.092'E，加权平均年龄: 285.1±1.4 Ma															
17.1	—	586	1197	2.11	22.5	0.0536	2.0	0.3306	2.3	0.04475	1.1	0.481	282.2	3.1	20
18.1	—	923	1362	1.53	36.1	0.05299	1.1	0.3333	1.5	0.04561	1.1	0.701	287.5	3.0	12
19.1	0.05	442	619	1.45	17.0	0.0524	2.8	0.3231	3.1	0.04471	1.1	0.375	281.9	3.2	7
20.1	0.03	545	756	1.43	21.0	0.05202	1.6	0.3222	1.9	0.04492	1.1	0.580	283.3	3.1	1
LG0802，辉绿岩，33°41.581'N，84°03.912'E，加权平均年龄: 285.0±2.5 Ma															
1.1	0.35	242	242	1.03	9.45	0.0488	4.7	0.305	4.9	0.04529	1.2	0.239	285.6	3.2	-104
2.1	—	367	588	1.65	14.2	0.0534	4.3	0.332	4.4	0.04508	1.1	0.253	284.3	3.1	18
3.1	0.98	354	435	1.27	13.6	0.0454	3.4	0.2769	3.6	0.04427	1.0	0.290	279.3	2.9	862
4.1	0.70	152	136	0.92	5.95	0.0485	8.1	0.302	8.2	0.04522	1.4	0.166	285.1	3.8	-132
5.1	0.77	139	127	0.95	5.45	0.0466	4.7	0.292	4.9	0.04548	1.3	0.274	286.7	3.8	-831
6.1	0.85	218	230	1.09	8.28	0.0477	8.0	0.289	8.1	0.04385	1.3	0.163	276.7	3.6	-223
7.1	—	87	46	0.55	3.54	0.0690	13	0.458	13	0.04821	1.9	0.153	303.5	5.8	66
8.1	—	182	135	0.77	7.05	0.0539	3.4	0.336	3.6	0.04527	1.2	0.344	285.4	3.4	22
9.1	—	164	157	0.99	6.41	0.0528	3.1	0.332	3.4	0.04553	1.3	0.378	287.0	3.6	11
10.1	1.72	118	99	0.86	4.20	0.0376	12	0.211	12	0.04075	2.2	0.186	257.5	5.6	150
11.1	0.35	165	164	1.03	6.62	0.0515	3.9	0.331	4.1	0.04666	1.4	0.338	294.0	4.0	-12
12.1	0.87	199	226	1.18	7.74	0.0457	6.6	0.283	6.8	0.04497	1.2	0.183	283.6	3.4	1657
13.1	0.44	264	278	1.09	10.3	0.0505	3.6	0.314	3.8	0.04511	1.1	0.300	284.4	3.1	-32
14.1	—	96	81	0.87	3.89	0.0565	3.9	0.368	4.2	0.04731	1.6	0.376	298.0	4.6	37
15.1	—	178	169	0.98	6.87	0.0597	2.7	0.374	3.0	0.04535	1.2	0.417	285.9	3.5	52
16.1	0.15	272	295	1.12	10.5	0.0521	2.9	0.3225	3.1	0.04486	1.1	0.358	282.9	3.0	3
17.1	0.19	311	324	1.08	12.2	0.0500	2.6	0.3135	2.8	0.04547	1.1	0.373	286.6	3.0	-47

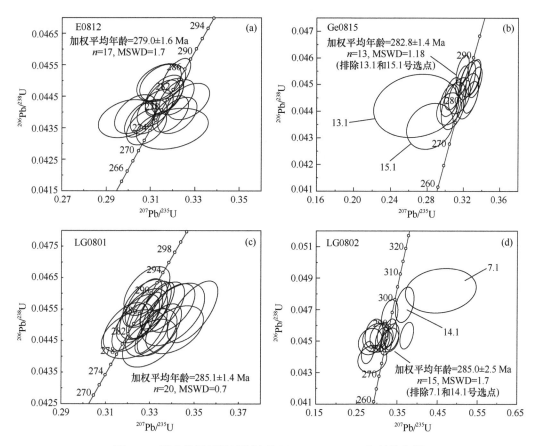

图 2.40　藏北羌塘基性岩岩墙锆石 SHRIMP U-Pb 年龄谐和图

"浅变质岩"中，而这套岩石时代以晚石炭世为主（李才，2003），并且岩墙切穿地层，因此岩墙的侵位时代应晚于这套"浅变质岩"，也就是，在晚石炭世之后。因此，结合本次所获得的年龄数据，羌塘中央隆起地区基性岩墙群的形成时代，主要集中在早二叠世（283 Ma），这与早二叠世之后的地层中不发育岩墙群的地质事实相吻合（李才和程立人，1995）。

2.5.3　地球化学特征

基性岩地球化学成分分析在中国地质大学（北京）实验中心完成，结果见表 2.12。基性岩中辉长岩和辉绿岩的成分基本一致，这与它们的野外产状相符合。总体来说，基 性 岩 SiO_2 含 量 在 47%~52% 之 间，TiO_2 为 1.1%~2.9%，Al_2O_3 为 10%~7%，MgO 为 5.4%~13.8%，所有样品均表现出低碱的特征（Na_2O+K_2O=1.24%~4.28%），在基性岩 Zr/TiO_2-Nb/Y 图解上［图 2.41（a）］，岩墙的样品点均位于亚碱性玄武岩和安山岩 / 玄武岩的区域内，同时在基性岩 AFM 图解上［图 2.41（b）］，表现出拉斑玄武岩的趋势。

表 2.12 二叠纪基性岩墙主量元素（%）和微量元素（10^{-6}）含量

样品	GE702	GE703	GE706	E713	E801	E812	GE802	GE806	GE807	GE75	GE77	GE813	GE816	GE817
岩性	辉绿岩	辉绿岩	辉绿岩	辉长岩	辉绿岩	辉绿岩	辉绿岩	辉绿岩	辉绿岩	辉长岩	辉长岩	辉绿岩	辉绿岩	辉绿岩
SiO_2	50.31	46.85	50.73	48.02	47.80	47.37	48.89	50.17	48.03	49.89	50.19	49.60	51.86	47.22
TiO_2	1.29	1.93	1.97	1.74	1.06	2.36	1.35	2.11	1.94	1.93	2.38	1.25	1.42	1.76
Al_2O_3	15.21	14.96	13.23	14.49	16.82	13.41	15.26	14.84	15.43	13.42	13.63	16.76	14.18	15.05
Fe_2O_3t	9.37	12.59	12.89	10.10	9.12	15.10	12.39	10.08	10.97	10.68	11.35	10.49	10.44	11.08
MnO	0.14	0.19	0.18	0.15	0.14	0.23	0.21	0.15	0.15	0.17	0.17	0.18	0.17	0.16
MgO	7.46	5.90	6.72	8.26	8.54	6.28	5.36	6.38	7.21	7.77	6.12	6.08	6.57	8.27
CaO	9.99	11.37	9.45	11.74	11.38	10.92	11.00	9.97	10.45	9.36	8.93	9.42	9.96	10.03
Na_2O	2.87	3.06	3.49	2.27	1.99	2.16	2.12	2.27	2.35	3.70	2.85	3.62	1.84	2.35
K_2O	1.03	0.53	0.29	0.47	0.27	0.35	0.31	0.89	0.20	0.58	0.73	0.52	1.00	0.38
P_2O_5	0.12	0.16	0.18	0.20	0.11	0.17	0.15	0.20	0.16	0.18	0.22	0.12	0.17	0.20
LOI	2.18	1.91	0.83	2.43	2.76	1.87	2.23	2.31	2.62	1.87	2.88	1.83	2.28	3.03
总计	99.97	99.45	99.96	99.87	99.99	100.22	99.26	99.37	99.51	99.55	99.45	99.87	99.89	99.53
$Mg^\#$	65.0	52.2	54.9	65.6	68.6	49.2	50.2	59.6	60.5	62.9	55.7	57.5	59.5	63.5
Li	31	11.6	11.7	26.2	8.85	9.99	14.49	10.6	20.14	18.4	17.4	22.3	11.4	18.4
Be	0.87	0.57	0.77	1.12	0.4	0.56	0.63	0.99	0.73	1.1	1.41	0.6	0.88	1.51
Sc	36	47.9	48.8	35.8	32.1	47.6	35.48	30.7	27.1	25.9	36.9	43.7	34.3	31
V	304	400	465	284	128	508	300	246	245	381	414	278	299	464
Cr	661	68	122	423	377	72	77	124	260	470	210	120	125	41
Co	43	46	51	44	45	52	39	38	43	44	42	42	40	43
Ni	102	32	89	131	157	70	45	26	68	212	149	54	65	48
Cu	48	61	176	43	44	154	136	25	11.8	128	180	59	44	153
Zn	99	134	121	119	70	114	61	99	67	104	135	84	84	193
Ga	23.8	26.8	22.2	24.5	18.5	22	18.5	22.2	19.8	25.8	28.4	19.4	20.4	30.1
Rb	41	22.8	8.8	19.9	10.9	18.4	10.65	39.3	4.87	27.5	37.1	24	47	27.6
Sr	306	288	223	391	297	350	233	369	382	311	364	229	280	536

续表

样品	GE702	GE703	GE706	E713	E801	E812	GE802	GE806	GE807	GE75	GE77	GE813	GE816	GE817
岩性	辉绿岩	辉绿岩	辉绿岩	辉长岩	辉绿岩	辉绿岩	辉绿岩	辉绿岩	辉绿岩	辉长岩	辉长岩	辉绿岩	辉绿岩	辉绿岩
Y	22.2	43.8	33.8	21.4	20.3	34.8	25.2	27.8	21.2	27.8	36.6	29.9	24.4	38.6
Zr	105	133	154	129	83.2	130	93	181	124	178	229	108	135	294
Nb	5.84	8.01	6.39	10.9	7.05	10.9	6.24	16.4	12.50	9.63	11.9	9.02	9.89	23.3
Cs	0.84	1.06	0.1	0.57	0.66	1.09	0.16	1.05	0.26	2.03	1.72	1.08	2.28	4.48
Ba	512	170	96	132	143	120	114	274	104	95	193	265	200	204
La	12.2	12	10.6	14.7	11.3	12.1	8.75	23.8	14.28	17.5	21.6	16	17.5	25.5
Ce	29.2	30	27.7	34.8	24.9	27.7	19.16	53.5	30.72	43.7	52.6	34.2	38.5	66.2
Pr	3.63	3.67	3.75	4.23	2.99	3.68	2.61	6.16	4.08	5.4	6.5	3.92	4.59	8.51
Nd	16.6	17.6	18.6	19.4	12.8	17	12.38	26.1	18.59	24.4	29.7	16.2	19.9	40
Sm	4.19	5.03	5.15	4.61	3.14	4.73	3.47	6.14	4.39	5.72	7.21	4.4	4.62	9.49
Eu	1.27	1.75	1.77	1.68	1.05	1.75	1.20	1.89	1.61	1.77	2.07	1.4	1.33	3.31
Gd	4.14	6	5.54	4.54	3.3	5.64	4.43	5.88	4.86	5.82	6.97	4.87	4.83	9.18
Tb	0.67	1.07	0.92	0.69	0.58	1.07	0.72	0.99	0.70	0.92	1.1	0.91	0.81	1.42
Dy	4.05	7.13	5.95	4.05	3.64	6.61	4.98	5.52	4.56	5.44	6.78	5.53	4.76	7.84
Ho	0.81	1.53	1.19	0.76	0.8	1.4	0.97	1.1	0.84	1.06	1.29	1.24	0.95	1.44
Er	2.2	4.39	3.43	2.02	2.09	3.78	2.99	3	2.46	2.78	3.58	3.31	2.5	3.83
Tm	0.31	0.59	0.46	0.27	0.32	0.52	0.41	0.4	0.33	0.38	0.47	0.44	0.35	0.49
Yb	1.81	4.09	3.02	1.73	1.94	3.27	2.77	2.49	2.16	2.49	3.03	2.67	2.12	2.89
Lu	0.27	0.6	0.45	0.24	0.29	0.49	0.38	0.34	0.29	0.35	0.43	0.4	0.3	0.4
Hf	2.3	2.86	3.31	2.57	1.98	3.19	2.79	4.35	3.47	3.83	4.76	2.72	3.26	6.06
Ta	0.4	0.48	0.4	0.67	0.54	0.78	0.43	1.22	0.87	0.61	0.77	0.65	0.73	1.51
Pb	5.28	1.32	2.03	4.64	3.31	3.45	3.92	6.87	2.62	3.07	5.99	4.78	5.55	5.97
Th	2.95	1.99	1.99	2.29	1.83	1.97	2.45	4.98	2.08	2.99	4.82	3.78	4.69	2.19
U	0.63	0.35	0.39	0.47	0.25	0.51	0.44	0.89	0.35	0.77	0.88	0.64	0.72	0.47

续表

样品	GE818	M701	M702	M703	M902	M903	M904	M905	MG706	MG707	MG708	MG801	AGV-2	GSR-3
岩性	辉绿岩	辉绿岩	辉绿岩	辉绿岩	辉绿岩	辉绿岩	辉绿岩	辉绿岩	辉长岩	辉绿岩	辉绿岩	辉绿岩		
SiO_2	47.61	51.05	47.19	47.45	49.22	50.09	49.81	49.43	52.11	46.79	44.92	48.88		44.56
TiO_2	1.75	1.39	1.84	1.92	2.90	2.73	2.82	2.94	1.59	1.61	1.18	1.63		2.37
Al_2O_3	14.98	15.03	11.79	13.68	13.01	12.47	12.45	12.69	11.03	10.29	7.99	13.55		13.78
Fe_2O_3t	10.98	9.59	10.84	14.13	15.94	14.84	15.05	14.84	8.51	11.35	11.68	13.57		13.43
MnO	0.16	0.14	0.16	0.21	0.24	0.22	0.22	0.21	0.16	0.16	0.16	0.22		0.17
MgO	8.22	6.95	10.16	6.23	5.73	5.44	5.72	5.84	8.80	13.81	18.87	6.76		7.81
CaO	9.99	9.24	12.73	10.96	7.73	8.09	8.63	9.34	11.90	10.23	8.77	9.39		8.82
Na_2O	2.36	2.03	1.69	2.40	2.87	2.78	2.38	2.38	2.49	1.61	0.73	3.74		3.40
K_2O	0.38	0.75	0.71	0.23	0.83	0.96	0.75	0.76	0.83	0.55	0.51	0.02		2.31
P_2O_5	0.19	0.14	0.18	0.16	0.36	0.25	0.29	0.22	0.17	0.15	0.10	0.13		0.95
LOI	2.98	3.40	2.20	2.08	1.81	1.66	1.76	1.78	2.20	2.96	4.42	1.89		2.27
总计	99.60	99.71	99.49	99.45	100.64	99.52	99.88	100.42	99.79	99.51	99.33	99.78		99.87
$Mg^{\#}$	63.6	62.8	68.6	50.7	45.6	46.0	46.9	47.8	70.7	73.9	79.0	53.7		
Li	28.5	16.6	25.9	15.7	15.01	13.81	11.76	12.43	24.1	22.6	38.9	24.8	10.52	9.87
Be	0.58	1.24	0.85	0.68	1.09	1.29	1.22	1.14	1.12	0.88	0.53	0.58	2.03	2.63
Sc	30.4	32.3	46	48.4	32.18	34.1	35.6	32.36	43.8	34.1	33.2	51.9	12.69	14.42
V	259	306	348	466	439	407	476	438	341	294	258	419	116	168
Cr	270	452	866	205	69	76	97	72	998	1459	2099	97	16.6	134
Co	49	42	51.7	53.8	43.12	43.32	45.24	41.60	38	67.1	87.6	55.4	15.4	47.6
Ni	126	82.6	129	79.2	50.18	53.64	59.76	53.06	65.2	530	842	79.7	18.28	144
Cu	38.4	53.7	45.5	154	202	197	211	193	11.5	83.6	63.7	142	51.24	49.29
Zn	116	111	128	141	163	131	238	102	86	131	119	97	82.59	121
Ga	21.7	24.8	23	25.7	21.7	23.3	24.2	21.7	20.1	19.8	15.6	18	19.28	23.6
Rb	14.4	39	36	12.3	25	41.2	30	26.9	48.9	24	30.3	5.5	66.52	38.59
Sr	264	287	570	394	171	234	239	216	268	321	219	611	636	1137

续表

样品	GE818	M701	M702	M703	M902	M903	M904	M905	MG706	MG707	MG708	MG801	AGV-2	GSR-3
岩性	辉绿岩	辉绿岩	辉绿岩	辉绿岩	辉绿岩	辉绿岩	辉绿岩	辉绿岩	辉长岩	辉绿岩	辉绿岩	辉绿岩		
Y	23.5	24.9	24.2	34	33.9	35.7	35.2	32.1	27.4	22.2	16.7	33.4	19.46	22.87
Zr	136	131	140	150	192	184	178	204	151	137	95	110	226	279
Nb	11.1	7.29	12.7	5.51	14.71	18.47	18.77	14.87	10.9	9.53	6.34	4.89	14.6	80.39
Cs	0.54	1.39	0.85	1.6	1.29	1.75	1.45	1.34	2.43	2.73	12.5	0.4	1.11	0.45
Ba	206	176	272	170	161	249	153	135	242	260	260	82.1	1083	523
La	16	15.9	16.2	9.33	16.17	17.05	16.36	15.41	20	13.5	8.31	8.21	36.19	54.41
Ce	37.2	37	39.4	24.4	39.02	40.60	38.98	36.76	45.9	32.5	21.1	20.5	64.7	105
Pr	4.42	4.46	4.85	3.36	5.63	5.77	5.55	5.24	5.26	4.03	2.69	2.82	8.0	12.7
Nd	20	19	21.6	16.7	27.22	27.74	26.74	25.10	23.2	18	12.5	13.6	28.65	48.97
Sm	4.72	4.64	5.41	4.75	6.95	7.13	6.87	6.39	5.37	4.47	3.23	4.11	5.46	10.24
Eu	1.69	1.35	1.61	1.74	2.23	2.30	2.25	2.10	1.53	1.42	1.06	1.5	1.47	3.03
Gd	4.7	4.56	5.05	5.77	7.88	8.06	7.79	7.22	5.46	4.43	3.41	5.05	4.42	8.48
Tb	0.76	0.74	0.78	0.94	1.17	1.17	1.14	1.07	0.84	0.71	0.54	0.95	0.60	1.10
Dy	4.6	4.36	4.44	6.03	7.42	7.53	7.33	6.92	5.04	4.14	3.2	6.15	3.40	5.50
Ho	0.89	0.91	0.82	1.19	1.35	1.36	1.34	1.27	0.98	0.79	0.58	1.33	0.68	0.91
Er	2.38	2.41	2.25	3.43	3.97	3.96	3.89	3.71	2.66	2.05	1.62	3.7	1.72	1.86
Tm	0.33	0.33	0.29	0.46	0.51	0.51	0.50	0.49	0.36	0.27	0.21	0.51	0.26	0.23
Yb	2.11	2.14	1.84	3	3.36	3.23	3.26	3.21	2.26	1.73	1.33	3.2	1.59	1.17
Lu	0.3	0.31	0.27	0.45	0.45	0.41	0.41	0.43	0.32	0.25	0.18	0.46	0.24	0.16
Hf	2.91	2.88	2.87	3.17	5.41	4.98	4.79	5.43	3.4	2.88	2.06	2.84	4.91	5.88
Ta	0.7	0.46	0.81	0.35	1.03	1.15	1.14	1.01	0.79	0.61	0.41	0.36	0.87	4.43
Pb	2.74	5.64	4.51	3.76	8.24	4.97	7.04	5.71	1.94	1.95	1.89	3.2	12.53	4.31
Th	2.05	4.27	2.75	2.01	2.53	2.74	2.57	2.52	5.14	2.42	1.31	1.78	5.78	5.70
U	0.32	0.83	0.5	0.42	0.58	0.61	0.60	0.60	1.13	0.62	0.31	0.32	1.81	1.40

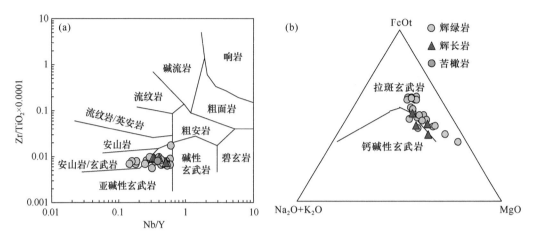

图 2.41　基性岩 Zr/TiO₂-Nb/Y（Winchester and Floyd，1977）和 AFM 图解（Irvine and Baragar，1971）

基性岩岩墙稀土元素含量较高，并且轻稀土相对较富集，而重稀土相对亏损（$(La/Sm)_N$=1.3~2.5，$(La/Yb)_N$=1.3~6.9），无明显的 Eu 异常（Eu/Eu*=0.9~1.1），稀土元素球粒陨石标准化曲线呈向右倾斜的曲线［图 2.42（a）］。微量元素中 Rb、Th 和 U 相对较富集，而 Nb、Ta 和 Ti 等高场强表现出不同程度的亏损［图 2.42（b）］。这些地球化学特征，与峨眉山低 Ti 玄武岩（Xiao et al.，2004）和 Panjal（潘伽尔）（Chauvet et al.，2008）和特提斯喜马拉雅地区（Zhu et al.，2010）的二叠纪玄武岩类似，均具有大陆板内玄武岩的特征。同时在玄武岩构造环境判别图解上，基性岩岩墙的样品点多数位于大陆板内玄武岩的区域内，与 Panjal 和特提斯喜马拉雅地区的二叠纪玄武岩的特征类似（图 2.43）。

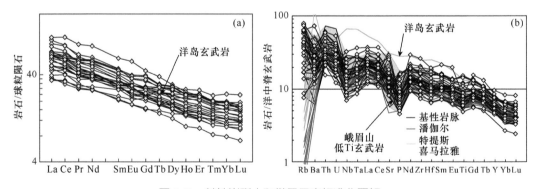

图 2.42　基性岩稀土和微量元素标准化图解

Sr-Nd 同位素分析在中国地质科学院地质研究所同位素实验室完成，结果见表 2.13，分析结果显示，岩墙群 $^{87}Sr/^{86}Sr$ 初始值在 0.704040~0.710107 之间，$\varepsilon_{Nd}(t)$ 值均为正（+5.1~+7.6），在基性岩 Sr-Nd 图解上（图 2.44），大部分基性岩的点位于洋岛玄武岩的区域内或其附近。锆石 $\varepsilon_{Hf}(t)$ 值介于 +5.3~+14.8 之间（表 2.14），暗示其源自亏损的地幔源区，且受到不同程度富集地幔源区的改造，与地幔柱相关岩浆作用趋势相吻合。

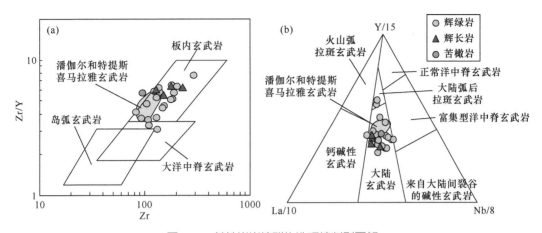

图 2.43　基性岩岩墙群构造环境判别图解

（a）底图据 Pearce and Norry，1979；（b）底图据 Cabanis and Lecolle，1989

表 **2.13**　**二叠纪基性岩墙全岩 Sr-Nd 同位素测试结果**

样品	年龄/Ma	Rb/10^{-6}	Sr/10^{-6}	$^{87}Rb/^{86}Sr$	$^{87}Sr/^{86}Sr$	±2σ	I_{Sr}	Sm/10^{-6}	Nd/10^{-6}	$^{147}Sm/^{144}Nd$	$^{143}Nd/^{144}Nd$	±2σm	ε_{Nd}(0)	ε_{Nd}(t)	$f_{Sm/Nd}$
M701	283	19.82	364.2	0.1574	0.705568	15	0.70493	15.26	66.56	0.1387	0.512820	7	3.6	5.6	−0.29
M702	283	0.59	422.7	0.0040	0.707348	15	0.70733	7.31	30.30	0.1458	0.512903	5	5.2	7.0	−0.26
M902	283	27.61	196.7	0.4061	0.706798	17	0.70516	5.68	22.11	0.1553	0.512824	5	3.6	5.1	−0.21
M907	283	17.14	296.8	0.1670	0.705180	18	0.70451	5.58	23.39	0.1441	0.512829	5	3.7	5.6	−0.27
E812	283	8.90	228.5	0.1128	0.710107	16	0.70965	4.15	14.73	0.1705	0.512875	8	4.6	5.6	−0.13
GE813	283	8.22	257.7	0.0923	0.705265	18	0.70489	5.15	19.85	0.1569	0.512954	9	6.2	7.6	−0.20
GE816	283	6.55	299.7	0.0632	0.704040	15	0.70379	5.11	20.48	0.1508	0.512822	8	3.6	5.2	−0.23
GE817	283	19.29	423.7	0.1317	0.705697	12	0.70517	8.60	34.94	0.1489	0.512911	15	5.3	7.1	−0.24

注：$\varepsilon_{Nd}=[(^{143}Nd/^{144}Nd)_{样品}/(^{143}Nd/^{144}Nd)_{CHUR}-1]\times10000$，$f_{Sm/Nd}=[(^{147}Sm/^{144}Sm)_{样品}/(^{147}Sm/^{144}Nd)_{CHUR}]-1$。

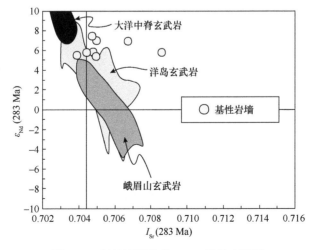

图 2.44　基性岩岩墙群 Sr-Nd 同位素图解

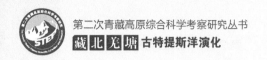
表 2.14 二叠纪基性岩墙锆石 Hf 同位素组成

样品号	年龄/Ma	$^{176}Yb/^{177}Hf$	1σ	$^{176}Lu/^{177}Hf$	1σ	$^{176}Hf/^{177}Hf$	1σ	$^{176}Hf/^{177}Hf_i$	$\varepsilon_{Hf}(0)$	$\varepsilon_{Hf}(t)$	1σ	T_{DM}/Ma	$T_{DM}{}^C/Ma$	$f_{Lu/Hf}$
						E0812								
1.1	283	0.179246	0.006300	0.005626	0.000250	0.282897	0.000040	0.282867	4.4	9.6	1.4	574	690	-0.8
2.1	281	0.135007	0.004300	0.004095	0.000190	0.282871	0.000027	0.282849	3.5	8.9	0.9	589	732	-0.88
3.1	280	0.297580	0.003300	0.006871	0.000110	0.283032	0.000032	0.282996	9.2	14.1	1.1	369	400	-0.79
4.1	277	0.152968	0.001700	0.004292	0.000120	0.282913	0.000022	0.282891	5.0	10.3	0.8	527	641	-0.87
5.1	283	0.137254	0.001100	0.003711	0.000063	0.282999	0.000023	0.282979	8.0	13.6	0.8	387	436	-0.89
6.1	277	0.159187	0.002000	0.004148	0.000110	0.282972	0.000018	0.282950	7.1	12.4	0.6	433	505	-0.88
7.1	281	0.209185	0.000780	0.005111	0.000050	0.283011	0.000015	0.282984	8.5	13.7	0.5	384	427	-0.85
8.1	274	0.160898	0.000820	0.004151	0.000040	0.283030	0.000017	0.283009	9.1	14.4	0.6	343	375	-0.87
9.1	285	0.176737	0.002600	0.003860	0.000013	0.282925	0.000029	0.282904	5.4	10.9	1.0	502	605	-0.88
10.1	276	0.114918	0.001000	0.003704	0.000070	0.282966	0.000032	0.282947	6.9	12.3	1.1	437	514	-0.89
11.1	277	0.190462	0.001600	0.004863	0.000058	0.283039	0.000021	0.283014	9.4	14.6	0.7	336	362	-0.85
12.1	278	0.103326	0.001600	0.003086	0.000045	0.282983	0.000028	0.282967	7.5	13.0	1.0	404	467	-0.91
13.1	276	0.168708	0.002800	0.004999	0.000160	0.283007	0.000035	0.282981	8.3	13.5	1.2	389	436	-0.85
14.1	280	0.209671	0.000810	0.004857	0.000058	0.282928	0.000022	0.282903	5.5	10.8	0.8	512	612	-0.85
15.1	275	0.223637	0.000890	0.005721	0.000076	0.282988	0.000017	0.282959	7.6	12.6	0.6	428	488	-0.83
16.1	281	0.190452	0.005500	0.004600	0.000088	0.282963	0.000022	0.282939	6.8	12.1	0.8	453	530	-0.86
17.1	277	0.166528	0.003000	0.004021	0.000110	0.283038	0.000021	0.283017	9.4	14.8	0.7	330	354	-0.88
						Ge0815								
1.1	284.6	0.069971	0.001700	0.001567	0.000025	0.282915	0.000009	0.282907	5.1	11.0	0.3	485	600	-0.95
2.1	287.1	0.117302	0.002700	0.002563	0.000050	0.282958	0.000018	0.282944	6.6	12.4	0.6	435	513	-0.92
3.1	285.5	0.139342	0.003400	0.002912	0.000047	0.282903	0.000014	0.282887	4.6	10.4	0.5	522	643	-0.91
4.1	278.2	0.153115	0.000630	0.003496	0.000035	0.282878	0.000020	0.282860	3.7	9.2	0.7	568	710	-0.89
5.1	281.1	0.075921	0.001800	0.001550	0.000051	0.282936	0.000019	0.282928	5.8	11.7	0.7	455	554	-0.95
6.1	278.9	0.064996	0.001000	0.001432	0.000013	0.282928	0.000015	0.282921	5.5	11.4	0.5	465	572	-0.96
7.1	285.2	0.074974	0.000660	0.001514	0.000012	0.282976	0.000019	0.282968	7.2	13.2	0.7	397	461	-0.95

续表

样品号	年龄/Ma	$^{176}Yb/^{177}Hf$	1σ	$^{176}Lu/^{177}Hf$	1σ	$^{176}Hf/^{177}Hf$	1σ	$^{176}Hf/^{177}Hf_i$	$\varepsilon_{Hf}(0)$	$\varepsilon_{Hf}(t)$	1σ	T_{DM}/Ma	T_{DM}^{C}/Ma	$f_{Lu/Hf}$
Ge0815														
8.1	281.7	0.072012	0.001700	0.001576	0.000028	0.282917	0.000011	0.282909	5.1	11.0	0.4	483	597	-0.95
9.1	284.7	0.156628	0.002300	0.003254	0.000021	0.282942	0.000037	0.282925	6.0	11.7	1.3	468	559	-0.90
10.1	284.3	0.135935	0.001500	0.002787	0.000018	0.282995	0.000017	0.282980	7.9	13.6	0.6	383	433	-0.92
11.1	280.1	0.106445	0.000700	0.002310	0.000027	0.283029	0.000021	0.283017	9.1	14.8	0.7	327	353	-0.93
12.1	280.9	0.067478	0.000670	0.001414	0.000012	0.282902	0.000008	0.282895	4.6	10.5	0.3	502	630	-0.96
13.1	278.8	0.041739	0.001500	0.000960	0.000053	0.282981	0.000015	0.282976	7.4	13.3	0.5	384	446	-0.97
14.1	281.2	0.067082	0.001500	0.001453	0.000018	0.282935	0.000018	0.282927	5.8	11.7	0.6	455	555	-0.96
15.1	274.1	0.219128	0.010000	0.005351	0.000220	0.282941	0.000018	0.282914	6.0	11.0	0.6	499	591	-0.84
LG0801														
1.1	286	0.083678	0.001100	0.002220	0.000002	0.282816	0.000013	0.282804	1.6	7.4	0.5	639	831	-0.93
2.1	290	0.104215	0.002100	0.002643	0.000089	0.282744	0.000011	0.282730	-1.0	4.9	0.4	753	996	-0.92
3.1	288	0.063802	0.000910	0.001665	0.000011	0.282797	0.000015	0.282788	0.9	6.9	0.5	657	866	-0.95
4.1	287	0.073512	0.000650	0.001847	0.000038	0.282784	0.000013	0.282774	0.4	6.4	0.5	679	898	-0.94
5.1	287	0.066079	0.001100	0.001793	0.000012	0.282796	0.000013	0.282786	0.8	6.8	0.5	661	870	-0.95
6.1	283	0.123183	0.001600	0.002985	0.000014	0.282811	0.000014	0.282795	1.4	7.0	0.5	661	853	-0.91
7.1	286	0.146054	0.001100	0.003754	0.000032	0.282765	0.000022	0.282745	-0.2	5.3	0.8	745	964	-0.89
8.1	287	0.092216	0.001200	0.002317	0.000008	0.282858	0.000016	0.282846	3.0	8.9	0.6	579	737	-0.93
9.1	283	0.083665	0.002300	0.002191	0.000094	0.282823	0.000020	0.282811	1.8	7.6	0.7	629	817	-0.93
10.1	288	0.112682	0.001700	0.002631	0.000012	0.282882	0.000018	0.282868	3.9	9.7	0.6	549	686	-0.92
11.1	280	0.112106	0.002000	0.002484	0.000006	0.282784	0.000021	0.282771	0.4	6.1	0.7	691	909	-0.93
12.1	286	0.098279	0.003900	0.002454	0.000057	0.282763	0.000017	0.282750	-0.3	5.5	0.6	722	953	-0.93
13.1	283	0.112426	0.001100	0.002660	0.000037	0.282840	0.000011	0.282826	2.4	8.1	0.4	612	783	-0.92
14.1	283	0.130769	0.006600	0.003707	0.000250	0.282839	0.000033	0.282819	2.4	7.9	1.2	631	798	-0.89
15.1	285	0.122722	0.003700	0.003134	0.000110	0.282881	0.000019	0.282864	3.9	9.5	0.7	558	695	-0.91
16.1	286	0.080810	0.001300	0.001827	0.000053	0.282840	0.000014	0.282830	2.4	8.3	0.5	598	772	-0.94

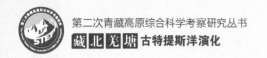

续表

样品号	年龄/Ma	$^{176}Yb/^{177}Hf$	1σ	$^{176}Lu/^{177}Hf$	1σ	$^{176}Hf/^{177}Hf$	1σ	$^{176}Hf/^{177}Hf_i$	$\varepsilon_{Hf}(0)$	$\varepsilon_{Hf}(t)$	1σ	T_{DM}/Ma	T_{DM}^{C}/Ma	$f_{Lu/Hf}$
LG0801														
17.1	282	0.095151	0.002600	0.002531	0.000130	0.282818	0.000016	0.282805	1.6	7.4	0.6	642	832	-0.92
18.1	288	0.152684	0.003700	0.003481	0.000120	0.282850	0.000018	0.282831	2.8	8.4	0.6	611	769	-0.90
19.1	282	0.114751	0.001500	0.002655	0.000029	0.282827	0.000014	0.282813	1.9	7.6	0.5	631	813	-0.92
20.1	283	0.104806	0.003600	0.002815	0.000160	0.282862	0.000025	0.282847	3.2	8.9	0.9	581	735	-0.92
LG0802														
1.1	285.6	0.033664	0.000920	0.000938	0.000024	0.282976	0.000021	0.282971	7.2	13.3	0.7	391	453	-0.97
2.1	284.3	0.062543	0.002500	0.001714	0.000054	0.282830	0.000014	0.282821	2.1	8.0	0.5	610	794	-0.95
3.1	279.3	0.068009	0.000660	0.001798	0.000012	0.282830	0.000018	0.282821	2.1	7.9	0.6	612	798	-0.95
4.1	285.1	0.054197	0.002900	0.001452	0.000085	0.282808	0.000022	0.282800	1.3	7.3	0.8	638	840	-0.96
5.1	286.7	0.038215	0.000160	0.001032	0.000005	0.282886	0.000020	0.282880	4.0	10.1	0.7	520	658	-0.97
6.1	276.7	0.056596	0.001700	0.001516	0.000060	0.282899	0.000020	0.282891	4.5	10.3	0.7	508	640	-0.95
7.1	303.5	0.040801	0.001700	0.001346	0.000066	0.282898	0.000021	0.282890	4.5	10.9	0.7	507	625	-0.96
8.1	285.4	0.026387	0.001100	0.000780	0.000023	0.282909	0.000017	0.282905	4.8	11.0	0.6	484	604	-0.98
9.1	287	0.034206	0.001300	0.000966	0.000043	0.282870	0.000018	0.282865	3.5	9.6	0.6	542	693	-0.97
10.1	257.5	0.040586	0.002900	0.001287	0.000110	0.282915	0.000023	0.282909	5.1	10.5	0.8	482	612	-0.96
11.1	294	0.042870	0.002500	0.001160	0.000058	0.282870	0.000015	0.282864	3.5	9.7	0.5	544	691	-0.97
12.1	283.6	0.049599	0.001800	0.001286	0.000041	0.282854	0.000012	0.282847	2.9	8.9	0.4	569	735	-0.96
13.1	284.4	0.041245	0.001100	0.001094	0.000033	0.282850	0.000020	0.282844	2.8	8.8	0.7	572	741	-0.97
14.1	298	0.043000	0.000340	0.001091	0.000005	0.282880	0.000024	0.282874	3.8	10.2	0.8	529	665	-0.97
15.1	285.9	0.072059	0.002700	0.001864	0.000084	0.282929	0.000019	0.282919	5.6	11.5	0.7	469	571	-0.94
16.1	282.9	0.050231	0.000810	0.001217	0.000008	0.282903	0.000025	0.282897	4.6	10.6	0.9	498	624	-0.96
17.1	286.6	0.057365	0.002500	0.001661	0.000110	0.282880	0.000016	0.282871	3.8	9.8	0.6	537	679	-0.95

2.5.4　地质意义

　　早古生代东、西冈瓦纳大陆聚合而形成统一的冈瓦纳大陆，接下来冈瓦纳大陆的北缘经历了长时间而复杂的裂解过程，在这期间古特提斯洋（如昌宁—孟连洋）、中特提斯洋（如班公湖—怒江洋）和新特提斯洋（如雅鲁藏布江洋）先后打开、扩张直到最终闭合（Ferrari et al.，2008；Metcalfe，2006；Rino et al.，2008；Sengor，1979，1987；Stampfli and Borel，2002）。对于这些特提斯大洋的形成，除了在现今的板块缝合带沿线分别产有相对应的古生代和中生代蛇绿岩外（如：Jian et al.，2009；Sone and Metcalfe，2008；Sengor，1987；Yin and Harrison，2000），其他较直接的证据并不多。

　　基性岩岩墙群的大陆伸展背景下侵位为地壳，是大陆伸展、裂解的关键遗迹。本项研究表明，羌塘基性岩岩墙群的形成时代为早二叠世（285~279 Ma），与 Panjal 玄武岩（Chauvet et al.，2008；Vannay and Spring，1993；Wang et al.，2019；Dan et al.，2021）、特提斯喜马拉雅地区的玄武岩（Ali et al.，2012；Bhat，1984；Garzanti et al.，1999；Shellnutt and Jahn，2011），以及阿曼地区二叠纪玄武岩（Lapierre et al.，2004）的时代基本一致。这些岩石均具有大陆板内玄武岩的特征以及明显正的 $\varepsilon_{Nd}(t)$ 值，暗示它们可能来源于同一个地幔源区。我们把这些早二叠世基性岩（岩墙群和玄武岩）解释为一个约 283 Ma 的大火成岩省（LIP）岩浆事件，它的形成可能与地幔柱活动有关，即羌塘—潘伽尔地幔柱（Qiangtang-Panjal plume）。鉴于羌塘基性岩岩墙群与 Panjal 和特提斯喜马拉雅地区的二叠纪玄武岩分别位于中特提斯洋的南北两侧（图 2.45）（Metcalfe，2006；Zhu et al.，2011；Xu et al.，2020；Dan et al.，2021），因此，它们记录了早二叠世中特提斯洋打开的信息，伴随着该大火成岩省的形成，班公湖—怒江洋打开，同时羌塘地块从冈瓦纳大陆北缘分离出来。

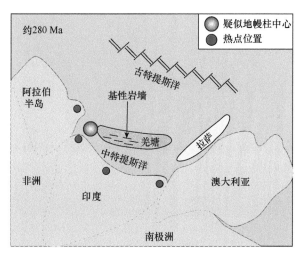

图 2.45　早二叠世羌塘—潘伽尔地幔柱大地构造重建图（据 Zhai et al.，2013c 修改）

第 3 章

岛弧型岩浆岩

3.1 三叠纪俯冲—碰撞岩浆岩

3.1.1 时代与分布

由于中—晚侏罗世地层和第四系的大面积覆盖，羌塘中部地区的三叠纪岩浆事件的研究程度较低。如前文所述，那底岗日组火山岩整合于雁石坪群之下，因而建组时代被定为早—中侏罗世。2000 年左右，有学者对那底岗日组进行了一些年代学研究工作，获得的年龄为 209~161 Ma（王成善等，2001；赵政璋等，2001；朱同兴等，2002），采样位置多为火山岩露头较好的菊花山地区。这些年龄数据所使用的方法多为 K-Ar 法、Rb-Sr 法或者磁性地层学方法。以现今的分析测试精度来看，这些测试方法的精度较低，因而这些年龄的可信度有限。由于当时没有更可靠的年龄数据，那底岗日组火山岩的时代便以这些年龄为依据，并结合其野外地质产状，定为早侏罗世（王成善等，2001；赵政璋等，2001；朱同兴等，2002）。然而，综合目前已经发表的数据（李才等，2007；王剑等，2007，2008；翟庆国等，2007；付修根等，2008，2010；刘波等，2015；刘函等，2015；胡培远等，2016；陈言飞等，2020；刘彬等，2023；Wang et al.，2008；Zhai et al.，2013b；Wu et al.，2016，2024；Lu et al.，2017，2019；Xu et al.，2020；Liu et al.，2021），那底岗日组火山岩主要出露于羌塘中部龙木错—双湖缝合带以北的地区，出露规模较大，宽约 50 km，长约 300 km，已报道的出露点有菊花山、那底岗日、拉熊错、江爱达日那等地区（图 3.1），其可靠年龄数据的变化范围为 225~205 Ma，大多数集中于 217~205 Ma，因而其时代应该为晚三叠世（表 3.1）。此外，在羌塘菊花山地区还出露有三叠纪的花岗岩，虽然出露面积较小，研究程度也相

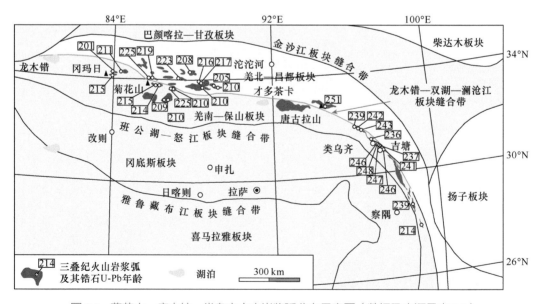

图 3.1 菊花山—唐古拉—类乌齐火山岩浆弧分布示意图（数据及来源见表 3.1）

对较低，但是其时代（225~201 Ma）与那底岗日组火山岩类似，可能是同一构造环境下的产物（刘波等，2015；刘函等，2015；王剑和付修根，2018；吴浩等，2018；Liang et al.，2021；Liu et al.，2021）。

表 3.1　菊花山—唐古拉—类乌齐火山岩浆弧锆石 U-Pb 年龄一览表

序号	编号	岩性	测试方法	年龄结果	锆石 $\varepsilon_{Hf}(t)$	采样位置	数据来源
1	6-26-99-2b	花岗岩	CAMECA	210±5Ma		本松错复合岩基	Kapp et al.，2003
2	PM501t1	花岗片麻岩	LA-ICP-MS	209±3Ma		本松错复合岩基	胡培远，2014
3	PM601t1	二长花岗岩	LA-ICP-MS	210±3Ma		果干加年山东	胡培远，2014
4	R12t1	花岗闪长岩	LA-ICP-MS	215±1Ma		日湾茶卡东	胡培远，2014
5	R12t8	花岗闪长岩	LA-ICP-MS	211±2Ma		日湾茶卡东	胡培远，2014
6	R12t9	花岗闪长岩	LA-ICP-MS	201±2Ma		日湾茶卡东	胡培远，2014
7	RT17	安山岩	LA-ICP-MS	223±1Ma		日湾茶卡	吴浩等，2018
8	0806T	花岗闪长岩	LA-MC-ICPMS	225±2Ma	−17.6~−9.8	果干加年山东	胡培远，2014
9	TL01	二长花岗岩	LA-ICP-MS	211±4Ma		香桃湖	张修政等，2014
10	TL04	二长花岗岩	LA-ICP-MS	213±2Ma		香桃湖	张修政等，2014
11	GANG-1	花岗岩	LA-ICP-MS	214±4Ma		冈塘错	李静超等，2015
12	GANG-2	花岗岩	LA-ICP-MS	222±6Ma		冈塘错	李静超等，2015
13	ND92	英安岩	SHRIMP	210±2Ma	−15.3~−10.1	江爱达日那	Zhai Q G et al.，2013b
14	G0709	流纹岩	LA-ICP-MS	215±3Ma	−13.7~−10.1	果干加年山	Zhai Q G et al.，2013b
15	1695T	流纹岩	SHRIMP	214±4Ma		果干加年山	李才等，2007
16	BH0701	闪长岩	LA-ICP-MS	223±2Ma	+3.2~+5.4	保护站	Zhai Q G et al.，2013b
17	OP1-2	火山凝灰岩	SHRIMP	216±5Ma		沃若山	王剑等，2008
18	1453-1	花岗闪长岩	LA-ICP-MS	213±5Ma		那底岗日	Zhao Z，2018
19	1460-1	花岗闪长岩	LA-ICP-MS	215±3Ma		那底岗日	Zhao Z，2018
20	1467-1	花岗闪长岩	LA-ICP-MS	210±2Ma		那底岗日	Zhao Z，2018
21	Nd1	流纹岩	SHRIMP	205±4Ma		那底岗日	王剑等，2007
22	Nd2	流纹岩	SHRIMP	210±4Ma	−11.6~−9.3	那底岗日	汪正江等，2008
23	Ss1	英安岩	SHRIMP	208±4Ma		石水河	
24	JH05-01	安山岩	SHRIMP	219±4Ma		菊花山	翟庆国等，2007
25	JP	英安质凝灰岩	SHRIMP	225±1Ma		菊花山	付修根等，2008
26	SL	英安岩	SHRIMP	217±5Ma		胜利河	付修根等，2010
27	CN-1	黑云母花岗岩	LA-ICP-MS	239±2Ma		藏东察拉	李彬等，2012
28	CN-5	闪长岩	LA-ICP-MS	242±2Ma		藏东察拉	李彬等，2012
29	XD-7	二长花岗岩	LA-ICP-MS	243±2Ma		藏东察拉	李彬等，2012
30	JB-8	花岗闪长岩	LA-ICP-MS	220±2Ma		藏东察拉	李彬等，2012
31	—	正长花岗岩	TMS	251±1Ma		唐古拉山北坡	祁生胜等，2009
32	—	闪长玢岩	LA-ICP-MS	227±2Ma		玉树	杨凯等，2020
33	10JT-4	二长花岗岩	LA-ICP-MS	236±1Ma		类乌齐	时超等，2012
34	TW0408	片麻状花岗岩	CAMECA	246±1Ma	−1.3~+3.7	类乌齐	王保弟等，2011
35	Jt08T1	片麻状花岗岩	LA-MC-ICPMS	248±3Ma	−2.7~+1.0	类乌齐	胡培远，2014

续表

序号	编号	岩性	测试方法	年龄结果	锆石 $\varepsilon_{\mathrm{Hf}}(t)$	采样位置	数据来源
36	Jt08T2	片麻状花岗岩	LA-MC-ICPMS	247±3Ma	−1.0~+2.0	类乌齐	胡培远等，2014
37	Jt10T11	片麻状花岗岩	LA-ICP-MS	246±2Ma		类乌齐	胡培远等，2014
38	Jt10T12	片麻状花岗岩	LA-ICP-MS	249±2Ma	+0.3~+2.5	类乌齐	胡培远等，2014
39	Jt10t7	花岗岩	LA-ICP-MS	237±1Ma		类乌齐	胡培远等，2014
40	Jt10t17	花岗岩	LA-ICP-MS	241±2Ma	−16.2~−14.1	类乌齐	胡培远等，2014
41	T15-69-1	变质辉长岩	LA-ICP-MS	206±2Ma		类乌齐	陈言飞等，2020
42	T15-69-6	变质辉长岩	LA-ICP-MS	210±2Ma	−10.6~3.2	类乌齐	陈言飞等，2020
43	T15-69-7	变质辉长岩	LA-ICP-MS	212±2Ma		类乌齐	陈言飞等，2020

在藏东地区，冈瓦纳板块与扬子板块的界线一直存有疑问，其主要原因有两个方面：①中生界的大面积覆盖和中生代花岗岩的大面积侵入掩盖了龙木错—双湖洋的演化记录；②在藏东地区，中生代以来的强烈走滑构造运动严重改造了古生代地质面貌，大部分古生代洋壳演化记录（如蛇绿岩等）已经荡然无存。尽管如此，藏东地区龙木错—双湖洋的演化历史以及冈瓦纳板块与扬子板块的界线延伸仍然是无法回避的科学问题。李才等（2009）总结了藏东地区北澜沧江板块缝合带两侧的基底岩系、古生代沉积建造、地层古生物、变质作用、构造运动分期并且探讨了沿北澜沧江板块缝合带分布的吉塘岩群和酉西群的岩石组合和构造属性，初步得出结论认为北澜沧江板块缝合带代表了冈瓦纳板块与扬子板块的界线，为龙木错—双湖缝合带的东延部分。这一推论有待进一步深入研究的验证，尤其是缺乏蛇绿岩、高压变质带和火山岩浆弧方面的证据。藏东唐古拉—类乌齐地区的三叠纪岩浆事件是本次研究的一个重点内容。如前文所述，这一地区三叠纪岩浆岩主要为花岗岩，变形较为强烈，主要出露在类乌齐、吉塘、察拉和唐古拉等地区。锆石 U-Pb 定年结果表明，这些花岗岩的年龄跨度集中于 251~236 Ma（表 3.1），略早于羌塘中部菊花山地区三叠纪岩浆岩的时代（Zhang et al.，2011；Lu et al.，2017，2019；陈言飞等，2020）。

在才多茶卡地区（图 3.1），由于中生界的大面积覆盖和中生代花岗岩的大面积侵入，三叠纪岩浆岩出露规模有限。朱同兴等（2010）在该地区发现了蓝片岩，为龙木错—双湖缝合带三叠纪高压变质带的一部分，由此推测才多茶卡地区可能也存在三叠纪火山岩浆弧。而马龙等（2016）最新资料揭示了该地区存在三叠纪相关岩浆弧。综上所述，菊花山—唐古拉—类乌齐火山岩浆弧沿龙木错—双湖缝合带分布，从藏北羌塘中部的冈玛错、菊花山，经唐古拉山，一直延伸到类乌齐和吉塘地区（图 3.1）。

虽然本书的研究区域仅限于羌塘菊花山地区和藏东唐古拉—类乌齐地区，但是作为龙木错—双湖洋俯冲闭合的岩浆记录，菊花山—唐古拉—类乌齐火山岩浆弧向东应当还有延伸。在滇西地区，昌宁—孟连板块缝合带通常被看作是冈瓦那大陆亲缘地块与华夏大陆亲缘地块的分界线（聂泽同和宋志敏，1993；Metcalfe，1996；钟大赉，1998；Jian et al.，2008，2009a，2009b；Zhai et al.，2016；Wang et al.，2021）。李才（2008）对比了龙木错—双湖和昌宁—孟连板块缝合带两侧的生物组合、火山层位和蛇绿岩等资料，提出二者具有相似性。依据蛇绿岩时代的对比研究，Zhai 等（2013a）进一步提出龙木错—双湖缝合带可能向东延伸进入滇西地区并且与昌宁—孟连板块缝合带相连。与蛇绿岩和高压变质带类似，火山岩浆弧也是板块缝合带的重要组成部分。菊花山—唐古拉—类乌齐火山岩浆弧应当也可以继续向东延伸。在滇西的临沧花岗岩基中已经获得了大量的印支期锆石年龄，其年龄跨度为 246~216 Ma（Liu et al.，2008；Hennig et al.，2009；Dong et al.，2013），与藏东唐古拉—类乌齐地区的三叠纪花岗岩类似，可能代表了菊花山—唐古拉—类乌齐火山岩浆弧的南向延伸，但是需要进一步研究工作来验证。

3.1.2　岩浆源区与构造环境

1. 羌塘菊花山地区火山岩和闪长岩

羌塘中部地区的火山岩具有富硅（$SiO_2 > 60\%$）的地球化学特征（表 3.2）。在微量元素蛛网图上，这些样品全部显示出 Nb 和 Ti 的负异常。在 Nb-Y［图 3.2（a）］和 Rb-Y+Nb［图 3.2（b）］图解上，样品投点几乎全部落入"火山弧花岗岩（VAG）"区。因此，这些火山岩和闪长岩应当是形成于板块俯冲消减的环境。同时，如前文所述，羌塘菊花山地区的火山岩可以依据地球化学特征分为两类：埃达克岩（225~219 Ma）和普通岛弧火山岩（217~205 Ma），因而它们的岩浆源区和成因可能有所差别。

表 3.2　羌塘菊花山地区三叠纪侵入岩和火山岩全岩地球化学分析结果

编号	GMH1	GMH10	GMH3	GMH4	GMH5	GMH7	GMH8	GMH9	P104h1	P104h2
岩性	流纹岩	流纹岩	流纹岩	流纹岩	流纹岩	流纹岩	流纹岩	流纹岩	流纹岩	流纹岩
位置	果干加年山	果干加年山	果干加年山	果干加年山	果干加年山	果干加年山	果干加年山	果干加年山	果干加年山	果干加年山
资料来源	a	a	a	a	a	a	a	a	a	a
SiO_2	76.43	77.21	80.25	78.02	75.36	77.75	76.81	72.79	78.11	78.87
TiO_2	0.21	0.20	0.17	0.17	0.20	0.19	0.17	0.55	0.20	0.17
Al_2O_3	11.65	11.47	9.98	11.27	12.75	11.22	11.81	13.91	10.83	11.42
Fe_2O_3t	2.34	2.07	1.59	1.67	1.82	2.14	1.52	2.28	1.67	1.45
MnO	0.44	0.46	0.35	0.38	0.39	0.52	0.32	0.47	0.01	0.01
MgO	0.03	0.03	0.02	0.03	0.02	0.03	0.02	0.03	0.28	0.49
CaO	0.46	0.40	0.37	0.69	0.44	0.47	0.21	0.42	0.42	0.45
Na_2O	3.45	3.94	2.96	4.23	4.49	4.04	2.30	4.93	4.55	4.68
K_2O	4.09	3.16	3.24	2.32	3.46	2.43	5.74	3.41	1.68	1.56
P_2O_5	0.01	0.02	0.01	0.01	0.01	0.01	0.01	0.02	0.03	0.02
LOL	0.66	0.71	0.62	0.76	0.62	0.76	0.64	0.74	1.05	0.96
总计	99.79	99.66	99.55	99.55	99.56	99.55	99.56	99.56	98.83	100.10
Ga	15.9	12.2	13.7	15.0	15.8	13.6	16.9	17.3	15.8	16.8
Pb	29.0	20.5	22.1	23.7	19.4	18.5	16.6	24.6	28.1	8.96

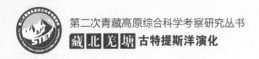

续表

编号	GMH1	GMH10	GMH3	GMH4	GMH5	GMH7	GMH8	GMH9	P104h1	P104h2
岩性	流纹岩	流纹岩	流纹岩	流纹岩	流纹岩	流纹岩	流纹岩	流纹岩	流纹岩	流纹岩
位置	果干加年山	果干加年山	果干加年山	果干加年山	果干加年山	果干加年山	果干加年山	果干加年山	果干加年山	果干加年山
资料来源	a	a	a	a	a	a	a	a	a	a
Cr	13.0	7.43	5.08	6.34	5.89	4.18	6.90	5.21	6.96	2.71
Ni	8.58	3.90	3.13	2.16	2.77	1.77	2.12	11.9	4.39	1.64
Rb	131	116	84.1	117	77.6	205	115	114	74.2	68.7
Ba	729	585	630	656	664	670	763	839	491	799
Th	23.1	18.1	17.8	19.6	20.3	17.8	20.8	25.0	19.0	19.5
U	5.00	3.78	3.62	4.27	3.77	3.64	4.06	5.16	3.86	3.54
Nb	17.7	15.0	14.5	17.1	17.2	15.5	21.4	18.7	14.1	13.7
Ta	1.08	1.03	0.99	1.14	1.16	1.03	1.36	1.15	0.96	0.94
La	47.5	34.2	37.5	43.6	36.7	38.2	47.4	48.2	39.8	46.2
Ce	96.3	70.6	75.2	87.5	76.5	77.3	92.0	102	81.7	95.7
Pr	10.6	7.77	8.20	9.47	8.49	8.44	10.1	11.1	9.17	10.7
Sr	91.7	85.2	111	111	83.8	70.7	118	117	213	195
Nd	40.0	29.4	30.6	35.7	31.9	31.6	37.6	42.1	33.0	38.9
Zr	330	285	294	321	318	287	339	229	312	266
Hf	7.87	7.21	7.23	7.93	7.96	7.07	8.31	6.20	6.92	6.37
Sm	8.34	6.21	6.34	7.43	6.71	6.54	7.73	8.80	6.77	7.88
Eu	1.11	0.73	0.76	0.93	0.76	0.78	0.98	1.15	0.91	1.00
Ti										
Gd	8.22	6.07	6.09	7.26	6.34	6.23	7.36	8.64	6.99	8.31
Tb	1.29	0.97	0.96	1.14	0.99	0.96	1.13	1.36	1.09	1.31
Dy	7.99	6.02	5.86	7.01	6.03	5.86	6.72	8.35	6.92	8.34
Y	42.8	33.9	32.8	39.5	32.9	32.9	38.7	44.7	43.1	49.3
Ho	1.58	1.29	1.26	1.49	1.28	1.25	1.40	1.64	1.46	1.66
Er	4.72	3.57	3.54	4.11	3.64	3.51	3.89	4.85	4.60	4.87
Tm	0.68	0.51	0.53	0.60	0.55	0.52	0.57	0.70	0.67	0.66
Yb	4.49	3.34	3.38	3.83	3.62	3.34	3.75	4.68	4.46	4.28
Lu	0.66	0.49	0.50	0.56	0.54	0.49	0.55	0.67	0.64	0.60

编号	PM104h3	ND915	ND921	ND923	ND924	ND926	ND931	ND933	ND934	ND935
岩性	流纹岩	英安岩	英安岩	英安岩	英安岩	英安岩	英安岩	英安岩	英安岩	流纹岩
位置	果干加年山	江爱达日那	江爱达日那	江爱达日那	江爱达日那	江爱达日那	江爱达日那	江爱达日那	江爱达日那	江爱达日那
资料来源	a	b	b	b	b	b	b	b	b	b
SiO₂	77.80	69.70	66.33	66.89	66.82	66.76	67.15	63.54	68.66	74.59
TiO₂	0.20	0.93	0.71	0.70	0.66	0.67	0.37	0.31	0.37	0.20
Al₂O₃	11.58	8.24	13.26	13.31	13.15	13.23	12.43	13.48	11.61	10.89
Fe₂O₃T	1.84	4.90	5.97	6.52	5.55	6.05	4.07	4.79	4.17	2.40

续表

编号	PM104h3	ND915	ND921	ND923	ND924	ND926	ND931	ND933	ND934	ND935
岩性	流纹岩	英安岩	英安岩	英安岩	英安岩	英安岩	英安岩	英安岩	英安岩	流纹岩
位置	果干加年山	江爱达日那	江爱达日那	江爱达日那	江爱达日那	江爱达日那	江爱达日那	江爱达日那	江爱达日那	江爱达日那
资料来源	a	b	b	b	b	b	b	b	b	b
MnO	0.01	0.07	0.06	0.06	0.07	0.05	0.14	0.15	0.14	0.06
MgO	0.33	2.36	1.72	1.81	1.53	1.76	4.48	5.25	4.57	2.17
CaO	0.41	5.11	2.45	1.75	2.48	1.60	0.62	0.88	0.55	0.22
Na_2O	5.58	0.93	4.94	5.21	5.07	4.95	0.14	0.13	0.12	0.12
K_2O	1.08	2.11	1.02	0.49	1.01	0.84	7.08	7.42	6.23	6.82
P_2O_5	0.02	0.11	0.09	0.16	0.12	0.17	0.05	0.06	0.09	0.05
LOL	0.82	3.11	3.49	3.19	3.44	3.02	2.83	3.53	2.89	1.86
总计	99.67	97.57	100.04	100.09	99.90	99.10	99.36	99.54	99.40	99.38
Ga	14.5	10.4	14.0	15.7	12.7	14.5	17.1	18.9	18.5	12.6
Pb	9.44	2.80	8.34	10.6	7.13	7.98	8.91	9.60	9.62	2.72
Cr	3.87	92.9	23.9	34.0	30.6	24.3	37.3	41.6	47.1	21.2
Ni	2.08	39.4	3.71	3.58	3.09	3.19	3.84	3.06	3.91	3.58
Rb	31.6	63.3	24.4	18.9	23.5	23.4	164	201	175	178
Ba	346	242	605	327	244	235	768	836	665	703
Th	18.2	6.74	8.80	9.28	8.15	9.16	9.13	10.4	6.93	10.8
U	3.48	1.49	1.59	2.07	1.45	1.72	2.03	2.30	1.65	2.44
Nb	13.2	14.3	8.26	8.68	7.56	8.30	6.46	7.07	5.61	6.95
Ta	0.93	1.05	0.59	0.6	0.51	0.59	0.49	0.54	0.38	0.52
La	39.0	22.3	19.0	21.1	18.7	18.9	7.77	7.16	6.01	16.3
Ce	80.7	51.3	37.2	40.5	36.0	36.9	16.1	14.3	12.4	30.3
Pr	9.02	6.10	4.45	4.88	4.25	4.43	2.05	1.84	1.60	4.51
Sr	152	64.0	277	333	250	293	42.0	87.0	44.0	37.0
Nd	33.0	25.2	18.0	19.6	17.0	17.9	8.44	7.56	6.63	17.7
Zr	279	202	211	224	185	228	128	151	104	153
Hf	6.46	5.14	5.48	5.5	4.65	5.66	3.66	4.18	2.75	4.16
Sm	6.73	5.25	3.77	4.00	3.41	3.71	1.90	1.81	1.57	3.34
Eu	0.87	1.28	0.97	1.00	0.86	0.96	0.55	0.56	0.47	0.74
Ti		5174	3638	3952	3308	3575	2091	1774	2229	1112
Gd	6.74	5.16	3.83	3.95	3.45	3.70	2.39	2.52	2.02	2.80
Tb	1.03	0.71	0.54	0.56	0.48	0.53	0.43	0.48	0.37	0.37
Dy	6.08	4.33	3.57	3.67	3.10	3.53	3.30	3.84	2.70	2.59
Y	34.2	20.8	18.2	19.9	16.8	18.9	19.95	23.9	16.5	17.7
Ho	1.21	0.78	0.68	0.71	0.59	0.69	0.70	0.82	0.57	0.57
Er	3.53	2.27	2.11	2.19	1.86	2.15	2.32	2.69	1.78	2.06
Tm	0.51	0.30	0.30	0.30	0.26	0.30	0.34	0.39	0.25	0.31
Yb	3.37	2.02	2.01	2.09	1.82	2.11	2.33	2.73	1.73	2.34
Lu	0.48	0.27	0.29	0.30	0.26	0.30	0.34	0.39	0.25	0.35

续表

编号	JH701	JH702	JH704	JH705	JH706	JH707	JH708	JH709	JH711	JH712
岩性	英安岩	英安岩	英安岩	英安岩	英安岩	英安岩	英安岩	英安岩	英安岩	英安岩
位置	菊花山	菊花山	菊花山	菊花山	菊花山	菊花山	菊花山	菊花山	菊花山	菊花山
资料来源	b	b	b	b	b	b	b	b	b	b
SiO_2	66.67	64.13	64.64	76.34	69.28	66.69	62.71	64.42	64.75	70.82
TiO_2	0.59	0.40	0.51	0.31	0.46	0.59	0.82	0.90	0.70	0.09
Al_2O_3	14.76	14.52	16.26	11.99	13.93	14.79	13.96	14.10	11.80	10.99
Fe_2O_3t	3.56	3.65	2.71	2.21	3.85	3.56	6.75	6.87	7.07	1.17
MnO	0.05	0.06	0.06	0.01	0.03	0.05	0.05	0.06	0.06	0.03
MgO	1.66	1.74	1.37	0.52	1.28	1.67	2.01	2.11	1.78	0.62
CaO	1.97	4.54	4.23	1.42	2.35	1.97	4.39	2.90	5.51	6.62
Na_2O	3.81	5.01	4.04	3.53	2.58	3.79	4.08	4.80	3.58	3.86
K_2O	3.44	1.12	1.71	1.72	3.30	3.42	1.16	1.16	0.89	1.29
P_2O_5	0.09	0.08	0.10	0.05	0.08	0.09	0.22	0.18	0.26	0.01
LOL	2.90	4.78	4.18	1.80	2.37	2.92	3.30	2.70	3.12	3.58
总计	99.50	100.03	99.81	99.90	99.51	99.54	99.45	100.20	99.52	99.08
Ga	19.2	18.6	8.39	14.7	19.3	8.16	18.5	18.5	12.4	10.3
Pb	60.3	35.6	3.67	8.52	15.9	4.72	19.1	17.7	17.8	5.24
Cr	37.5	23.4	14.8	15.2	22.5	14.1	23.6	38.5	15.9	8.88
Ni	11.3	7.20	5.17	4.87	7.11	9.98	19.1	27.4	13.2	5.05
Rb	150	41.5	29.8	93.4	169	26.6	60.4	55.0	40.2	48.8
Ba	669	260	208	385	840	330	341	433	281	469
Th	14.5	5.94	3.25	12.2	15.5	9.91	14.6	13.9	12.9	9.48
U	2.28	2.27	0.90	2.61	3.46	3.09	2.58	2.45	1.9	2.47
Nb	9.30	5.40	2.99	6.29	7.86	8.84	7.71	7.18	9.24	12.2
Ta	0.74	0.41	0.22	0.57	0.72	1.12	0.61	0.56	0.73	1.31
La	34.2	21.7	9.42	29.1	30.6	14.8	43.6	30.1	37.1	12.6
Ce	58.0	42.5	19.5	50.4	60.9	27.3	89.6	64.2	72.3	21.9
Pr	6.59	4.83	2.08	5.34	6.30	2.85	8.85	7.23	8.07	2.63
Sr	457	736	291	295	348	727	380	389	285	625
Nd	23.3	19.3	8.09	18.8	23.0	10.8	34.6	28.6	30.6	10.1
Zr	199	177	51.2	151	153	42.4	276	269	246	79.9
Hf	4.22	3.53	1.13	3.37	3.65	1.70	5.54	5.40	5.07	2.59
Sm	3.89	3.66	1.58	3.13	4.30	2.91	6.76	5.68	6.30	2.76
Eu	1.11	1.21	0.51	0.84	0.97	0.25	1.33	1.32	1.27	0.31
Ti									4340	576
Gd	3.08	3.18	1.32	2.33	3.64	2.81	5.89	5.45	6.17	2.75
Tb	0.44	0.48	0.19	0.34	0.52	0.38	0.92	0.85	0.91	0.38
Dy	2.41	2.63	1.11	1.94	3.03	1.89	5.43	5.10	5.42	1.97
Y	12.7	13.9	5.47	10.7	17.2	11.3	32.7	29.8	30.4	9.99
Ho	0.45	0.50	0.20	0.36	0.61	0.30	1.06	1.05	1.10	0.31

续表

编号	JH701	JH702	JH704	JH705	JH706	JH707	JH708	JH709	JH711	JH712
岩性	英安岩	英安岩	英安岩	英安岩	英安岩	英安岩	英安岩	英安岩	英安岩	英安岩
位置	菊花山	菊花山	菊花山	菊花山	菊花山	菊花山	菊花山	菊花山	菊花山	菊花山
资料来源	b	b	b	b	b	b	b	b	b	b
Er	1.23	1.39	0.59	1.11	1.73	0.72	3.16	3.01	3.14	0.76
Tm	0.18	0.19	0.08	0.18	0.26	0.09	0.43	0.41	0.42	0.09
Yb	1.32	1.24	0.53	1.19	1.71	0.53	2.78	2.77	2.78	0.59
Lu	0.20	0.19	0.08	0.18	0.25	0.07	0.45	0.42	0.40	0.08

编号	G0707	G0709	G0710	G0715	G0720	G0722	BH0701	BH0702	BH0703	BH-01
岩性	英安岩	英安岩	英安岩	英安岩	流纹岩	流纹岩	闪长岩	闪长岩	闪长岩	闪长岩
位置	果干加年山	果干加年山	果干加年山	果干加年山	果干加年山	果干加年山	宝户	宝户	宝户	宝户
资料来源	b	b	b	b	b	b	b	b	b	b
SiO_2	67.08	67.58	66.62	67.10	75.50	73.92	62.17	60.80	61.37	64.77
TiO_2	0.69	0.67	0.71	0.62	0.25	0.20	0.43	0.46	0.42	0.40
Al_2O_3	13.59	12.52	13.47	12.64	11.99	13.39	17.73	17.99	17.87	15.77
Fe_2O_3t	5.85	5.73	6.20	5.66	1.71	2.12	4.49	4.91	4.57	4.44
MnO	0.09	0.10	0.11	0.10	0.01	0.02	0.09	0.10	0.08	0.09
MgO	2.41	2.33	2.32	2.25	0.72	0.41	2.04	2.63	1.94	2.62
CaO	3.16	3.32	3.26	3.30	0.39	0.47	4.24	4.01	4.05	3.66
Na_2O	2.45	3.10	2.86	2.93	3.33	5.76	4.65	4.54	5.17	4.16
K_2O	2.50	2.01	1.64	2.28	3.69	1.76	1.59	1.21	1.47	1.27
P_2O_5	0.13	0.13	0.14	0.12	0.02	0.01	0.11	0.11	0.09	0.09
LOL	1.58	2.05	2.18	2.48	1.06	0.99	2.53	3.07	2.39	1.95
总计	99.53	99.54	99.51	99.48	98.67	99.05	100.07	99.83	99.42	99.22
Ga	16.5	15.4	17.8	18.6	16.2	17.6	23.5	23.9	21.0	17.7
Pb	33.5	22.3	20.4	28.7	5.77	23.4	11.4	8.02	17.3	11.7
Cr	46.9	47.4	49.8	54.1	10.3	4.02	23.1	20.4	7.60	15.9
Ni	15.9	14.8	13.5	16.6	7.17	0.76	14.1	12.9	6.85	9.73
Rb	113	87.5	78.0	103	149	70.3	53.6	40.0	52.1	39.0
Ba	821	607	630	633	505	526	389	358	387	356
Th	12.3	11.9	11.3	15.6	23.4	22.7	3.95	3.79	4.64	3.53
U	2.30	2.23	2.11	2.86	4.15	4.00	1.15	1.14	1.26	1.11
Nb	16.0	15.6	15.9	13.2	18.2	16.8	2.79	2.54	3.30	3.13
Ta	1.06	0.96	0.91	1.04	1.20	1.15	0.22	0.19	0.37	0.21
La	40.5	39.2	40.9	46.2	54.0	51.6	12.2	11.4	12.7	12.4
Ce	78.7	77.5	77.1	87.2	114	109	24.6	25.9	26.1	23.7
Pr	8.75	8.58	8.71	10.0	12.0	11.2	3.14	2.89	3.30	2.68
Sr	224	227	197	219	115	162	834	1367	987	1258
Nd	32.6	32.0	32.5	36.3	44.6	42.2	12.9	12.3	13.4	11.2
Zr	251	252	264	244	372	341	129	114	142	87.2

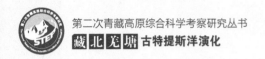
续表

编号	G0707	G0709	G0710	G0715	G0720	G0722	BH0701	BH0702	BH0703	BH-01
岩性	英安岩	英安岩	英安岩	英安岩	流纹岩	流纹岩	闪长岩	闪长岩	闪长岩	闪长岩
位置	果干加年山	果干加年山	果干加年山	果干加年山	果干加年山	果干加年山	宝户	宝户	宝户	宝户
资料来源	b	b	b	b	b	b	b	b	b	b
Hf	5.32	5.33	5.55	5.42	8.15	7.60	2.76	2.52	3.43	2.17
Sm	6.42	6.31	6.22	7.17	9.45	8.95	2.94	2.80	3.11	2.45
Eu	1.31	1.20	1.38	1.01	1.14	1.10	0.85	0.85	0.74	0.79
Ti	4226	4111	4342		1539	1206				2444
Gd	5.78	5.65	5.52	5.87	9.25	8.66	2.46	2.51	2.68	2.39
Tb	0.83	0.81	0.79	0.89	1.45	1.33	0.35	0.38	0.37	0.34
Dy	4.89	4.75	4.62	5.93	9.30	8.09	1.94	2.15	2.32	2.03
Y	25.5	25.2	24.2	29.0	52.7	42.3	10.9	12.6	11.0	11.2
Ho	0.96	0.93	0.90	1.14	1.92	1.62	0.35	0.41	0.41	0.39
Er	2.76	2.66	2.60	3.28	5.67	4.74	1.00	1.13	1.14	1.09
Tm	0.36	0.35	0.34	0.47	0.75	0.64	0.14	0.16	0.17	0.14
Yb	2.48	2.40	2.36	3.05	5.02	4.40	0.90	1.09	0.98	1.02
Lu	0.35	0.34	0.34	0.43	0.71	0.63	0.13	0.17	0.15	0.13

编号	BH-02	BH-03	BH-04	BH-05	BH-06	Nd1	Nd2	SS1	SS3	SS4
岩性	闪长岩	闪长岩	闪长岩	闪长岩	闪长岩	流纹质凝灰岩	流纹质凝灰岩	英安岩	英安岩	英安质凝灰岩
位置	宝户	宝户	宝户	宝户	宝户	那底岗日	那底岗日	石水河	石水河	石水河
资料来源	b	b	b	b	b	c	c	c	c	c
SiO_2	65.42	67.19	69.86	68.33	66.88	78.10	76.46	66.58	71.84	77.96
TiO_2	0.39	0.35	0.33	0.40	0.34	0.15	0.12	0.40	0.42	0.13
Al_2O_3	15.40	15.15	13.93	13.33	15.51	10.79	11.75	12.96	12.89	11.77
Fe_2O_3t	4.33	3.79	3.33	4.10	3.76					
MnO	0.07	0.07	0.06	0.09	0.06	0.01	0.02	0.05	0.06	0.01
MgO	2.32	1.70	1.79	2.30	1.84	0.36	0.25	2.86	0.91	0.45
CaO	3.29	3.85	3.20	3.71	3.47	0.37	0.61	2.57	1.87	0.40
Na_2O	4.52	3.96	3.65	4.29	4.22	1.68	2.42	4.70	3.74	4.57
K_2O	1.11	1.30	1.26	1.20	1.42	4.54	4.73	1.12	3.40	1.23
P_2O_5	0.09	0.09	0.08	0.09	0.08	0.08	0.04	0.23	0.13	0.05
LOL	2.26	1.71	1.68	1.36	1.59	1.43	1.21	4.14	2.16	1.45
总计	99.20	99.16	99.17	99.20	99.17	97.51	97.61	95.61	97.42	98.02
Ga	17.5	17.3	15.2	16.8	17.7					
Pb	12.5	27.6	9.25	10.3	9.84					
Cr	17.4	20.4	11.6	25.5	15.0	4.56	3.61	110	80.4	8.68
Ni	11.3	11.2	9	15.1	10.5					
Rb	50.3	50.3	50.7	37.0	54.5	115	92.9	16.3	92.3	41.9
Ba	312	326	323	279	357	921	983	391	939	242

续表

编号	BH-02	BH-03	BH-04	BH-05	BH-06	Nd1	Nd2	SS1	SS3	SS4
岩性	闪长岩	闪长岩	闪长岩	闪长岩	闪长岩	流纹质凝灰岩	流纹质凝灰岩	英安岩	英安岩	英安质凝灰岩
位置	宝户	宝户	宝户	宝户	宝户	那底岗日	那底岗日	石水河	石水河	石水河
资料来源	b	b	b	b	b	c	c	c	c	c
Th	3.50	3.55	3.18	2.97	3.22	15.6	16.7	10.5	9.76	9.42
U	1.07	1.22	0.93	1.03	1.04	1.16	1.10	1.34	1.08	1.06
Nb	3.22	3.43	3.62	2.92	3.78	5.84	5.21	7.68	7.73	5.48
Ta	0.20	0.22	0.24	0.18	0.24	0.51	0.55	0.66	0.60	0.70
La	11.3	10.3	9.49	9.56	9.75	23.4	21.0	27.6	26.6	31.3
Ce	22.1	20.8	18.8	19.4	19.7	32.6	33.6	52.5	49.3	52.7
Pr	2.54	2.42	2.20	2.18	2.29	5.16	4.99	6.21	5.92	5.65
Sr	952	718	643	1139	715	141	164	139	149	93.4
Nd	10.8	10.4	9.45	9.35	9.85	18.3	18.4	22.8	22.0	18.4
Zr	82.7	82.4	70.3	78.7	86.0	158	124	218	189	100
Hf	2.05	2.05	1.76	1.97	2.11	4.68	3.80	5.77	5.09	3.18
Sm	2.40	2.30	2.10	2.11	2.22	3.34	3.75	4.45	4.40	3.07
Eu	0.77	0.74	0.67	0.70	0.73	0.87	1.03	0.74	0.96	0.54
Ti	2468	2252	2028	2450	2134					
Gd	2.32	2.05	1.92	2.04	1.96	2.79	3.23	3.95	3.97	2.66
Tb	0.33	0.27	0.25	0.29	0.25	0.38	0.46	0.58	0.57	0.32
Dy	1.96	1.54	1.42	1.73	1.46	2.40	2.92	3.58	3.53	1.92
Y	10.6	8.16	7.59	9.78	7.75	13.7	17.0	20.3	20.1	15.4
Ho	0.37	0.29	0.26	0.34	0.27	0.44	0.54	0.66	0.65	0.33
Er	1.04	0.78	0.70	0.92	0.73	1.59	1.82	2.11	2.08	1.23
Tm	0.13	0.09	0.08	0.11	0.08	0.18	0.22	0.25	0.24	0.14
Yb	0.96	0.69	0.63	0.87	0.65	1.57	1.79	1.95	1.83	1.29
Lu	0.12	0.09	0.08	0.11	0.08	0.19	0.22	0.26	0.23	0.16

编号	SS5	OP1-2	OP3	JP5-1	JP6-1	JP7-1	JP8-1	JP8-2	JP8-3	JP9-1
岩性	英安质凝灰岩	安山质凝灰岩	英安质凝灰岩	凝灰岩	凝灰岩	凝灰岩	凝灰岩	安山岩	凝灰岩	凝灰岩
位置	石水河	沃若山	沃若山	菊花山	菊花山	菊花山	菊花山	菊花山	菊花山	菊花山
资料来源	c	c	c	d	d	d	d	d	d	d
SiO_2	80.90	45.08	40.18	60.56	60.30	60.80	67.16	62.14	47.24	56.85
TiO_2	0.13	0.69	0.34	0.88	0.90	0.85	0.47	0.45	0.38	0.70
Al_2O_3	10.60	13.97	9.35	14.65	15.44	15.90	14.62	16.30	14.85	8.88
Fe_2O_3t										
MnO	0.02	0.15	0.23	0.09	0.11	0.08	0.08	0.04	0.15	0.25
MgO	0.53	3.59	2.11	1.88	2.44	3.77	1.89	0.46	1.45	2.21
CaO	0.26	10.73	21.00	4.16	4.09	1.34	2.76	4.46	14.69	11.90
Na_2O	4.33	0.32	0.74	5.62	4.63	6.38	4.38	5.51	2.98	1.62

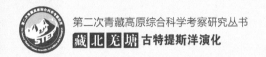

续表

编号	SS5	OP1-2	OP3	JP5-1	JP6-1	JP7-1	JP8-1	JP8-2	JP8-3	JP9-1
岩性	英安质凝灰岩	安山质凝灰岩	英安质凝灰岩	凝灰岩	凝灰岩	凝灰岩	凝灰岩	安山岩	凝灰岩	凝灰岩
位置	石水河	沃若山	沃若山	菊花山	菊花山	菊花山	菊花山	菊花山	菊花山	菊花山
资料来源	c	c	c	d	d	d	d	d	d	d
K_2O	0.70	3.98	2.32	0.75	1.16	1.61	1.22	3.22	2.36	1.52
P_2O_5	0.06	0.19	0.13	0.27	0.18	0.19	0.14	0.15	0.13	0.17
LOL	1.27	13.63	20.80	4.25	3.04	2.97	3.23	3.38	11.67	11.33
总计	98.80	92.33	97.20	93.11	92.29	93.89	95.95	96.11	95.90	95.43
Ga										
Pb										
Cr	5.99	122	59.0	6.65	21.5	26.3	26.1	57.7	18.4	84.8
Ni										
Rb	27.9	154	86.0	29.0	27.7	45.5	36.8	77.2	72.9	52.5
Ba	301	506	424	227	647	355	675	1199	734	326
Th	14.1	14.3	8.83	10.6	10.9	8.17	8.72	11.1	7.04	8.77
U	1.46	1.92	1.40	3.39	3.55	2.78	3.15	6.65	6.75	2.18
Nb	4.60	13.8	8.37	10.6	9.15	7.67	8.33	8.91	6.68	13.0
Ta	0.61	1.36	0.74	0.84	0.76	0.65	0.77	0.84	0.56	0.96
La	28.1	32.7	26.2	36.4	34.1	24.1	29.1	25.2	32.6	35.9
Ce	47.9	64.3	51.0	68.9	64.6	44.9	46.0	38.5	47.7	67.0
Pr	5.05	7.54	6.23	8.90	8.34	5.82	5.78	4.49	5.60	7.24
Sr	134	196	201	337	358	122	363	315	439	166
Nd	16.5	28.5	23.7	36.1	33.9	24.1	21.8	16.4	20.3	27.7
Zr	86.1	151	132	287	243	216	228	215	155	225
Hf	2.77	4.10	3.47	8.15	7.09	6.25	6.46	6.12	1.99	7.18
Sm	2.65	5.77	5.03	7.31	6.94	4.95	4.07	2.95	3.44	5.11
Eu	0.46	1.17	1.03	1.53	1.55	1.22	1.16	0.67	1.10	1.10
Ti										
Gd	2.31	4.96	4.48	6.66	6.52	4.42	3.78	2.68	3.36	4.87
Tb	0.27	0.74	0.66	1.03	1.02	0.68	0.56	0.40	0.47	0.7
Dy	1.75	4.36	3.91	6.05	6.06	3.99	3.17	2.29	2.68	4.00
Y	23.3	24.6	23.5	37.1	37.3	24.1	16.8	12.7	4.45	21.7
Ho	0.31	0.80	0.73	1.10	1.08	0.70	0.62	0.46	0.55	0.77
Er	1.17	2.56	2.28	3.61	3.59	2.29	1.79	1.43	1.59	2.26
Tm	0.13	0.30	0.27	0.47	0.46	0.29	0.25	0.20	0.22	0.31
Yb	1.23	2.32	2.05	3.36	3.20	2.07	1.71	1.36	1.44	1.95
Lu	0.15	0.29	0.26	0.47	0.45	0.29	0.25	0.21	0.22	0.30

续表

编号	Nd1	Nd2	Ss1	Ss3	Ss4	Ss5
岩性	流纹质凝灰岩	流纹质凝灰岩	流纹英安岩	流纹英安岩	凝灰岩	凝灰岩
位置	那底岗日	那底岗日	石水河	石水河	石水河	石水河
资料来源	e	e	e	e	e	e
SiO_2	78.10	76.46	66.58	71.84	77.96	80.90
TiO_2	0.15	0.12	0.40	0.42	0.13	0.13
Al_2O_3	10.79	11.75	12.96	12.89	11.77	10.60
Fe_2O_3t	2.27	1.92	4.62	2.22	1.38	0.98
MnO	0.01	0.02	0.05	0.06	0.01	0.02
MgO	0.36	0.25	2.86	0.91	0.45	0.53
CaO	0.37	0.61	2.57	1.87	0.40	0.26
Na_2O	1.68	2.42	4.70	3.74	4.57	4.33
K_2O	4.54	4.73	1.12	3.40	1.23	0.70
P_2O_5	0.08	0.04	0.23	0.13	0.05	0.06
LOL	1.43	1.21	4.14	2.16	1.45	1.27
总计	99.78	99.53	100.23	99.64	99.40	99.79
Ga						
Pb	10.9	11.4	13.3	11.5	6.30	18.3
Cr						
Ni						
Rb	115	92.9	16.3	92.3	41.9	27.9
Ba	921	983	391	939	242	301
Th	15.6	16.7	10.5	9.76	9.42	14.1
U	1.16	1.10	1.34	1.08	1.06	1.45
Nb	5.84	5.21	7.68	7.73	5.48	4.60
Ta	0.51	0.55	0.66	0.60	0.70	0.61
La	23.4	21.0	27.6	26.6	31.3	28.1
Ce	32.6	33.6	52.5	49.3	52.7	47.9
Pr	5.16	4.99	6.21	5.92	5.65	5.05
Sr	141	164	139	149	93.4	134
Nd	18.3	18.4	22.8	22.0	18.4	16.5
Zr	158	124	218	189	100	86.1
Hf	4.68	3.80	5.77	5.09	3.18	2.77
Sm	3.34	3.75	4.45	4.40	3.07	2.65
Eu	0.87	1.03	0.74	0.96	0.54	0.46
Ti						
Gd	2.79	3.23	3.95	3.97	2.66	2.31
Tb	0.38	0.46	0.58	0.57	0.32	0.27
Dy	2.40	2.92	3.58	3.53	1.92	1.75
Y	13.7	17.0	20.3	20.1	15.4	23.3

续表

编号	Nd1	Nd2	Ss1	Ss3	Ss4	Ss5
岩性	流纹质凝灰岩	流纹质凝灰岩	流纹英安岩	流纹英安岩	凝灰岩	凝灰岩
位置	那底岗日	那底岗日	石水河	石水河	石水河	石水河
资料来源	e	e	e	e	e	e
Ho	0.44	0.54	0.66	0.65	0.33	0.31
Er	1.59	1.82	2.11	2.08	1.23	1.17
Tm	0.18	0.22	0.25	0.24	0.14	0.13
Yb	1.57	1.79	1.95	1.83	1.29	1.23
Lu	0.19	0.22	0.26	0.23	0.16	0.15

注：主量元素含量单位为%，微量元素含量单位为10^{-6}。

资料来源：a- 胡培远，2014；b-Zhai Q G et al.，2013b；c- 王剑等，2008；d- 付修根等，2008；e- 汪正江等，2008。

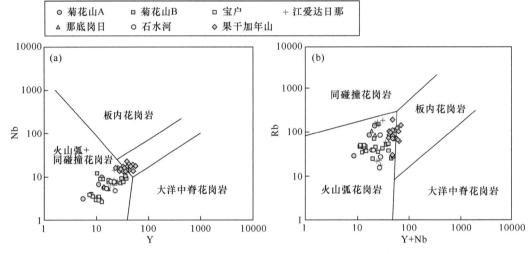

图 3.2　羌塘菊花山地区三叠纪火山岩的 Nb-Y（a）和 Rb-Y+Nb（b）构造环境判别图解
（Pearce et al.，1984a）

1）埃达克岩（225~219 Ma）

根据地球化学组成，在宝户和菊花山地区分别识别出埃达克岩（JH01、JH02、JH04、JH05、JH07 和 JH12 样品）。这些样品普遍具有高的 Sr 含量以及低的 Y 含量、HREE 含量和 Sr/Y 值（表 3.2）。在 Sr/Y-Y 图解［图 3.3（a）］上，样品投点落在埃达克岩区域。这些样品普遍具有富硅（SiO_2=62.84%~77.82%）的特征，在 MgO-SiO_2 图解［图 3.3（b）］上投点落入高 SiO_2 埃达克岩（HSA）区域。在 Sr/Y-La/Yb 图解（图 3.4）上，样品投点落入现代岛弧或陆缘弧的洋壳熔融成因埃达克岩区域，与青藏高原和大别地区的地壳增厚或拆离埃达克岩差别明显。因此，上述埃达克岩与现代岛弧或陆缘弧埃达克岩类似，形成于俯冲大洋板片的部分熔融作用（Kay，1978；Defant and Drummond，1990）。宝户闪长岩的全岩 $\varepsilon_{Nd}(t)$ 值为 +2.6，锆石 $\varepsilon_{Hf}(t)$ 值为 +3.2~+5.4，锆石 Hf 模式年龄（T_{DM}）为 729~644 Ma（Zhai et al.，2013b）。这样的同位素分析结果

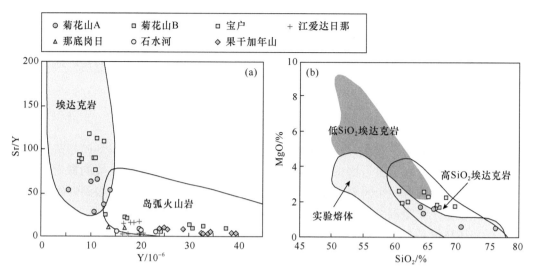

图 3.3　羌塘菊花山地区三叠纪火山岩的 Sr/Y-Y（a）（Defant and Drummond，1990）
和 MgO-SiO$_2$（b）（Martin et al.，2005）图解

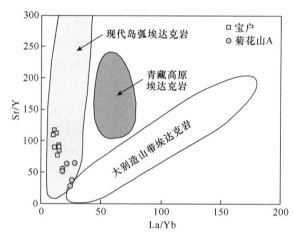

图 3.4　羌塘菊花山地区三叠纪埃达克岩的 Sr/Y-La/Yb 图解
不同种类埃达克岩的区域引自 Sun et al.，2012 和 Liu et al.，2010b 及其参考文献

与羌塘菊花山地区的其他三叠纪火山岩区别明显（表 3.1，其余火山岩普遍具有负的 $\varepsilon_{Hf}(t)$ 值）。正的锆石 $\varepsilon_{Hf}(t)$ 值表明这些埃达克岩为俯冲大洋板片的部分熔融作用的产物，负的全岩 $\varepsilon_{Nd}(t)$ 值可能表明在部分熔融过程中还有俯冲沉积物的参与（Shimoda et al.，1998；Tatsumi，2001；Plank，2005）。因此，宝户地区的埃达克岩形成于俯冲大洋板片与沉积物的部分熔融作用。

2）普通岛弧火山岩（217~205 Ma）

羌塘菊花山地区的其他三叠纪火山岩显示出相对比较一致的地球化学特征。它们具有相对低的 Sr 含量（37×10^{-6}~389×10^{-6}，平均值为 186×10^{-6}）和 Sr/Y 值（2~25，平均值为 8）和变化的 SiO$_2$ 含量（60.30%~80.90%）（表 3.2），同时还显示出高的初始

$^{87}Sr/^{86}Sr$ 值（0.708~0.714）和低的全岩 $c_{Nd}(t)$ 值（−9.6~−7.9）（Zhai et al.，2013b）。这些火山岩的地球化学特征与安第斯山脉中广泛发育的、形成于增厚地壳的部分熔融作用的火山岩较为类似（Ramos，1999），可能是形成于北羌塘—昌都板块的古老地壳物质部分熔融作用。

2. 羌塘菊花山地区花岗岩

相对于火山岩，羌塘菊花山地区的花岗岩的研究程度较低，收集到的相关资料也比较少，尤其缺少同位素方面的资料，制约了对其岩浆源区和构造环境的探索。在果干加年山地区发育有一个重要的角度不整合界面，未变质的沉积岩（望湖岭组）以角度不整合覆盖于蛇绿混杂岩和晚石炭世—早二叠世展金组之上，上覆地层火山岩夹层的锆石 SHRIMP U-Pb 年龄为 214±4 Ma，表明望湖岭组地层开始沉积于晚三叠世；而不整合面之下强烈变形的阳起片岩（原岩为蛇绿岩中的玄武岩）中阳起石的 $^{40}Ar-^{36}Ar$ 年龄为 220±7 Ma，由此推测，冈瓦纳板块与扬子板块碰撞闭合的时代为晚三叠世，而果干加年山地区的碰撞闭合过程约持续了 6~8 Ma（李才等，2007b）。羌塘菊花山地区的花岗岩的 U-Pb 年龄为 225~201 Ma，与上述年龄资料基本一致，其成因应当与羌塘中部龙木错—双湖洋的消减闭合有关。以果干加年山地区角度不整合的形成时代为界，可以将这些花岗岩分为两组。第一组为菊花山地区的绝大多数三叠纪花岗岩，形成时代为 215~201 Ma。与该地区同时代的火山岩类似，这些花岗岩也显示出强烈亏损 Nb 和 Ti 的特点。在 Nb-Y［图 3.5（a）］和 Rb-Y+Nb［图 3.5（b）］图解上，这些三叠纪花岗岩则投点落入 "火山弧花岗岩（VAG）"、"同碰撞花岗岩（syn-COLG）" 和 "板内花岗岩（WPG）" 的过渡区域，显示出活动大陆边缘成因特征。第二组仅包括果干加年山花岗闪长岩，目前还没有可靠的地球化学资料，但是区域内已经识别出了同时代的埃达克质火山岩（225~219 Ma），由此推测可能形成于俯冲消减环境。

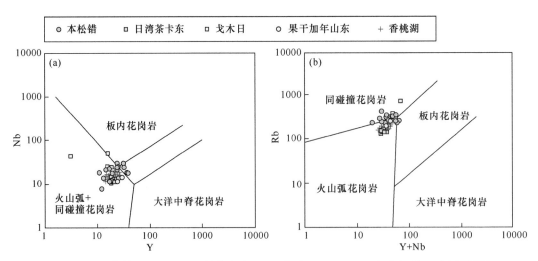

图 3.5　羌塘菊花山地区三叠纪花岗岩的 Nb-Y（a）和 Rb-Y+Nb（b）构造环境判别图解
（底图据 Pearce et al.，1984a）

与宝户和菊花山地区的三叠纪火山岩不同，羌塘菊花山地区的三叠纪花岗岩并没有显示出类似埃达克岩的地球化学特征，具有相对较低的 Sr 含量（$7 \times 10^{-6} \sim 304 \times 10^{-6}$，平均值为 144×10^{-6}）和 Sr/Y 值（1~21，平均值为 7）（表 3.2），因而不应该为俯冲洋壳部分熔融的产物。同时，不同地区样品的铝饱和指数（A/CNK）有所差别，并且可以分为两类：①日湾茶卡东、果干加年山东和香桃湖地区的花岗岩为准铝质—弱过铝质（A/CNK=0.97~1.04），与 I 型花岗岩类似；②本松错和格木日的花岗岩则主要为过铝质（A/CNK=0.90~1.99，多数大于 1.1），与 S 型花岗岩类似（Chappell and Whilte，1974，1992），由此推测这些花岗岩可能具有不同的源区。由于缺乏系统的同位素研究，这些花岗岩的岩浆源区有待进一步工作确定。本次研究对其中的果干加年山花岗岩进行了锆石 Hf 同位素分析，结果显示具有负的 $\varepsilon_{Hf}(t)$ 值（–9.8~–17.6，平均值为–13.5）和古老的地幔模式年龄（T_{DM}=1253~1570 Ma，平均值为 1402 Ma）和地壳模式年龄（T_{DM}^{C}=1874~2372 Ma，平均值为 2115 Ma），表明该花岗岩体可能来自古元古代地壳的部分熔融作用，没有明显的幔源物质参与的迹象。

3. 唐古拉—类乌齐地区花岗岩

唐古拉—类乌齐地区花岗岩的年龄跨度集中于 251~236 Ma（排除藏东察拉地区的 220 Ma 花岗岩），要比羌塘菊花山地区的三叠纪花岗岩老约 20 Ma。这些花岗岩也同样具有强烈亏损 Nb 和 Ti 的特点，在 Nb-Y［图 3.6（a）］和 Rb-Y+Nb［图 3.6（b）］图解上，样品投点落入"火山弧花岗岩（VAG）"、"同碰撞花岗岩（syn-COLG）"和"板内花岗岩（WPG）"的过渡区域，与活动大陆边缘弧岩浆岩类似。此外，在藏东地区还有一些地质资料支持这些三叠纪花岗岩形成于活动大陆边缘环境，具体如下：①羌塘及藏东地区古地磁的研究成果表明，该地区龙木错—双湖洋的闭合时代为晚三叠世（李朋武等，2005，2009；Song et al.，2015，2017，2020；Yan et al.，2016；Yang et al.，

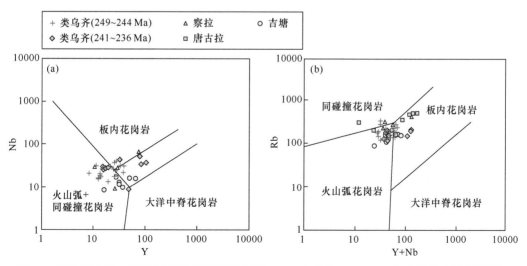

图 3.6　藏东唐古拉—类乌齐地区三叠纪花岗岩的 Nb-Y（a）和 Rb-Y+Nb（b）构造环境判别图解
（底图据 Pearce et al.，1984）

2017）；②在藏东类乌齐地区发育有一个明显的角度不整合，古生界被上三叠统以角度不整合覆盖，而上三叠统与侏罗—白垩纪沉积地层为整合连续沉积，表明这一地区可能在晚三叠世由挤压背景转化为伸展背景（李才等，2009a）；③北羌塘—昌都板块上的泥盆—二叠纪沉积地层以浅海、滨浅海碳酸盐建造为主，生物繁盛，但是在藏东妥坝地区，上二叠统已经转化为海陆交互相或者陆相，产著名的大羽羊齿植物群并且可见含煤夹层，表明此时龙木错—双湖洋可能已经闭合（李才，2008）；④前人研究成果表明，藏东类乌齐地区吉塘岩群中的早二叠世片麻状花岗岩形成于岛弧消减环境（曾庆高等，2010），而察拉地区的晚三叠世花岗岩（220 Ma）则形成于后碰撞或者板内伸展环境（李彬等，2012）。综合这些资料可以得出，唐古拉—类乌齐地区的三叠纪花岗岩应当形成于活动大陆边缘环境，与龙木错—双湖洋的最终俯冲闭合有关。

如前文所述，唐古拉—类乌齐地区的三叠纪花岗岩也可以分为 I 型和 S 型两类，其中 S 型花岗岩包括吉塘和唐古拉地区的花岗岩以及类乌齐地区相对年轻的片麻状花岗岩（241~236 Ma），而 I 型花岗岩则主要为类乌齐地区相对古老的片麻状花岗岩（249~244 Ma）。

关于 S 型花岗岩的岩浆源区，通常认为是地壳内的变质沉积物（Chappell and Stephens，1988）。陶琰等（2011）报道吉塘地区 S 型花岗岩的 $\varepsilon_{Nd}(t)$ 值为 –14.1~–16.2，亏损地幔 Nd 模式年龄（T_{DM}）分布在 2.0 Ga 左右，指示岩浆源区为古元古代地壳物质，同时这一模式年龄也与扬子板块的基底模式年龄（1.8~2.1 Ga）相一致（Zhang et al.，2006c），支持岩浆源区为扬子板块的古元古代地壳。

关于 I 型花岗岩的岩浆源区，早期的研究认为是由地壳内变质火成岩部分熔融形成的（Chappell and White，1974），但是近来基于锆石 Lu-Hf 和 O 同位素研究结果提出了一种新的可能，即 I 型花岗岩也可能最初起源于混染 – 结晶分异作用（AFC），致使其母岩浆不同程度受到幔源岩浆的注入和改造（朱弟成等，2009；黄会清等，2008）。王保弟等（2011）报道藏东类乌齐地区的 I 型片麻状花岗岩具有由负到正的锆石 $\varepsilon_{Hf}(t)$ 值（–1.3~+3.7）。本书的分析结果与之基本类似，三件样品获得的锆石 $\varepsilon_{Hf}(t)$ 值变化范围分别为 –2.7~+1.0、–1.0~+2.0 和 +0.3~+2.5。基于这种不均一的 Hf 同位素组成，有学者提出藏东唐古拉—类乌齐地区的 I 型花岗岩可能形成于壳幔混合作用，即正的 $\varepsilon_{Hf}(t)$ 值代表了更具放射成因 Hf 的幔源，而负的 $\varepsilon_{Hf}(t)$ 值代表了有较少放射成因 Hf 的壳源（王保弟等，2011）。但是，本次研究选择了相对保守的成因解释，即没有明显的壳幔混合作用，原因如下：①现有的锆石 Hf 同位素分析结果表明，锆石 $\varepsilon_{Hf}(t)$ 值的变化范围最大为 5 个单位，只是略大于分析测试误差，而大多数样品的锆石 $\varepsilon_{Hf}(t)$ 值变化范围小于测试误差；②野外观察没有发现暗色矿物捕虏体等岩浆混合证据；③镜下鉴定也没有发现与岩浆混合作用相关的现象。因此，本次研究认为这些 I 型花岗岩具有相对年轻的火成岩源区（$\varepsilon_{Hf}(t)$ 值为 0 左右）。地壳 Hf 同位素模式年龄计算结果表明（1447~1009 Ma），它们可能是新元古代新生地壳部分熔融的产物。

3.1.3　龙木错—双湖洋的三叠纪构造演化

1. 羌塘中部地区

近年来，羌塘中部地区识别出了规模巨大的高压变质带，延伸超过 500 km，岩性包括榴辉岩和蓝片岩，形成时代为 237~220 Ma（李才，1997；胡克等，1995；李才等，2002，2006b，2006c；鲍佩生等，1999；Kapp et al.，2000，2003a；陆济璞等，2006；王立全等，2006；Zhai Q G et al.，2011，2013a，2017；Xu et al.，2020，2021）。关于这一高压变质带的成因，前人曾有争论，主要有两种不同认识：①高压变质带形成于龙木错—双湖洋的三叠纪北向俯冲（李才等，2006c；Zhai et al.，2011a，2011b）；②高压变质带形成于南羌塘—保山板块和北羌塘—昌都板块的碰撞过程（Zhang et al.，2006b；Pullen et al.，2008）。最新的地球化学资料表明，这一高压变质带中榴辉岩和蓝片岩的原岩为富集洋中脊和洋岛玄武岩的特征，由此推断第一种成因解释可能更为可靠，龙木错—双湖洋可能在 237~220 Ma 处于俯冲消减阶段。最近又有学者报道羌塘中部地区存在早石炭世（胡培远等，2013）和二叠纪（Yang et al.，2011）的岛弧消减岩浆记录，表明龙木错—双湖洋可能在早石炭世以前就开始俯冲消减了。

如前文所述，羌塘中部菊花山地区的晚三叠世火山岩在 219~217 Ma 左右存在一个明显的地球化学特征变化：225~219 Ma 的火山岩显示出类似埃达克岩的地球化学特征，为俯冲大洋板片和沉积物部分熔融的产物，而 217~205 Ma 的火山岩则显示出典型岛弧火山岩的特点，可能为北羌塘—昌都板块的古老地壳物质部分熔融作用的产物。同时，在出露规模上，三叠纪的火山岩和花岗岩也显示出类似的特征：目前收集到的资料表明 219 Ma 以前的火山岩和花岗岩只有零星的出露，但是 217~205 Ma 以后的火山岩和花岗岩的出露规模明显增大（表 3.1）。对于 219~217 Ma 左右发生的在地球化学特征和岩石出露规模上的明显转变，本书认为可以用板片断离模式（Blanckenburg and Davies，1995）来解释，即羌塘中部地区可能经历了两阶段构造演化，具体如下：

阶段 1（237~219 Ma）：羌塘中部地区榴辉岩的峰期变质年龄为 237~230 Ma（Zhai et al.，2011b），表明此时存在洋壳俯冲消减。菊花山和宝户地区的火山岩的定年结果为 223±2 Ma（Zhai Q G et al.，2013b）和 219 Ma（翟庆国等，2007），并且具有类似埃达克岩的地球化学特征。这两个年龄与羌塘中部地区蓝片岩的 Ar-Ar 年龄基本一致（李才，1997；胡克等，1995；李才等，2002，2006b，2006c；鲍佩生等，1999；Kapp et al.，2000，2003a；陆济璞等，2006；王立全等，2006；Zhai et al.，2011a，2011b），表明一直到 219Ma 左右，洋壳的俯冲消减仍在继续 [图 3.6（a）]。

阶段 2（219~205 Ma）：羌塘中部地区高压变质带的折返年龄在 220 Ma 左右（Zhai et al.，2011b），再与同时代岩浆岩的时空分布和地球化学特征相联系，可知在 219~217 Ma 左右可能发生了俯冲板片断离事件。洋盆的最终关闭会导致地壳被俯冲洋壳拖拽开始俯冲，但是由于陆壳密度相对较小，无法俯冲进入地幔，因而最终将导致俯冲板片断离。随后，大洋板片俯冲停止，埃达克质岩浆活动也随之停止。沿板片断离窗上涌的软流圈地幔导致北羌塘—昌都板块的地壳物质发生广泛重熔，继而形成了羌塘中部地区大面积分布的 217~205 Ma 左右的火山岩和花岗岩。上涌的软流圈地幔同时也促进了高压变质岩石的折返［图 3.6（b）］。

2. 藏东唐古拉—类乌齐地区

相对于羌塘中部地区，藏东唐古拉—类乌齐地区的地质资料较为缺乏，尤其缺少高压变质带和火山岩资料，因而这一地区龙木错—双湖洋的演化历史还存在许多空白。依据目前唐古拉—类乌齐地区的现有资料，该地区龙木错—双湖洋的演化历史也可以大致分为两个阶段：

阶段 1（280 Ma 左右）：依据古地磁资料（李朋武等，2005，2009；Ali et al.，2013；Song et al.，2017，2020；Cao et al.，2019；Wei et al.，2023），唐古拉—类乌齐地区的龙木错—双湖洋在早石炭世开始俯冲消减，在晚二叠世洋盆关闭。曾庆高等（2010）报道吉塘岩群中的早二叠世（280 Ma）片麻状花岗岩形成于岛弧消减环境。因此，这一地区的龙木错—双湖洋至少在早二叠世已经处于俯冲消减阶段［图 3.7（c）］。

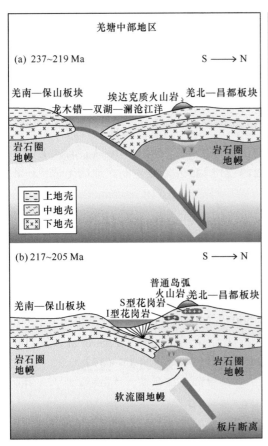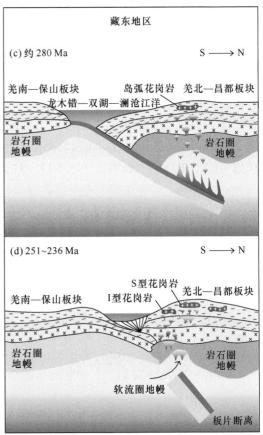

图 3.7　羌塘中部和藏东地区龙木错—双湖古特提斯洋三叠纪演化示意图

阶段 2（251~236 Ma）：由于缺少高压变质带和沉积地层资料，无法精确确定南羌塘—保山板块何时抵达海沟，但是古地磁资料显示唐古拉—类乌齐地区的龙木错—双湖洋在早石炭世开始俯冲消减，在晚二叠世南羌塘和北羌塘开始碰撞。俯冲板片断离大多发生于陆壳抵达海沟后的 10 Ma 左右（von Blanckenburg and Davies，1995）。藏东唐古拉—类乌齐地区的花岗岩的形成时代主要为 251~236 Ma，与这一时间差吻合，应当也是板片断离后软流圈地幔底侵诱发的岩浆作用。其中，该地区的 I 型与 S 型花岗岩应该具有不同的岩浆源区：S 型花岗岩可能形成于中上地壳变质沉积物的部分熔融作用，而 I 型花岗岩可能起源于相对年轻的下地壳岩石，比如说之前已经存在的底侵玄武岩 [图 3.7（d）]。李彬等（2012）报道藏东察拉地区花岗岩的年龄为 220 Ma，并且形成于碰撞后伸展背景，表明该地区在晚三叠世开始进入伸展背景。

3. 龙木错—双湖洋的穿时性闭合

前人基于北羌塘—昌都板块和南羌塘—保山板块的古地磁资料，提出南羌塘和北羌塘两个板块的碰撞时间在羌塘中部地区和藏东地区的闭合时代是不一致的，羌塘中部地区为晚三叠世而藏东地区为晚二叠世（李朋武等，2009；Song et al.，2015，2017；Yan et al.，2016；Xu et al.，2020）。本次研究对菊花山—唐古拉—类乌齐火山岩浆弧的年代学研究也得出了类似的结论。菊花山—唐古拉—类乌齐火山岩浆弧的时代跨度为 251~205 Ma，主体为三叠纪，但是其年龄分布并不均一，具有西段年龄较年轻（225~205 Ma）、东段年龄较古老（251~236 Ma）的特点。因此，龙木错—双湖洋的闭合时代应当具有穿时性特点：羌塘中部地区闭合于晚三叠世而藏东唐古拉—类乌齐地区闭合于晚二叠世。

3.2 晚古生代岛弧—弧后盆地系统

3.2.1 时代与分布

在羌塘中部地区，晚古生代岩浆岩时代主要为泥盆纪和石炭纪。泥盆纪岩浆岩出露零星，仅在日湾茶卡地区（火山岩，约 370 Ma；Jiang et al.，2015；Wang et al.，2017）和江爱达日那西侧（花岗岩，约 364 Ma；Zhai et al.，2018）有出露，而石炭纪岩浆岩出露相对较广泛，在冈玛错、黑脊山、果干加年山等地均有发育（Jiang et al.，2015；Wang et al.，2017；Zhai et al.，2018；Liu et al.，2021）。本次考察重点选择了 2 个典型花岗岩岩体——黑脊山岩体和冈玛错岩体进行研究（图 3.8）。

黑脊山岩体位于日湾茶卡和冈玛错之间的黑脊山南坡，矿物成分以斜长石和石英为主，由斜长石（45%~47%）、石英（42%~45%）、黑云母（约 10%~15%）、白云母（少于 5%）及少量黝帘石、绢云母组成；矿物粒度较细，为 0.2~0.5 mm；细粒花岗结构，块状构造。石英的粒度与斜长石基本一致。斜长石为板柱状，晶形完好，经过后期的变质作用，斜长石内部多钠黝帘石化与绢云母化，边部局部发生绿泥石化，但由于变

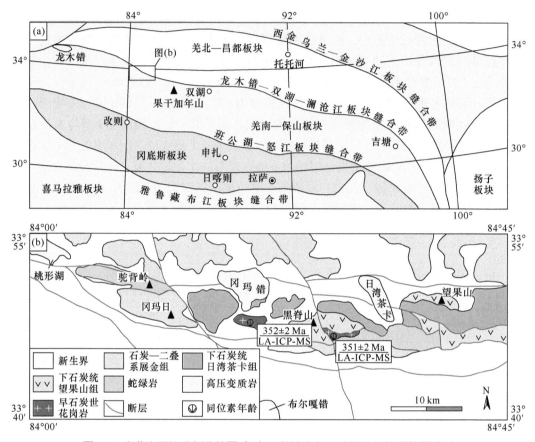

图 3.8　青藏高原构造划分简图（a）和羌塘中部冈玛错地区地质简图（b）

质改造不彻底，仍可看到聚片双晶残留。由于"斜长花岗岩"这一术语有其特定的成因含义，通常指蛇绿岩中大洋玄武质岩浆结晶分异作用形成的花岗质岩石，而且样品中斜长石以钠长石为主，所以本书将样品定名为钠长花岗岩。

　　冈玛错岩体出露于冈玛错以南约 5 km 处，四周均被古近系康托组以角度不整合覆盖。岩石手标本总体呈肉红色，具细粒花岗结构，块状构造。经镜下鉴定，室内定名为碱长花岗岩，主要矿物组成为石英（25%~30%）、碱性长石（35%~45%）和斜长石（20%~25%）；碱性长石主要为条纹长石，与石英相互交生，发育显微文象结构；斜长石主要为钠长石，普遍发育聚片双晶；副矿物有锆石、磷灰石、褐帘石和榍石等。

3.2.2　黑脊山岩体

1. 分析结果

　　样品中锆石的 U-Pb 分析共测试了 30 个点，测试结果见表 3.3。锆石阴极荧光照片显示，样品中锆石具有较典型的岩浆振荡环带结构，且晶形比较完整，长约 100~200 μm，长宽比为 1 : 3~2 : 5，符合岩浆型锆石的特点。全部锆石测点的 Th 含量为

$23\times10^{-6}\sim219\times10^{-6}$，U 含量变化为 $55\times10^{-6}\sim214\times10^{-6}$，Th、U 含量呈现出较好的正相关关系，Th/U 值为 0.41~1.06，全部大于 0.3，为典型的岩浆锆石（吴元保和郑永飞，2004）。所有锆石测点在 U-Pb 谐和图（图 3.9）上集中落在谐和线上及其附近，获得 351.2 ± 1.9 Ma 的 $^{206}Pb/^{238}U$ 谐和年龄，为钠长花岗岩的岩浆结晶年龄，时代为早石炭世。

表 3.3 黑脊山钠长花岗岩锆石 LA-ICP-MS U-Pb-Th 分析结果

测点	含量 /10⁻⁶		Th/U	同位素比值						年龄 /Ma			
	Th	U		$^{207}Pb/^{206}Pb$		$^{207}Pb/^{235}U$		$^{206}Pb/^{238}U$		$^{207}Pb/^{235}U$		$^{206}Pb/^{238}U$	
				比值	1σ	比值	1σ	比值	1σ	年龄	1σ	年龄	1σ
01	44	89	0.50	0.0539	0.0032	0.4232	0.0249	0.0570	0.0009	358	18	357	5
02	25	57	0.44	0.0538	0.0042	0.4251	0.0328	0.0573	0.0010	360	23	359	6
03	56	124	0.45	0.0534	0.0020	0.4035	0.0149	0.0548	0.0008	344	11	344	5
04	79	122	0.65	0.0537	0.0019	0.4212	0.0152	0.0569	0.0008	357	11	357	5
05	24	55	0.44	0.0537	0.0047	0.4269	0.0367	0.0576	0.0013	361	26	361	8
06	60	102	0.58	0.0539	0.0025	0.4180	0.0194	0.0563	0.0008	355	14	353	5
07	41	76	0.54	0.0535	0.0028	0.4072	0.0211	0.0552	0.0009	347	15	346	6
08	75	113	0.66	0.0548	0.0019	0.4246	0.0148	0.0562	0.0008	359	11	352	5
09	219	214	1.02	0.0588	0.0021	0.4525	0.0162	0.0558	0.0008	379	11	350	5
10	86	121	0.71	0.0535	0.0019	0.4119	0.0143	0.0558	0.0008	350	10	350	5
11	54	98	0.54	0.0536	0.0022	0.4217	0.0174	0.0571	0.0009	357	12	358	5
12	40	96	0.42	0.0547	0.0031	0.4176	0.0230	0.0554	0.0010	354	16	348	6
13	181	171	1.06	0.0545	0.0028	0.4207	0.0214	0.0560	0.0009	357	15	351	6
14	44	96	0.46	0.0543	0.0022	0.4216	0.0168	0.0563	0.0008	357	12	353	5
15	63	109	0.58	0.0575	0.0026	0.4469	0.0200	0.0564	0.0009	375	14	354	5
16	83	119	0.70	0.0583	0.0040	0.4562	0.0304	0.0567	0.0011	382	21	356	7
17	58	108	0.54	0.0537	0.0024	0.4064	0.0183	0.0549	0.0008	346	13	345	5
18	73	108	0.68	0.0560	0.0039	0.4353	0.0295	0.0564	0.0010	367	21	354	6
19	33	79	0.42	0.0539	0.0032	0.4256	0.0249	0.0572	0.0009	360	18	359	6
20	73	111	0.65	0.0538	0.0024	0.4104	0.0183	0.0553	0.0009	349	13	347	5
21	49	107	0.46	0.0537	0.0031	0.4087	0.0236	0.0552	0.0009	348	17	346	5
22	34	78	0.43	0.0537	0.0038	0.4067	0.0287	0.0549	0.0009	346	21	344	6
23	40	98	0.41	0.0533	0.0025	0.4074	0.0187	0.0554	0.0008	347	13	348	5
24	82	121	0.68	0.0535	0.0021	0.4119	0.0162	0.0559	0.0008	350	12	350	5
25	80	155	0.52	0.0535	0.0019	0.4046	0.0142	0.0548	0.0008	345	10	344	5
26	46	93	0.50	0.0535	0.0024	0.4068	0.0182	0.0552	0.0009	347	13	346	5
27	43	86	0.50	0.0536	0.0030	0.4074	0.0227	0.0552	0.0010	347	16	346	6
28	120	167	0.71	0.0538	0.0024	0.4229	0.0190	0.0570	0.0009	358	14	358	5
29	84	119	0.71	0.0533	0.0022	0.4191	0.0172	0.0570	0.0009	355	12	357	5
30	23	57	0.41	0.0538	0.0028	0.4130	0.0214	0.0557	0.0010	351	15	349	6

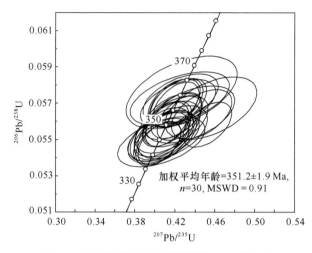

图 3.9　早石炭世钠长花岗岩锆石 U-Pb 谐和图

　　样品的锆石 Lu-Hf 同位素是在锆石 U-Pb 定年的同一颗锆石的相同部位或相同结构的邻近部位测定的，共选取典型锆石分析了 29 个测点（表 3.4）。样品中锆石的 $^{176}Yb/^{177}Hf$ 和 $^{176}Lu/^{177}Hf$ 值范围分别为 0.021777~0.073115 和 0.000583~0.001837，$^{176}Lu/^{177}Hf$ 值全部小于 0.002，表明这些锆石形成以后，基本没有明显的放射性成因 Hf 的积累，所测定的 $^{176}Hf/^{177}Hf$ 值基本可以代表其形成锆石时体系的 Hf 同位素组成（吴福元等，2007）。$\varepsilon_{Hf}(t)$ 值和模式年龄根据每个锆石的 U-Pb 年龄计算，所有测点的 $\varepsilon_{Hf}(t)$ 值在 +11.56~+14.16 之间；二阶段 Hf 模式年龄（T_{DM2}）变化范围为 432~581 Ma，平均值为 483 Ma。

　　黑脊山钠长花岗岩的主量元素和微量（含稀土）元素的分析结果见表 3.5。将主量元素测试结果扣除烧失量作归一化处理后，样品中 SiO_2 为 71.37%~73.44%，Al_2O_3 为 13.14%~15.35%，TiO_2 为 0.37%~0.42%，Fe_2O_3t 为 1.99%~2.26%，Na_2O 为 4.74%~5.60%，K_2O 为 0.22%~0.75%，CaO 为 2.15%~2.83%，$Mg^{\#}$ 值为 49~51，具有高 SiO_2、Al_2O_3，富碱，低 Fe_2O_3t、TiO_2 的特征，与岛弧钙碱性系列可以对比，同时还具有高 Na_2O/K_2O 值（Na_2O/K_2O=6~26，平均值为 13）的特点，成分上属于奥长花岗质岩石，在 K_2O-Na_2O 相关图解上落入 I 型花岗岩区。在 ALK-MgO-FeOt 图解上，样品投点落在钙碱性系列区 [图 3.10（a）]。在 A/CNK-A/NK 图解 [图 3.10（b）] 上，一个样品落入准铝质区，其余样品落入过铝质区，表明样品属准铝质—弱过铝质岩石。

　　样品的 $\sum REE$ 总体含量较低，在 31×10^{-6}~38×10^{-6} 之间，LREE 相对 HREE 元素富集，LREE/HREE 值为 5.40~6.42，平均 5.90。在 REE 球粒陨石标准化模式图（图 3.11）上，所有样品均表现为右倾的曲线，$(La/Yb)_N$ 值为 5.94~7.33，一致性较好，同时具有弱正 Eu 异常，Eu/Eu^* 为 1.13~1.65。在岩石微量元素原始地幔标准化蛛网图（图 3.14）上，样品亏损 Nb、Ta、Ti 等高场强元素，富集 Rb、Th、U、K、Pb 等大离子不相容元素和 Zr、Hf 等高场强元素，显示出岛弧岩浆岩的基本特征（Wilson，1989）。

表 3.4　黑脊山钠长花岗岩的锆石 Hf 同位素组成

测点	t/Ma	$^{176}Yb/^{177}Hf$ 比值	1σ	$^{176}Lu/^{177}Hf$ 比值	1σ	$^{176}Hf/^{177}Hf$ 比值	1σ	$\varepsilon_{Hf}(0)$ 数值	1σ	$\varepsilon_{Hf}(t)$ 数值	1σ	$T_{DM1\,(Hf)}$	$T_{DM2\,(Hf)}$	$f_{Lu/Hf}$
TG10-01	357	0.055563	0.001361	0.001266	0.000024	0.282939	0.000010	5.90	0.62	13.46	0.64	447	482	−0.96
TG10-02	359	0.047284	0.000657	0.001069	0.000013	0.282954	0.000008	6.44	0.59	14.09	0.62	423	448	−0.97
TG10-03	344	0.071916	0.002186	0.001837	0.000072	0.282970	0.000019	7.00	0.85	14.16	0.88	409	432	−0.94
TG10-04	357	0.073115	0.000889	0.001651	0.000014	0.282948	0.000009	6.23	0.61	13.71	0.63	438	468	−0.95
TG10-06	353	0.061221	0.001056	0.001429	0.000021	0.282947	0.000009	6.18	0.61	13.62	0.64	437	469	−0.96
TG10-07	346	0.036309	0.000870	0.000834	0.000014	0.282943	0.000008	6.04	0.58	13.47	0.61	436	472	−0.97
TG10-08	352	0.042490	0.001017	0.001042	0.000014	0.282937	0.000015	5.85	0.73	13.36	0.75	446	483	−0.97
TG10-09	350	0.055343	0.000666	0.001287	0.000018	0.282952	0.000008	6.36	0.58	13.76	0.60	429	459	−0.96
TG10-10	350	0.055292	0.000963	0.001283	0.000026	0.282950	0.000009	6.29	0.61	13.70	0.63	432	463	−0.96
TG10-11	358	0.062884	0.001243	0.001447	0.000031	0.282922	0.000008	5.31	0.59	12.86	0.62	473	516	−0.96
TG10-12	348	0.059694	0.001033	0.001401	0.000022	0.282942	0.000008	6.02	0.59	13.36	0.61	444	480	−0.96
TG10-13	351	0.049546	0.002999	0.001205	0.000077	0.282930	0.000014	5.59	0.72	13.04	0.75	459	500	−0.96
TG10-14	353	0.068467	0.000675	0.001604	0.000016	0.282951	0.000009	6.32	0.61	13.72	0.63	434	464	−0.95
TG10-15	354	0.056483	0.001032	0.001355	0.000017	0.282947	0.000010	6.17	0.63	13.65	0.65	437	469	−0.96
TG10-16	356	0.052596	0.000928	0.001252	0.000011	0.282945	0.000009	6.10	0.61	13.65	0.63	439	470	−0.96
TG10-17	345	0.056435	0.001320	0.001322	0.000025	0.282929	0.000009	5.54	0.60	12.83	0.63	462	507	−0.96
TG10-18	354	0.055610	0.000956	0.001311	0.000021	0.282943	0.000008	6.06	0.59	13.55	0.61	441	474	−0.96
TG10-19	359	0.052111	0.000138	0.001244	0.000006	0.282923	0.000008	5.34	0.59	12.95	0.61	469	512	−0.96
TG10-20	347	0.053255	0.000472	0.001259	0.000007	0.282940	0.000008	5.93	0.59	13.28	0.61	446	484	−0.96
TG10-21	346	0.053815	0.001126	0.001302	0.000030	0.282933	0.000009	5.69	0.61	13.01	0.64	456	498	−0.96
TG10-22	344	0.042109	0.000912	0.001167	0.000020	0.282946	0.000015	6.14	0.75	13.45	0.77	436	472	−0.96
TG10-23	348	0.044883	0.000697	0.001104	0.000014	0.282936	0.000008	5.80	0.59	13.21	0.61	449	488	−0.97
TG10-24	350	0.048144	0.000953	0.001160	0.000023	0.282926	0.000007	5.46	0.56	12.90	0.59	463	508	−0.97
TG10-25	344	0.054803	0.000552	0.001319	0.000008	0.282936	0.000008	5.82	0.58	13.09	0.60	451	492	−0.96
TG10-26	346	0.055687	0.000438	0.001327	0.000011	0.282947	0.000010	6.20	0.62	13.51	0.64	436	470	−0.96
TG10-27	346	0.051444	0.000942	0.001247	0.000023	0.282941	0.000008	5.98	0.58	13.32	0.60	443	481	−0.96
TG10-28	358	0.059566	0.000459	0.001432	0.000012	0.282956	0.000008	6.49	0.58	14.04	0.61	425	450	−0.96
TG10-29	357	0.047719	0.000716	0.001171	0.000018	0.282924	0.000009	5.37	0.60	12.95	0.62	467	510	−0.96
TG10-30	349	0.021777	0.001790	0.000583	0.000048	0.282885	0.000008	4.01	0.58	11.56	0.61	514	581	−0.98

表 3.5　黑脊山钠长花岗岩的主量元素（%）和微量元素（10^{-6}）分析结果

样号	TG10-10-H2	TG10-10-H9	TG10-10-H10	12H1	样号	TG10-10-H2	TG10-10-H9	TG10-10-H10	12H1
SiO_2	70.55	72.50	69.50	71.17	La	6.41	7.22	5.36	5.83
TiO_2	0.37	0.39	0.38	0.41	Ce	12.2	14.2	11.1	12.3
Al_2O_3	15.15	12.97	14.50	13.24	Pr	1.55	1.76	1.37	1.51
Fe_2O_3t	3.17	3.21	3.26	3.05	Sr	365	319	225	151
MnO	0.06	0.06	0.05	0.05	P	571	607	560	575
MgO	1.60	1.67	1.58	1.53	Nd	6.45	7.22	5.98	6.51
CaO	2.44	2.79	2.48	2.09	Zr	146	148	126	118
Na_2O	4.69	4.68	5.16	5.44	Hf	2.94	3.41	2.95	2.76
K_2O	0.74	0.48	0.53	0.21	Sm	1.47	1.61	1.44	1.49
P_2O_5	0.13	0.14	0.12	0.12	Eu	0.802	0.775	0.661	0.562
LOL	1.24	1.22	1.32	1.35	Ti	2516	2786	2392	2618
总量	100.12	100.12	98.88	98.65	Gd	1.51	1.61	1.50	1.54
$Mg^{\#}$	50	51	49	50	Tb	0.219	0.234	0.220	0.226
A/CNK	1.17	0.97	1.07	1.02	Dy	1.27	1.33	1.29	1.30
Pb	3.62	3.16	2.58	2.48	Y	7.28	7.61	6.85	6.72
Cr	10.9	11.3	10.2	12.1	Ho	0.245	0.261	0.246	0.251
Ni	9.88	10.9	7.45	9.21	Er	0.704	0.744	0.685	0.696
Rb	24.3	16.5	18.6	7.92	Tm	0.106	0.111	0.109	0.111
Ba	255	355	205	86.5	Yb	0.662	0.707	0.647	0.640
Th	1.10	1.39	0.878	0.924	Lu	0.103	0.111	0.101	0.100
U	0.211	0.226	0.218	0.240	Eu/Eu^*	1.65	1.47	1.38	1.13
Nb	4.19	4.58	3.85	4.26	$(La/Yb)_N$	6.95	7.33	5.94	6.53
Ta	0.235	0.270	0.282	0.332	ΣREE	33.67	37.89	30.75	33.09

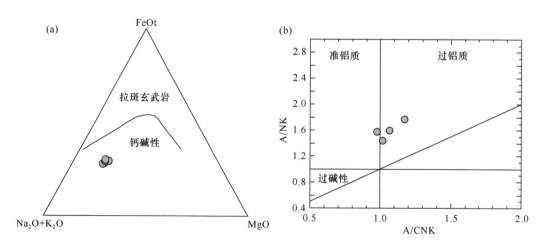

图 3.10　钠长花岗岩 ALK-MgO-FeOt（a）和 A/CNK-A/NK 图解（b）（据 Irvine et al.，1991）

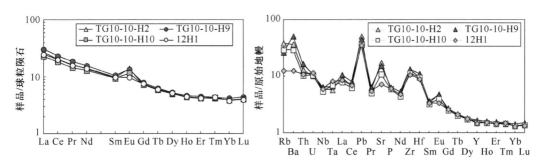

图 3.11　钠长花岗岩稀土和微量元素配分曲线

2. 构造环境

全岩主量元素和锆石微量元素分析结果表明，黑脊山钠长花岗岩属于钙碱性 I 型花岗岩，而全岩微量元素地球化学则显示，富集大离子不相容元素 Rb、Th、U、K、Pb，亏损高场强元素 Nb、Ta、Ti，符合岛弧型岩浆作用的基本特征（Wilson，1989）。岩石化学成分在 Pearce 判别图解 [图 3.12（a）、（b）] 投点均落入火山弧花岗岩区，在 Verma 等（2012）提出的构造环境判别图解 [图 3.12（c）、（d）] 中投点均落入岛弧花岗岩区，说明该花岗岩形成于岛弧俯冲消减环境。另外，钠长花岗岩的 Sr 含量为 $151 \times 10^{-6} \sim 365 \times 10^{-6}$、La/Yb 值为 8.28~10.22，低于典型埃达克岩的判别标准

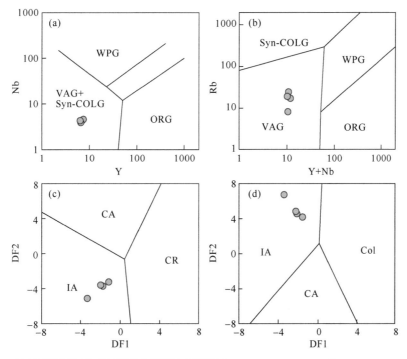

图 3.12　钠长花岗岩的构造环境判别图解（底图据 Pearce et al.，1984a 和 Verma et al.，2012）

WPG- 板内花岗岩；VAG- 火山弧花岗岩；Syn-COLG- 同碰撞花岗岩；ORG- 洋脊花岗岩；CA- 陆缘弧环境；

IA- 岛弧环境；CR- 板内裂谷环境；Col- 板块碰撞环境

（Sr > 400×10⁻⁶，La/Yb > 20）（Defant and Drummond，1990，1993；Drummond et al.，1996），因此应当属于典型的岛弧岩浆岩，而不是埃达克岩。

黑脊山钠长花岗岩出露于南羌塘—保山板块北侧、龙木错—双湖缝合带内，并且侵入蛇绿岩混杂岩中，与高压变质带等相伴产出，在时空分布上明显受到古特提斯洋演化的制约，形成的构造背景也应当与此有关。近几年来龙木错—双湖缝合带的蛇绿岩研究有了新的进展：果干加年山地区发现了一套较为典型的蛇绿混杂岩，其中包括志留纪的蛇绿岩岩石端元（李才，2008；王立全等，2008）；桃形湖地区发现了奥陶纪的变质基性岩，并且具有类似大洋中脊玄武岩地球化学和同位素特征，很可能是一处洋壳残片（Zhai Q G et al.，2018）；双湖地区的才多茶卡地区发现了晚泥盆世的放射虫硅质岩（朱同兴等，2006）。这些研究成果使得羌塘中部古特提斯洋的演化时限得到了进一步扩展，很可能开始于中奥陶世，并且不排除继续向前延伸的可能。同时，古特提斯洋的闭合时限也得到了很好的限定，Li 等（2006）在果干加年山以南的片石山发现了榴辉岩，其研究分析结果表明，榴辉岩的变质峰期年龄为 243 Ma（翟庆国等，2009b），折返年龄为 220 Ma 左右（Li et al.，2009；李才等，2006b）。董永胜等（2009）和张修政等（2010）分别对榴辉岩的围岩石榴子石白云母片岩和硬玉石榴子石二云母片岩进行了研究分析，认为榴辉岩的围岩至少经历了两期变质作用，并且主期蓝片岩相高压变质作用的时代为 218 Ma 左右。羌塘中部同碰撞—后碰撞岩浆弧的研究工作也取得了一致的成果。Hu 等（2010）报道果干加年山地区花岗岩的形成时代为 210±3 Ma，并且认为其成因类型为后碰撞花岗岩，将果干加年山地区龙木错—双湖缝合带的主碰撞期的上限限制在 210 Ma 左右。此外，在果干加年山地区还发现了一个重要的不整合面，未变质的沉积岩以角度不整合覆盖于蛇绿混杂岩之上（李才等，2007c），上覆地层底部流纹岩夹层的锆石 SHRIMP U-Pb 年龄为 214±4 Ma（李才等，2007b），为沉积盖层提供了可靠的年龄依据；不整合面之下强烈变形的阳起片岩（变质玄武岩）中阳起石的 Ar-Ar 年龄为 220±6 Ma（李才等，2007b）；这两个年龄很好地限制了该角度不整合的时限，说明羌塘地区冈瓦纳板块与扬子板块在晚三叠世实现了闭合。以上研究成果基本确立了羌塘中部古特提斯洋盆初始形成和闭合造山的时代，但是大洋何时开始俯冲消减仍然没有定论。

黑脊山钠长花岗岩的 LA-ICP-MS 锆石 U-Pb 年龄为 351±2 Ma，这一年龄为古特斯洋的俯冲消减时代提供了制约，虽然羌塘中部地区还没有其他同时代火山弧岩浆岩的报道，但是古地磁研究结果表明，保山与华南地块之间的古特提斯洋盆在晚泥盆世—早石炭世（360 Ma 左右）达到最大宽度，随后保山地块开始迅速向北运移，导致古特提斯洋盆开始缩小。虽然古地磁资料为藏东滇西地区，但是与羌塘同属一个构造带，其演化历史应当是可以对比的。

由于黑脊山钠长花岗岩出露于构造混杂岩带中，仅与蛇绿岩为侵入接触关系，并且野外观察未见与其他沉积地层的侵入接触关系，因此仅通过该花岗岩体难以确定洋壳俯冲消减的极性。但是，结合区域地质资料可知，目前龙木错—双湖缝合带以南还没有发现岛弧岩浆岩，反而是以北的地区广泛分布有晚三叠世那底岗日组火山岩，并且新近的研究成果已经从那底岗日组火山岩中解体出一套早石炭世的火山岩，可能也是形成于岛弧环境。因此，本书倾向于认为俯冲消减的方向是由南向北的，具体还需要进一步的研究才能确定。

3. 岩石成因

全岩地球化学分析结果表明，黑脊山钠长花岗岩具有较低的 Rb 含量（$7.92×10^{-6}$~$24.3×10^{-6}$）和较高的 Ba 含量（$86.5×10^{-6}$~$355×10^{-6}$），Ba 没有相对亏损的现象，同时 Na_2O、K_2O、MgO、Al_2O_3 和 FeOt 与 SiO_2 没有明显的线性关系，说明岩浆没有经历过明显的结晶分异作用。Hf 同位素分析结果表明，样品中锆石的 $\varepsilon_{Hf}(t)$ 值为 +11.6~+14.2，显示出明显的幔源特征。这类岩浆可以直接起源于亏损地幔，但也可以是早先来源于亏损地幔的玄武岩质洋壳。综合以下几个因素：①黑脊山钠长花岗岩空间上与蛇绿混杂岩紧密共生，侵入于蛇绿岩中的堆晶辉长岩中；②该花岗岩具有较高的 Al_2O_3 含量和 $Mg^{\#}$ 值，与大洋玄武岩结晶分异形成的大洋斜长花岗岩有明显的差异（Coleman and Donato，1979；李武显和李献华，2003），而且前文分析其形成环境为岛弧环境，并非洋脊扩张环境；③该花岗岩具有明显老于成岩时代的 Hf 模式年龄，二阶段 Hf 模式年龄为 432~581 Ma，平均值为 483 Ma；④实验岩石学研究已经证实，玄武质洋壳在一定条件下的部分熔融，可以形成富 Na 贫 K 的中酸性岩浆（Xiong et al.，2005，2006），并且洋壳中的堆晶辉长岩由于斜长石的堆积作用，通常会显示正 Eu 异常的特征，其部分熔融形成的中酸性熔体往往也会继承这一特征，这些地球化学特征与黑脊山钠长花岗岩相符。因此，黑脊山钠长花岗岩不是直接起源于亏损地幔，而是古特提洋扩张阶段形成的玄武质洋壳，并且其源岩可能主要为洋壳中的堆晶辉长岩。同时，Hf 同位素的变化范围低于数据测试过程中所引起的变化范围，说明该花岗岩具有比较均一的同位素组成，因此，在部分熔融过程中可能只混入了很少量的俯冲沉积物。

3.2.3 冈玛错岩体

1. 分析结果

本书对样品中 30 个锆石进行了 U-Pb 分析，测试结果见表 3.6。锆石阴极荧光照片显示，样品中锆石具有较典型的岩浆振荡环带结构（图 3.17），且晶形比较完整，呈自形晶—半自形晶，长约 50~100 μm，长宽比为 1∶2~1∶3，显示出岩浆锆石的特点，未见继承的老核。锆石测点的 Th 含量为 $67×10^{-6}$~$340×10^{-6}$，U 为 $100×10^{-6}$~$324×10^{-6}$，Th、U 含量呈现出较好的正相关关系，Th/U 值介于 0.58 和 1.05 之间，为典型的岩浆锆石（吴元保和郑永飞，2004）。其中 7 号测点的三组年龄明显不一致，并且 $^{207}Pb/^{206}Pb$ > $^{207}Pb/^{235}U$ > $^{206}Pb/^{238}U$，明显发生了较强的放射性铅丢失，可能是受到了后期热事件的影响，余下的测点在 U-Pb 谐和图（图 3.13）上集中落在谐和线上或其附近，获得 352.4±2.4 Ma 的 $^{206}Pb/^{238}U$ 加权平均年龄，代表碱长花岗岩的岩浆结晶年龄，即早石炭世。

表 3.6 冈玛错钾长花岗岩的锆石 LA-ICP-MS U-Pb-Th 分析结果

点号	含量 /10⁻⁶			Th/U	同位素比值						同位素年龄 /Ma					
	Pb_{rad}	^{232}Th	^{238}U		$^{207}Pb/^{206}Pb$		$^{207}Pb/^{235}U$		$^{206}Pb/^{238}U$		$^{207}Pb/^{206}Pb$		$^{207}Pb/^{235}U$		$^{206}Pb/^{238}U$	
					比值	1σ	比值	1σ	比值	1σ	年龄	1σ	年龄	1σ	年龄	1σ
TG14-1	16	203	225	0.90	0.0530	0.0015	0.4102	0.0119	0.0562	0.0008	327	41	349	9	352	5
TG14-2	17	216	229	0.94	0.0534	0.0017	0.4044	0.0131	0.0549	0.0008	347	48	345	9	344	5
TG14-3	11	138	159	0.87	0.0534	0.0018	0.4097	0.0138	0.0556	0.0008	347	50	349	10	349	5
TG14-4	12	147	183	0.81	0.0563	0.0017	0.4349	0.0135	0.0560	0.0008	466	44	367	10	351	5
TG14-5	11	135	161	0.84	0.0529	0.0018	0.4094	0.0135	0.0562	0.0008	322	49	348	10	352	5
TG14-6	12	136	175	0.78	0.0541	0.0021	0.4126	0.0158	0.0553	0.0008	375	60	351	11	347	5
TG14-7	16	210	225	0.93	0.0711	0.0025	0.5534	0.0192	0.0564	0.0008	961	46	447	13	354	5
TG14-8	19	225	290	0.78	0.0527	0.0019	0.3899	0.0138	0.0537	0.0008	315	54	334	10	337	5
TG14-9	17	215	251	0.86	0.0558	0.0016	0.4283	0.0126	0.0556	0.0008	446	41	362	9	349	5
TG14-10	14	165	207	0.80	0.0534	0.0019	0.4158	0.0144	0.0564	0.0008	347	53	353	10	354	5
TG14-11	14	162	207	0.78	0.0536	0.0017	0.4204	0.0130	0.0568	0.0008	356	45	356	9	356	5
TG14-12	12	122	174	0.70	0.0539	0.0017	0.4312	0.0136	0.0580	0.0008	368	46	364	10	363	5
TG14-13	24	340	324	1.05	0.0547	0.0017	0.4263	0.0134	0.0565	0.0008	402	45	361	10	354	5
TG14-14	13	139	192	0.72	0.0536	0.0018	0.4222	0.0139	0.0571	0.0008	356	49	358	10	358	5
TG14-15	14	149	204	0.73	0.0512	0.0015	0.4002	0.0117	0.0567	0.0008	251	42	342	8	355	5
TG14-16	13	162	193	0.84	0.0535	0.0017	0.4143	0.0135	0.0560	0.0008	356	44	352	10	351	5
TG14-17	16	183	226	0.81	0.0535	0.0015	0.4220	0.0123	0.0572	0.0008	351	41	357	9	358	5
TG14-18	15	185	228	0.81	0.0546	0.0017	0.4164	0.0126	0.0553	0.0008	395	43	353	9	347	5
TG14-19	9	86	131	0.66	0.0528	0.0018	0.4100	0.0141	0.0564	0.0008	318	52	349	10	353	5
TG14-20	9	100	145	0.69	0.0535	0.0018	0.4068	0.0140	0.0552	0.0008	349	52	347	10	346	5
TG14-21	7	67	100	0.67	0.0559	0.0025	0.4303	0.0194	0.0559	0.0008	446	74	363	14	351	5
TG14-22	16	197	234	0.84	0.0538	0.0018	0.4187	0.0138	0.0564	0.0008	364	49	355	10	354	5
TG14-23	13	133	171	0.78	0.0536	0.0017	0.4122	0.0132	0.0558	0.0008	352	46	350	9	350	5
TG14-24	9	107	144	0.74	0.0536	0.0022	0.4051	0.0164	0.0549	0.0008	352	65	345	12	344	5
TG14-25	13	117	202	0.58	0.0526	0.0016	0.4038	0.0123	0.0556	0.0008	313	44	344	9	349	5
TG14-26	10	110	146	0.75	0.0561	0.0026	0.4389	0.0203	0.0567	0.0009	456	74	370	14	356	6
TG14-27	14	167	201	0.83	0.0539	0.0020	0.4351	0.0164	0.0585	0.0009	368	58	367	12	366	5
TG14-28	18	225	252	0.89	0.0537	0.0016	0.4210	0.0127	0.0568	0.0008	359	43	357	9	356	5
TG14-29	12	143	165	0.87	0.0541	0.0028	0.4360	0.0221	0.0584	0.0010	376	83	367	16	366	6
TG14-30	11	120	162	0.74	0.0536	0.0021	0.4208	0.0162	0.0569	0.0008	355	61	357	12	357	5

样品的锆石 Lu-Hf 同位素是在锆石 U-Pb 定年的同一颗锆石的相同部位或相同结构的邻近部位测定的，共选取典型锆石分析了 16 个测点，测点位置和测试结果见表 3.7。样品中锆石的 $^{176}Yb/^{177}Hf$ 和 $^{176}Lu/^{177}Hf$ 值变化范围分别为 0.008840~0.107934 和 0.000229~0.002443，$^{176}Lu/^{177}Hf$ 值非常接近或小于 0.002，表明这些锆石形成以后，基本没有明显的放射性成因 Hf 的积累，所测定的 $^{176}Hf/^{177}Hf$ 值可以代表其形成锆石时体系的 Hf 同位素组成（吴福元等，2007）。根据每个锆石的 U-Pb 年龄计算，$\varepsilon_{Hf}(t)$ 值介于 +4.4~

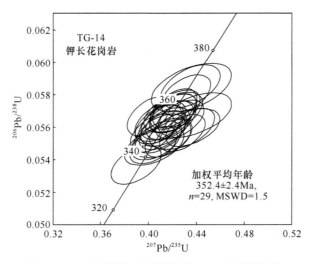

图 3.13　冈玛错钾长花岗岩锆石 U-Pb 年龄谐和图

+12.1 之间，变化范围较大；二阶段 Hf 模式年龄（T_{DM2}）变化范围为 549~985 Ma，平均值为 769 Ma。

表 3.7　冈玛错钾长花岗岩的锆石 Hf 同位素组成

点号	$t/$Ma	$^{176}Yb/^{177}Hf$		$^{176}Lu/^{177}Hf$		$^{176}Hf/^{177}Hf$		$\varepsilon_{Hf}(0)$		$\varepsilon_{Hf}(t)$		$T_{DM1\,(Hf)}$	$T_{DM2\,(Hf)}$	$f_{Lu/Hf}$
		比值	1σ	比值	1σ	比值	1σ	数值	1σ	数值	1σ			
TG14-03	349	0.107529	0.000574	0.002443	0.000011	0.282845	0.000010	2.57	0.63	9.69	0.65	600	686	−0.93
TG14-06	347	0.057401	0.001431	0.001282	0.000025	0.282765	0.000009	−0.23	0.61	7.11	0.63	695	828	−0.96
TG14-07	354	0.103677	0.001264	0.002381	0.000030	0.282813	0.000012	1.45	0.65	8.69	0.68	646	746	−0.93
TG14-08	337	0.068480	0.000282	0.001561	0.000005	0.282757	0.000010	−0.53	0.61	6.53	0.63	712	853	−0.95
TG14-13	354	0.100584	0.000914	0.002280	0.000024	0.282809	0.000011	1.31	0.65	8.57	0.67	650	753	−0.93
TG14-15	355	0.107934	0.001095	0.002427	0.000032	0.282792	0.000011	0.70	0.64	7.94	0.67	678	789	−0.93
TG14-16	351	0.050395	0.000358	0.001181	0.000005	0.282778	0.000010	0.22	0.63	7.67	0.65	675	800	−0.96
TG14-21	351	0.065144	0.000989	0.001507	0.000015	0.282794	0.000012	0.79	0.66	8.17	0.69	657	773	−0.95
TG14-22	354	0.008840	0.001544	0.000229	0.000039	0.282678	0.000010	−3.33	0.62	4.40	0.64	797	985	−0.99
TG14-23	350	0.083867	0.001292	0.001933	0.000035	0.282792	0.000011	0.71	0.64	7.97	0.66	668	783	−0.94
TG14-25	349	0.095784	0.000711	0.002186	0.000010	0.282912	0.000021	4.96	0.89	12.14	0.91	497	549	−0.93
TG14-26	356	0.104452	0.001087	0.002396	0.000034	0.282794	0.000011	0.79	0.64	8.06	0.66	674	783	−0.93
TG14-27	366	0.100106	0.000267	0.002270	0.000014	0.282825	0.000010	1.86	0.62	9.37	0.64	627	718	−0.93
TG14-28	356	0.096775	0.001820	0.002211	0.000030	0.282842	0.000010	2.48	0.62	9.79	0.65	600	686	−0.93
TG14-29	366	0.087585	0.001290	0.002032	0.000037	0.282780	0.000008	0.28	0.58	7.84	0.61	688	803	−0.94
TG14-30	357	0.090743	0.002164	0.002104	0.000038	0.282796	0.000009	0.85	0.60	8.21	0.63	666	775	−0.94

主量元素分析表明，所有样品均表现为高硅、富碱、贫铝、贫钙和弱过铝质的特征，其中 SiO_2 含量为 74.17%~77.88%；Al_2O_3 为 10.50%~11.98%；K_2O+Na_2O 为 5.73%~7.24%，K_2O/Na_2O 值为 0.53%~0.71%；MgO 含量为 0.23%~0.36%，CaO 为 0.59%~2.07%

（表 3.8）；A/CNK 变化于 0.87~1.06 之间，NK/A 变化于 0.79~0.92 之间。在 SiO_2-K_2O 图上，样品投点落在钙碱性系列区 [图 3.14（a）]。在 A/CNK-A/NK 铝饱和指数图解 [图 3.14（b）] 上，多数样品点均落在准铝质花岗岩区域内，只有一个样品点落在过铝质的区域。所有样品的碱度率 AR 在 2.68~4.10 之间，与铝质 A 型花岗岩相似（2.70~4.60）（刘昌实，2003），FeOt/MgO 值为 4.35~7.32，高于全球典型的 I 型（2.27）、S 型（2.38）和 M 型（2.37）花岗岩的 FeO^*/MgO 值（Whalen et al.，1987）。

表 3.8　冈玛错钾长花岗岩的全岩地球化学分析结果

编号	14H1	14H2	14H3	14H4	14H5	14H6	14H7	14H8	14H9
SiO_2	77.40	76.82	77.07	77.29	77.88	76.87	76.60	74.17	77.41
TiO_2	0.16	0.14	0.15	0.14	0.15	0.15	0.15	0.16	0.15
Al_2O_3	11.62	10.50	11.48	11.32	10.98	11.66	11.48	11.98	11.30
Fe_2O_3t	2.14	1.76	1.82	1.99	1.85	2.15	2.10	2.11	1.99
MnO	0.04	0.05	0.04	0.03	0.04	0.03	0.04	0.05	0.04
MgO	0.26	0.36	0.23	0.25	0.25	0.29	0.36	0.26	0.32
CaO	0.59	2.07	1.13	1.07	0.76	0.98	1.38	1.20	0.92
Na_2O	4.24	3.74	4.09	4.07	4.26	4.26	4.24	4.37	4.18
K_2O	2.70	1.99	2.92	2.66	2.87	2.66	2.48	2.87	2.51
P_2O_5	0.01	0.01	0.01	0.02	0.02	0.02	0.02	0.01	0.02
LOL	0.96	2.64	1.14	1.28	1.05	1.04	1.27	1.21	1.28
总计	100.12	100.10	100.11	100.11	100.11	100.11	100.11	98.40	100.12
AR	3.63	2.68	3.50	3.38	4.10	3.42	3.20	3.44	3.42
K_2O/Na_2O	0.64	0.53	0.71	0.65	0.67	0.63	0.59	0.66	0.60
FeOt/MgO	7.32	4.35	7.10	7.11	6.75	6.65	5.29	7.26	5.56
Ga	23.3	19.2	25.1	22.2	23.0	24.9	21.7	19.8	20.0
Cr	2.97	3.83	5.03	4.73	10.35	2.58	1.59	3.06	11.07
Ni	2.33	2.62	4.05	3.64	5.86	2.24	1.81	1.60	6.91
Rb	74.6	64.2	83.1	74.5	78.0	78.9	71.9	69.0	69.0
Ba	504	337	523	496	457	522	446	488	461
Th	11.6	10.7	13.1	11.6	12.6	13.4	12.3	12.3	11.3
U	1.99	1.93	2.36	1.96	2.50	2.27	2.37	2.70	2.35
Nb	33.9	29.2	38.0	32.4	34.4	37.3	34.3	30.3	31.5
Ta	1.61	1.45	1.82	1.57	1.74	1.82	1.67	2.00	1.53
La	35.0	40.0	45.1	43.7	43.0	47.3	50.4	47.4	40.4
Ce	77.2	87.3	95.3	92.5	95.0	100	104	101	85.9
Pb	4.57	2.99	4.00	4.16	4.19	4.17	3.90	4.13	3.96
Pr	9.71	11.1	12.3	11.6	11.6	12.6	13.0	12.6	10.7
P	103	92.2	107.7	99.3	112	115	115	67.9	98.3
Sr	57.3	58.2	55.2	54.0	50.1	57.6	61.9	55.0	61.6
Nd	39.6	43.9	49.3	46.0	46.6	49.8	51.6	52.0	42.4
Zr	463	398	466	363	432	508	449	380	397

续表

编号	14H1	14H2	14H3	14H4	14H5	14H6	14H7	14H8	14H9
Hf	10.4	9.44	10.9	8.88	10.4	11.8	10.4	10.3	9.42
Sm	9.70	10.3	11.9	11.0	11.2	11.8	11.7	12.1	10.2
Eu	1.67	1.70	1.91	1.85	1.81	1.97	1.89	1.80	1.67
Ti	1143	977	1143	996	1087	1178	1078	972	996
Gd	10.8	10.4	12.5	11.4	11.6	12.3	11.7	12.3	10.7
Tb	1.97	1.76	2.16	1.98	1.99	2.14	1.98	2.08	1.91
Dy	13.3	11.4	14.1	12.8	13.0	14.0	13.0	13.8	12.7
Y	85.5	68.2	87.4	73.6	75.5	83.7	81.6	81.5	79.2
Ho	2.86	2.46	3.03	2.69	2.75	2.97	2.79	2.85	2.73
Er	9.08	7.73	9.59	8.39	8.59	9.38	8.85	8.81	8.56
Tm	1.49	1.28	1.58	1.38	1.41	1.55	1.47	1.48	1.40
Yb	9.42	8.18	10.09	8.65	9.06	9.83	9.47	9.25	8.88
Lu	1.43	1.26	1.55	1.31	1.38	1.51	1.46	1.39	1.34
La/Yb	2.67	3.51	3.21	3.62	3.40	3.45	3.82	3.67	3.26
Eu/Eu*	0.50	0.50	0.48	0.51	0.49	0.50	0.50	0.45	0.49
$\sum$REE	223.2	238.8	270.4	255.1	259.0	277.3	282.7	279.3	239.4

注：主量元素含量单位为 %，微量元素含量单位为 10^{-6}。

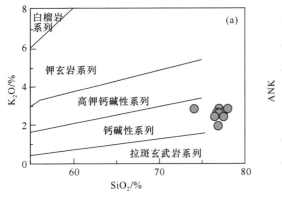 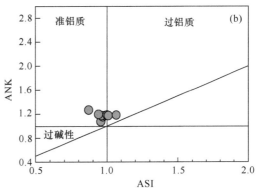

图 3.14　钾长花岗岩 SiO_2-K_2O 和 ANK-ASI 图解

样品的 $\sum$REE 总体含量较低，在 223.2×10^{-6}~282.7×10^{-6} 之间，LREE 相对 HREE 元素富集，LREE/HREE 值为 3.44~4.60，平均 4.15。在稀土元素球粒陨石标准化模式图［图 3.15（a）］上，所有样品的曲线一致性较好，均表现为右倾的海鸥型，$(La/Yb)_N$ 值为 2.67~3.82，同时具有弱到中性负 Eu 异常，Eu/Eu* 值为 0.45~0.51。在岩石微量元素原始地幔标准化蛛网图［图 3.15（b）］上，样品略微亏损 Nb、Ta、Ba 元素，强烈亏损 Ti、P 和 Sr 元素，富集 Zr、Hf、Rb、Th 和 U 等元素。

2. 岩石分类

花岗岩通常被分为 I 型、S 型、M 型和 A 型，前三种主要根据其源岩性质划分，

A 型花岗岩则是一类具有特殊的地球化学特征以及特定构造背景的花岗岩。冈玛错碱长花岗岩富 SiO₂（＞75%）、贫 Al₂O₃（＜12%），亏损 Sr、Eu、Ti 和 P 等元素，高10000×Ga/Al 比值（3.12~4.14），REE 分配曲线呈现典型的右倾分布且具有明显的负Eu 异常，在 A 型花岗岩的判别图解中（Whalen et al.，1987）（图 3.16），样品全部落入A 型花岗岩的区域内。这些特征与 A 型花岗岩和高分异的 I 型花岗岩比较类似，明显不同于 S 型和 M 型的花岗岩，因为 S 型花岗岩通常为强过铝质的，而 M 型花岗岩则一般

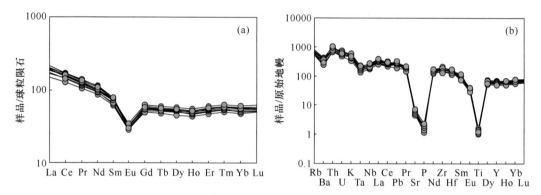

图 3.15　钾长花岗岩稀土和微量元素配分模式图

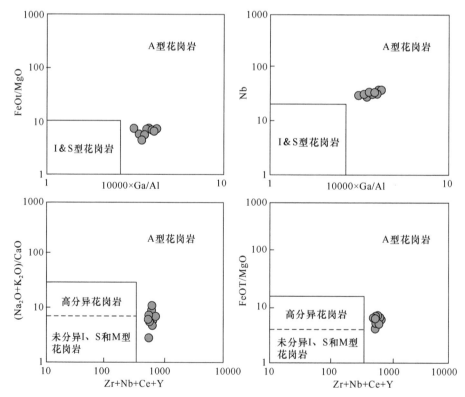

图 3.16　冈玛错钾长花岗岩的 Nb、FeOt/MgO 与 10000×Ga/Al 判别图和（Na₂O+K₂O）/CaO、
FeOt/MgO 与 Zr+Nb+Ce+Y 判别图（底图据 Whalen et al.，1987）

具有低 K_2O（通常 $<$ 1%）的特点。

A 型花岗岩和高分异的 I 型花岗岩相对比较难以区分。王强等（2000）提出了区分高分异 I 型花岗岩和 A 型花岗岩的几个标准：①A 型花岗岩全铁（FeOt）含量高，一般大于 1.00%，而高分异的 I 型花岗岩一般小于 1.00%；②高分异的 I 型花岗岩具有高的 Rb 含量，大于 270×10^{-6}，并且具有相对低的 Ba、Sr、Zr+Nb+Ce+Y、Ga 含量和 10000Ga/Al 值；③高分异 I 型花岗岩的形成温度较低（均值 764℃），而 A 型花岗岩一般较高，通常大于 800℃，实验岩石学也证明了这一特点（Skjerlie and Johnston，1992；Clemens et al.，1986）。如前所述，冈玛错碱长花岗岩具有较高的全铁（FeOt）含量（1.59%~1.93%，平均 1.79 %）、较低的 Rb 含量（64.2×10^{-6}~83.1×10^{-6}，平均 74×10^{-6}）和较高的 Ba、Zr+Nb+Ce+Y 和 $10000\times$Ga/Al 值（变化范围分别为 337×10^{-6}~523×10^{-6}、561×10^{-6}~730×10^{-6} 和 3.12~4.14），明显不符合高分异 I 型花岗岩的特征，而与 A 型花岗岩更为相似。样品的形成温度可以通过锆石饱和温度计来估算，因为锆石是花岗岩中结晶较早的矿物，锆石中锆的分配系数受温度控制较为明显，其锆石饱和温度可以近似为岩浆结晶温度。依据 Waston 和 Harrison（1983）的公式，用岩石主要元素和 Zr 含量计算得到样品的锆石饱和温度在 857~898℃，与 A 型花岗岩形成于高温条件这一特征相吻合。同时，样品中锆石的阴极荧光图像显示并没有继承的锆石核，与一般的 S 型或 I 型花岗岩常见的继承核明显不同，这也从矿物学上反映了熔体的高温特征。此外，Whalen 等（1987）提出可以利用 Rb/Ba-（Zr+Ce+Y）的判别图解来区分 A 型花岗岩与分异的 I 型花岗岩，分异的 I 型花岗岩具有明显的负相关性，而 A 型花岗岩则具有分散的特征。虽然后来李小伟等（2010）提出这一图解只适用于区分未分异或分异不明显的 A 型花岗岩与分异的其他类型花岗岩，但是本书研究的样品都具有较高的 Zr 含量（363×10^{-6}~508×10^{-6}，全部大于 200×10^{-6}），属于未分异或者分异不明显的范畴，因而该图解应该是适用的，并且矿物学特征和地球化学结果也符合 A 型花岗岩的特点。上述讨论表明本书研究的钾长花岗岩应当属于 A 型花岗岩。

A 型花岗岩传统上是指一套具有三 A 特征，即碱性（Alkaline）、贫水（Anhydrous）和非造山（Anorogenic）的碱性花岗岩类（Loiselle and Wones，1979）。后来，A 型花岗岩的概念又得到了越来越多的扩展。Bonin（2007）提出，A 型花岗岩是指在 Frost 等（2001）花岗岩分类方案中属于铁质，碱性—碱钙性，准铝质、弱过铝质或过碱质的一大类岩石，对碱性的要求不再严格。冈玛错钾长花岗岩的 K_2O 含量（平均 2.63%）相对于典型 A 型花岗岩（通常为 4%~6%）偏低，但是在 Frost 等（2001）花岗岩分类方案中落入铁质、碱钙性区域内，如果按照 Bonin（2007）的建议仍然可以归为 A 型花岗岩。刘昌实等（2003）将 A 型花岗岩划分成过碱性（AAG）和铝质（ALAG）两类，其中 AAG 型花岗岩为碱性或过碱性，通常含有铁橄榄石、钙铁辉石、霓石、钠闪石、钠铁闪石等镁铁质矿物，而 ALAG 型花岗岩则为准铝质—弱过铝质的，以含碱性长石和斜长石两类长石矿物为主，不一定含有碱性暗色矿物。冈玛错钾长花岗岩为准铝质—弱过铝质，所有样品的碱度率 AR 在铝质 A 型花岗岩的范围内（2.70~4.60）（刘昌实等，2003），并且成岩矿物主要为石英、碱性长石和斜长石，应当属于铝质 A

型花岗岩（ALAG）。

3. 构造环境

Eby（1990，1992）在总结前人工作和分析大量典型构造背景下产出的 A 型花岗岩的基础上，把 A 型花岗岩划分为 A1 和 A2 两种类型，其中 A1 型代表了一种非造山环境（anorogenic），在大陆裂谷时期或板内岩浆作用（如热点、地幔柱的活动）侵入；A2 型形成的构造环境范围比较广泛，主要是后碰撞伸展环境（post-orogenic）。新近的研究成果表明 A2 型花岗岩也可以形成于岛弧环境，例如板片俯冲引起的岩石圈伸展环境（周红升等，2008；郭芳放等，2008；蒋少涌等，2008）。Eby（1992）同时也提出了可以运用 Y-Nb-Ce、Y-Nb-Ga×3 三角图解来判别 A1 型和 A2 型花岗岩，但是其前提是用于判别的样品在 Pearce 等（1984a）的判别图解中均落在"板内环境"区，同时还要落入 Whalen 等（1987）提出的相关图解中 A 型花岗岩的范围。由图 3.14、图 3.15 和图 3.16 知，冈玛错碱长花岗岩是满足这些前提条件的，因而可以利用 Eby（1992）提出的图解来判定冈玛错碱长花岗岩的岩石成因类型。由图 3.17（c）和 3.17（d）可见所有样品投点均落在 A2 型花岗岩区域。

由于 A2 型花岗岩形成的构造环境范围比较广泛，所以要确定其形成的构造环境必须与区域地质背景相结合。冈玛错碱长花岗岩出露于南羌塘地块北侧、龙木错—双湖缝合带内，并且区域内与蛇绿岩、高压变质带等相伴产出，在时空分布上明显受到古特提斯洋演化的制约，形成的构造背景也应当与此有关。如果冈玛错碱长花岗岩形成于后造山或造山后的环境，其年龄应该稍晚于古特提斯洋的闭合时代，但是沉积地层（李才等，2007b）、高压变质带（董永胜等，2009；张修政等，2010）和碰撞型花岗岩（Kapp et al.，2000；黄小鹏等，2007；Hu et al.，2010）的研究成果表明，羌塘中部的古特提斯洋闭合于晚三叠世，而且目前也已经有了二叠纪的蛇绿岩的报道（翟庆国等，2004；吴彦旺等，2010），因此冈玛错碱长花岗岩不可能形成于后造山或造山后的环境。与此对应的是，Zhai Q G 等（2013a）报道羌塘中部果干加年山地区和桃形湖地区出露有早石炭世的蛇绿岩，并且具有洋中脊型和 SSZ 型的双重地球化学特征，表明古特提斯洋在早石炭世存在一定规模的洋盆。同时，在果干加年山地区（施建荣等，2009）和黑脊山地区的蛇绿岩中都发现了具有岛弧花岗岩特征的早石炭世花岗岩侵入体，研究区内望果山组弧火山岩也获得了 350~340 Ma 的安山岩年龄（Jiang et al.，2015），说明在早石炭世古特提斯洋很有可能处于板块消减阶段。关于俯冲消减的极性，Zhai Q G 等（2011）对沿龙木错—双湖缝合带北侧分布的那底岗日组火山岩进行了系统的年代学和地球化学研究，认为羌塘中部古特提斯洋壳的俯冲消减是向北进行的。此外，古地磁数据表明，藏东滇西地区的古特提斯洋盆在志留纪打开，并且早泥盆世末（约 390 Ma）达到最大宽度（李朋武等，2009），说明在 390 Ma 左右古特提斯洋壳已经开始消减。虽然古地磁资料为藏东滇西地区，但是与羌塘同属一个构造带，其演化历史应当是基本同步的。在 Pearce 花岗岩判别图解和 Verma 等（2012）新近提出的酸性岩构造环境判别图上，样品投点落入陆缘弧环境（CA）区（图 3.17）。

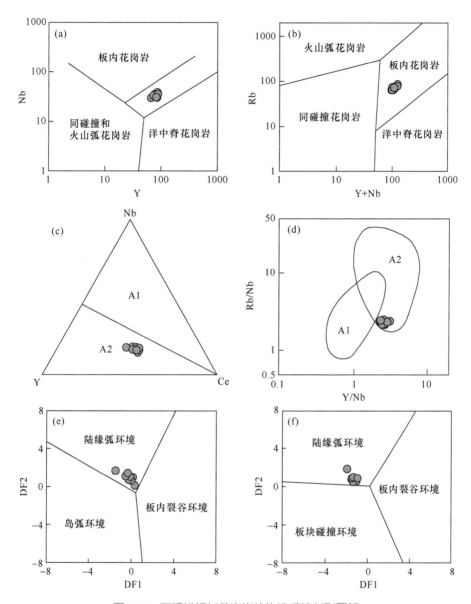

图 3.17 冈玛错钾长花岗岩的构造环境判别图解

（a）图和（b）图引自 Pearce et al.，1984a；（c）图和（d）图引自 Eby，1992；（e）图和（f）图引自 Verma et al.，2012

上述资料表明冈玛错碱长花岗岩可能形成于活动大陆边缘的弧内或弧后的拉张环境。最近，吴彦旺（2013）探讨了羌塘中部地区早石炭世蛇绿岩的成因，认为其主要形成于弧后盆地环境，因而本书倾向于认为冈玛错碱长花岗岩形成于古特提斯洋北向俯冲引起的陆缘弧后拉张环境。

4. 岩浆源区

Hf 同位素分析结果表明，本书报道的 A 型花岗岩的 $\varepsilon_{Hf}(t)$ 值为 +4.4~+12.1，Hf 同

位素变化范围高于数据测试过程中所引起的变化范围，因此，该花岗岩中锆石具有正的、不均一的 Hf 同位素组成。由于锆石的 Hf 同位素比值不会随着部分熔融或分离结晶变化，因此锆石的 Hf 同位素的不均一性很可能指示更具有放射性成因 Hf 的幔源和有相对较少放射性成因 Hf 的壳源这两种端元之间的相互作用（Bolhar et al., 2008）。陆缘弧后拉张环境下，玄武岩底侵造成上覆的下地壳岩石发生部分熔融形成长英质岩浆，继而发生地幔岩浆与长英质岩浆的岩浆混合作用（蒋少涌等，2008），可能正是这种混合作用导致了样品中锆石具有不均一的 Hf 同位素组成。此外，样品中锆石的二阶段 Hf 模式年龄为 549~985 Ma，平均值为 769 Ma，时代为新元古代。前人对扬子板块中碎屑锆石的 Hf 同位素的研究结果表明，新元古代的碎屑锆石普遍具有正的 $\varepsilon_{Hf}(t)$ 值，原因在于有一系列大规模的岩浆活动，比如 910~890 Ma 左右扬子和华夏板块的拼合导致洋壳俯冲形成了具有高 $\varepsilon_{Hf}(t)$ 的岩浆岩，随后在 830~795 Ma 和 780~745 Ma 还有两期地幔柱事件（谢士稳等，2009）。该花岗岩很可能是起源于这些新元古代形成的新生地壳。另外，如前文所述，冈玛错碱长花岗岩属于钠质花岗岩，其 K_2O/Na_2O 值为 0.53~0.71，说明其源岩很可能具有低钾的特点。综合上述分析，本书报道的 A 型花岗岩可能形成于壳–幔混合作用，其中幔源端元应当是陆缘弧后拉张环境下上涌的地幔岩浆，而壳源端元则可能是新元古代形成的新生地壳。

第 4 章

低温高压变质带

4.1 概述

低温-高压变质岩（蓝片岩和榴辉岩）是大洋俯冲消减的最直接记录，在识别古板块缝合带，重建古大洋俯冲、闭合的演化过程中扮演了重要角色（如：Ernst，2001）。藏北羌塘中部有关高压变质岩的报道最早见于1915年（Hennig，1915），其记录了1906~1907年瑞典探险家Sven Hedin（斯文·赫定）在果干加年山地区发现了蓝片岩，然而直到20世纪80年代国内才有关于羌塘地区蓝片岩的报道。1979~1983年，西藏区调队开展1∶100万西藏改则幅区域地质调查工作时，在荣玛和双湖等地区发现了蓝片岩（李才，1987），然而由于所报道的蓝片岩中的蓝闪石不典型而受到了质疑（邓万明等，1996）。21世纪初，随着覆盖整个羌塘地区的1∶25万区域地质调查工作的开展，沿龙木错—双湖一线发现了多个典型蓝片岩露头，同时在戈木、冈玛错和果干加年山等地区发现了榴辉岩（李才等，2006a；张开均和唐显春，2009；翟庆国等，2009a；苑婷媛等，2016；张修政等，2018；熊盛青等，2020；Zhang et al.，2006a，2006b，2007；Zhai et al.，2011a，2011b；Liang et al.，2017，2020），从而终结了羌塘地区是否存在典型高压变质岩的争论，并为约束羌塘中部古特提斯洋俯冲、消减和闭合提供了关键证据。

藏北羌塘中部地区低温高压变质带是青藏高原内部保存最好的高压变质带，主要分布在龙木错—双湖缝合带的南侧[图4.1（a）]，西起拉雄错、冈玛错，向东经戈木、果干加年山、荣玛，到双湖的纳若与才多茶卡地区，东西长约500 km，主要高压变质岩石包括榴辉岩、石榴角闪岩、蓝片岩、蓝闪石大理岩、多硅白云母片岩等（李才和程立人，1995；李才等，2016；鲍佩声和李才，1999；邓希光等，2000a，2000b；朱同兴，2006；陆济璞等，2006；翟庆国等，2009a；武海等，2016；孟献真等，2017；张修政等，2018；王根厚等，2023；Kapp et al.，2003a，2003b；Zhai et al.，2011a，2011b；Zhang K J et al.，2011，2014；Xu et al.，2021）。在已有工作基础上，我们选择了龙木错—双湖缝合带一线的片石山、冈玛错、荣玛等地区的榴辉岩和蓝片岩进行了重点考察，以期探讨羌塘中部古特提斯洋的俯冲消减过程。

4.2 地质特征

4.2.1 榴辉岩

片石山榴辉岩是羌塘地区发现的第一例榴辉岩，位于改则县古姆乡东北约100 km的片石山地区。该榴辉岩是李才等2004年在该地区开展1∶25万区域地质调查时发现的（李才等，2006a）。片石山榴辉岩是发现最早也是出露面积最大的榴辉岩，同时也是目前羌塘地区研究程度较高的榴辉岩（李才等，2006a；Li et al.，2006；Zhang et al.，2006a，2006b；Pullen et al.，2008；Zhai et al.，2011a，2011b），主要呈近东西向带状展布于戈木错东南约 30 km，长约 40 km，平均宽度在 15 km 左右，出露面积大于 600 km² （图 4.1）。榴辉岩以片石山为中心，向东延伸到二连湖岸，向西到谢马日东坡。

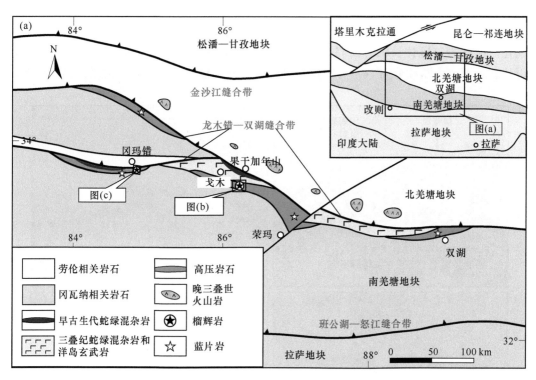

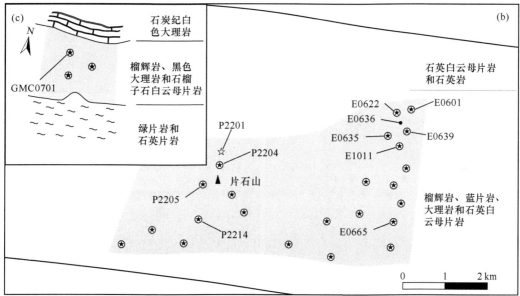

图 4.1　西藏羌塘中部高压变质带地质简图（a）和片石山榴辉岩分布图（b、c）

（据 Zhai et al., 2011a 修改）

榴辉岩主要呈透镜状产于其围岩中（图4.1），榴辉岩块体大小不一，大者可达上百米，小者仅几厘米，石榴子石呈粉红色，粒度多小于1 mm，局部可见粒度较大者可达2 mm。榴辉岩岩石呈致密块状，细粒粒状–柱状变晶结构，块状构造。野外观察发现，榴辉岩具有两种不同的结构：一种为致密状，石榴子石、绿辉石、白云母等矿物均匀分布；另一种为条带状，石榴子石、绿辉石等矿物发生明显的分异。围岩强烈片理化，榴辉岩透镜体长轴方向与围岩片理走向一致（图4.2），可见榴辉岩沿石榴白云母片岩片理方向断续分布。作为榴辉岩直接围岩的石榴白云母片岩和大理岩（图4.2），

图4.2 藏北羌塘中部榴辉岩野外露头特征（据 Zhai et al., 2011a）

（a）片石山榴辉岩；（b）冈玛错东榴辉岩与大理岩；（c）片石山石榴子石白云母片岩中榴辉岩透镜体；（d）片石山层状大理岩中榴辉岩透镜体；（e）片石山石榴白云母片岩；（f）冈玛错东强变形大理岩

出露面积也较大，约占该地区高压带总面积的 50%，与榴辉岩的出露面积大致相当。石榴白云母片岩野外呈白色或灰白色，中粗粒结构，片理发育，片状构造明显，局部地方发育有小的揉皱，白云母具有明显的定向性。岩石主要矿物成分为石榴子石、白云母和石英。片岩中石榴子石与榴辉岩中的石榴子石相比颗粒较大，且多为暗红色，颗粒大小分为两类，一类粒度相对小些，多在 1 mm 左右，与其共生的白云母粒径大小相当；另一类粒度相对较大，在 2~3 mm 之间，大者可达 5 mm，而与之共生的白云母片也较大，直径多在 3~5 mm 之间。大理岩呈白色或灰白色，局部保留有层状构造 [图 4.2（d）]，矿物成分相对单一，主要为方解石。

在片石山北约 40 km 的果干加年山地区也报道有榴辉岩。据董永胜和李才（2009）报道，榴辉岩主要呈透镜状产于石榴子石白云母片岩之中，透镜体大小不一，一般在数米大小，长轴方向与围岩片理方向一致。主要矿物组成与片石山榴辉岩类似，包括石榴子石、绿辉石、多硅白云母、角闪石等，但矿物粒度普遍较细。此外，榴辉岩透镜体数量有限，部分露头中见榴辉岩与少量变质基性岩（蛇绿岩残片？）共生，它们共同呈混杂岩形式产出。

冈玛错榴辉岩出露于冈玛错南东 40 km 处（图 4.1）（翟庆国等，2009a；Zhai et al.，2011a，2011b），榴辉岩出露面积较小，东西延伸约 1 km，南北宽约 300 m，呈孤立的块状产于大理岩和变质泥质岩构成的高压带中 [图 4.2（b）、（f）]，除局部地方被一些风化破碎的砂砾覆盖外，榴辉岩与围岩之间的相互关系比较清楚，直接围岩以大理岩为主，石榴多硅白云母片岩和白云母石英片岩为辅，且大都经历了较强的变形变质作用。榴辉岩块体大小不一，大者可达 80 m 左右，小者仅几十厘米。冈玛错榴辉岩与片石山榴辉岩相比，粒度较粗，但退变更为强烈，保存也没有片石山地区的新鲜、完整，在岩石露头上可见石榴子石被后期斜长石取代的现象，具有明显的"白眼圈"结构。

巴青地区榴辉岩出露于巴青县城东北 50~70 km 的混杂岩带中，榴辉岩主要呈透镜状或布丁状产在由石榴子石云母石英片岩、片岩等构成的混杂岩中，出露宽度在 100 m 左右，NW-SE 方向延伸超过 10 km，并被上三叠统—侏罗系砂岩、泥岩和少量灰岩不整合覆盖。榴辉岩透镜体大小几厘米至几十米不等，长轴与围岩片理方向一致，其与寄主围岩石榴子石云母石英片岩为韧性断层接触。峰期榴辉岩相矿物组合为石榴子石、绿辉石、金红石、多硅白云母、石英、绿帘石和榍石等（Zhang et al.，2018）。

4.2.2　蓝片岩

荣玛蓝片岩是羌塘地区发现较早的蓝片岩，主要出露于冈塘错东南 3 km（图 4.3），是龙木错—双湖缝合带中规模最大、保存最好的蓝片岩，主要出露点有角木日南坡、蓝岭和冈塘错东等地（翟庆国等，2009b；Zhang K J et al.，2001）。蓝片岩多呈孤立块状、透镜状产在石炭系片岩、板岩中，围岩主要为含石榴子石白云母片岩、绿帘绿泥阳起片岩、钠长阳起片岩及大理岩，局部地方规模较大的块体见有层状构造。蓝片

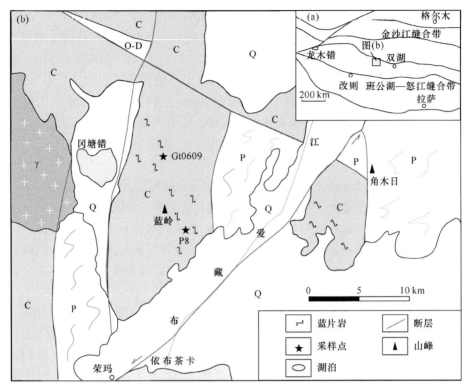

图 4.3 西藏羌塘中部荣玛地区地质简图（据翟庆国等，2009b）

O-D- 奥陶系—泥盆系；C- 石炭系；P- 二叠系；Q- 新生界；γ- 花岗岩

岩野外呈蓝色、灰绿色或灰黑色，变形较强，片理发育，部分地区可见定向排列的角闪石类矿物，主要岩石类型有蓝片岩、绿帘绿泥蓝片岩、石榴绿帘蓝片岩、蓝闪石大理岩等，此外还有少量黑硬绿泥石片岩。蓝片岩与围岩间以断层相接触，关系较清楚，局部变形较强的地区呈渐变过渡，围岩主要为含硬柱石多硅白云母片岩、含绿泥石（绿帘石）片岩、板岩、千枚岩和大理岩等。

冈玛日蓝片岩出露于冈玛错至桃形湖的冈玛日山北坡一带，前人曾对其进行了部分研究（李才和程立人，1995；邓希光等，2000a，2000b）。蓝片岩主要呈透镜状或孤立块体产在板岩、片岩、白云母片岩等变质泥质岩中，局部与蛇绿岩混杂在一起，或为蛇绿岩中的强变形变质玄武岩（Zhai et al.，2016）。蓝片岩透镜体大小不一，一般在几十厘米至几米，大者可达几十米，片理或长轴方向与围岩一致。蓝片岩野外呈深灰色或浅蓝色，粒度较细，片理发育，可见蓝闪石等角闪石矿物呈黑色针柱状产出，角闪石较多者呈角闪岩。

红脊山蓝片岩位于改则县北查多岗日雪山东侧的红脊山一带，蓝片岩主要呈透镜状岩块产于变质泥质岩中，并与变质砂岩、板岩等混杂在一起。构造混杂带宽约 30 km，近东西延伸超过 50 km（陆济璞等，2006）。蓝片岩块体大小不一，一般宽几米至上千米，长几米至数千米，透镜体长轴方向与主构造带延伸方向一致。蓝片岩与围岩多以脆韧性剪切带形式接触，边部面理发育，且自外至内变形减弱，中心部位呈弱变形块状。

4.3　岩石学和矿物学

高压变质的蓝片岩和榴辉岩岩石学、矿物学研究是反演其变质作用过程和演化历史的重要手段。通过对高压变质岩中的矿物组合和成分的研究，识别并划分各类矿物的形成期次及迭代关系，可以有效反演岩石的变质作用演化历史。而根据不同矿物的化学组成，结合地质温压计及相平衡模拟可以估算不同矿物组合形成的温度和压力条件，进而推算变质演化过程。此外，石榴子石、锆石等矿物的包裹体记录了矿物形成时的岩石状态，包裹体的矿物成分不但可以很好地指示寄主岩石的演化历史，同时还可以直接有效地制约石榴子石、锆石的形成环境（Gebauer et al.，1997；Tabata et al.，1998；Ye et al.，2000；Hermann et al.，2001；Liu et al.，2001，Liu and Liou，2011）。通过对榴辉岩矿物成分的研究，并结合同位素定年资料，可反演榴辉岩的构造演化过程。

4.3.1　羌塘中部榴辉岩

羌塘中部榴辉岩包括片石山、冈玛错和果干加年山三处，它们的岩石组合、矿物组成及特征等类似，因此，本研究报告选择前二者一起讨论其岩石学和矿物学特征。

榴辉岩主要呈绿黑色，石榴子石淡粉色，细粒粒状柱状变晶结构，块状构造，矿物组合为石榴子石（30%~40%）、绿辉石（20%~40%）、角闪石（5%~10%）、金红石（2%~5%）、多硅白云母（< 5%）及少量石英和绿帘石（< 3%）[图 4.4（a）、（b）]，峰期变质作用矿物为石榴子石、绿辉石、多硅白云母和金红石，角闪石、斜长石、绿帘石为榴辉岩退变质作用的产物 [图 4.4（b）]。主要矿物粒度一般 0.3~0.5 mm，个别可达 1.5 mm。部分石榴子石颗粒含有少量包裹体，主要为多硅白云母、绿辉石、石英和绿帘石等 [图 4.4（c）、（d）]，代表了进变质过程中早期矿物组合。

1. 石榴子石

榴辉岩中的石榴子石多呈粉红色，中—细粒自形—半自形粒状，粒度和含量在不同的榴辉岩岩块中不尽相同。多数榴辉岩石中的石榴子石粒度在 0.1~0.3 mm 之间，大者可达 2 mm，小者多 < 0.1 mm，绿辉石分布于石榴子石的粒间，局部地方三连点平衡结构保存完好（图 4.5）。石榴子石在榴辉岩中含量多在 30%~50% 之间，不同岩块及其不同部位的含量有所变化。多数石榴子石保存较完好，没有发生变形、变质，并且颗粒相对较干净，除少量石榴子石中矿物包裹体较多外，多数颗粒包裹体不发育（图 4.4）。

榴辉岩中石榴子石以铁铝榴石（Alm：48%~66%；均指摩尔分数，下同）和钙铝榴石（Grs：25%~32%）为主，镁铝榴石（Prp：2%~11%）和锰铝榴石（Sps：0%~11%）含量较少（表 4.1、表 4.2 和表 4.3）。石榴子石环带结构较发育，在 X 射线衍射成分图上（图 4.5、图 4.6），可见明显的成分分带。对矿物包裹体相对较少且呈六边形的石榴子石颗粒（石榴子石纵切面），进行矿物化学成分剖面电子分析（图 4.7），结果显示

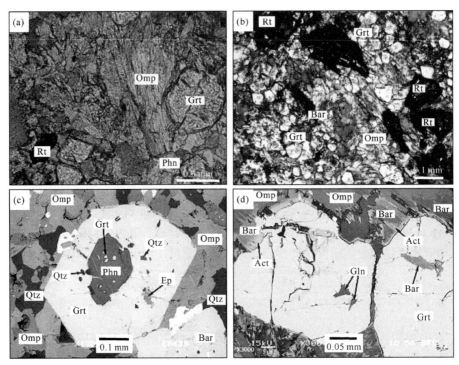

图 4.4 羌塘中部榴辉岩的镜下特征（Zhai et al., 2011a）

Omp- 绿辉石；Grt- 石榴子石；Rt- 金红石；Phn- 多硅白云母；Bar- 冻蓝闪石；Qtz- 石英；

Act- 阳起石；Gln- 蓝闪石；Ep- 绿帘石

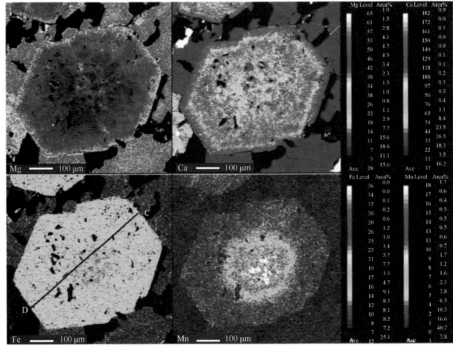

图 4.5 羌塘中部片石山榴辉岩中石榴子石 X 射线衍射成分图（据 Zhai et al., 2011a）

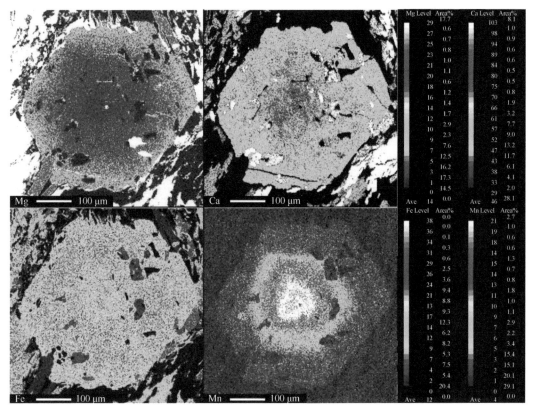

图 4.6 羌塘中部冈玛错榴辉岩中石榴子石 X 射线衍射成分图

表 4.1 西藏羌塘中部片石山榴辉岩中石榴子石成分分析结果 （单位：%）

样品	E0613-1	E0613-2	E0613-3	E0613-4	E0613-5	E0613-6	E0613-7	E0613-8	0639-1	0639-2	0641-1	0641-2
SiO_2	38.07	38.10	37.97	37.89	38.11	38.39	37.84	38.49	38.00	37.92	38.19	37.70
TiO_2	0.11	0.08	0.08	0.12	0.14	0.17	0.12	0.08	0.11	0.13	0.13	0.11
Al_2O_3	21.06	21.71	21.31	21.54	21.42	21.76	21.39	21.60	21.34	21.30	20.70	21.04
FeO	29.47	30.01	30.31	29.88	29.09	29.80	30.07	31.05	28.85	29.31	29.14	28.76
MnO	0.23	0.21	0.24	0.29	0.49	0.21	0.19	0.23	0.30	0.44	0.42	0.22
MgO	2.25	2.57	2.28	2.39	1.64	2.81	2.30	2.40	1.89	2.10	1.82	2.34
CaO	10.16	9.43	9.77	9.44	10.66	9.21	9.49	9.15	10.21	9.60	9.96	9.73
Cr_2O_3	0.00	0.00	0.00	0.00	0.00	0.00	0.00	0.03	0.00	0.01	0.00	0.01
总计	101.34	102.11	101.96	101.55	101.54	102.33	101.40	103.02	100.69	100.81	100.36	99.91
O	12.00	12.00	12.00	12.00	12.00	12.00	12.00	12.00	12.00	12.00	12.00	12.00
Si	2.99	2.97	2.98	2.97	2.99	2.98	2.98	2.98	3.00	2.99	3.03	3.00
Al	1.95	2.00	1.97	1.99	1.98	1.99	1.98	1.97	1.99	1.98	1.94	1.97
Ti	0.01	0.01	0.01	0.01	0.01	0.01	0.01	0.01	0.01	0.01	0.01	0.01
Fe^{2+}	1.94	1.96	1.99	1.96	1.91	1.93	1.98	2.01	1.91	1.94	1.93	1.91
Mn	0.02	0.01	0.02	0.02	0.03	0.01	0.01	0.02	0.02	0.03	0.03	0.02
Mg	0.26	0.30	0.27	0.28	0.19	0.33	0.27	0.28	0.22	0.25	0.22	0.28

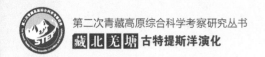
续表

样品	E0613-1	E0613-2	E0613-3	E0613-4	E0613-5	E0613-6	E0613-7	E0613-8	0639-1	0639-2	0641-1	0641-2
Ca	0.86	0.79	0.82	0.79	0.90	0.77	0.80	0.76	0.86	0.81	0.85	0.83
Cr	0.00	0.00	0.00	0.00	0.00	0.00	0.00	0.00	0.00	0.00	0.00	0.00
阳离子	8.02	8.03	8.04	8.02	8.01	8.02	8.03	8.03	8.00	8.01	8.00	8.01
X（Alm）	0.63	0.64	0.64	0.64	0.63	0.64	0.65	0.66	0.63	0.64	0.64	0.63
X（Spe）	0.01	0.01	0.01	0.01	0.01	0.01	0.00	0.01	0.01	0.01	0.01	0.01
X（Pyr）	0.09	0.10	0.09	0.09	0.06	0.11	0.09	0.09	0.07	0.08	0.07	0.09
X（Grs）	0.28	0.26	0.27	0.26	0.30	0.25	0.26	0.25	0.29	0.27	0.28	0.27

样品	0641-3	653	0665-1	0665-2	0601-1	0601-2	0601-3	0601-4	0622-1	0622-2	0622-3	0622-4
SiO_2	38.29	37.95	37.28	38.21	37.45	38.01	37.90	37.84	39.20	38.88	39.22	38.67
TiO_2	0.15	0.10	0.11	0.09	0.10	0.14	0.13	0.12	0.07	0.08	0.10	0.07
Al_2O_3	21.05	20.87	20.70	21.37	21.07	21.11	21.14	21.11	21.34	21.56	21.63	21.06
FeO	29.24	28.04	28.97	29.15	30.08	29.08	29.56	28.44	29.23	28.40	27.01	28.05
MnO	0.29	0.23	0.23	0.24	0.24	0.30	0.19	0.39	0.43	0.49	0.66	0.86
MgO	1.87	1.90	2.01	2.25	1.66	2.14	1.94	2.49	1.74	2.60	2.48	1.57
CaO	9.84	10.30	10.12	10.09	9.87	9.29	9.04	9.58	7.77	7.66	9.19	9.53
Cr_2O_3	0.00	0.00	0.02	0.02	0.00	0.03	0.00	0.00	0.02	0.04	0.00	0.00
总计	100.72	99.39	99.43	101.43	100.48	100.09	99.90	99.97	99.81	99.71	100.29	99.81
O	12.00	12.00	12.00	12.00	12.00	12.00	12.00	12.00	12.00	12.00	12.00	12.00
Si	3.02	3.03	2.99	3.00	2.98	3.02	3.02	3.00	3.10	3.06	3.07	3.07
Al	1.96	1.96	1.96	1.97	1.98	1.97	1.98	1.97	1.99	2.00	1.99	1.97
Ti	0.01	0.01	0.01	0.01	0.01	0.01	0.01	0.01	0.00	0.01	0.01	0.00
Fe^{2+}	1.93	1.87	1.94	1.91	2.00	1.93	1.97	1.89	1.93	1.87	1.77	1.86
Mn	0.02	0.02	0.02	0.02	0.02	0.02	0.01	0.03	0.03	0.03	0.04	0.06
Mg	0.22	0.23	0.24	0.26	0.20	0.25	0.23	0.29	0.21	0.31	0.29	0.19
Ca	0.83	0.88	0.87	0.85	0.84	0.79	0.77	0.82	0.66	0.65	0.77	0.81
Cr	0.00	0.00	0.00	0.00	0.00	0.00	0.00	0.00	0.00	0.00	0.00	0.00
阳离子	7.99	7.99	8.02	8.01	8.02	7.99	7.99	8.00	7.91	7.93	7.93	7.95
X（Alm）	0.64	0.63	0.63	0.63	0.66	0.65	0.66	0.62	0.68	0.66	0.62	0.64
X（Spe）	0.01	0.01	0.01	0.01	0.01	0.01	0.00	0.01	0.01	0.01	0.02	0.02
X（Pyr）	0.07	0.08	0.08	0.09	0.06	0.09	0.08	0.10	0.07	0.11	0.10	0.06
X（Grs）	0.28	0.29	0.28	0.28	0.28	0.26	0.26	0.27	0.23	0.23	0.27	0.28

样品	0622-5	0622-6	0622-7	0622-8	0622-9	0622-10	0622-11	0637-1	0637-2	0637-3	0637-4	0637-5
SiO_2	37.99	38.46	38.44	37.72	39.50	39.42	37.84	38.51	38.52	38.59	38.41	38.59
TiO_2	0.17	0.06	0.09	0.10	0.06	0.05	0.13	0.11	0.10	0.11	0.04	0.10
Al_2O_3	21.35	21.57	21.75	21.10	21.91	21.84	21.24	21.31	21.53	21.67	21.54	21.49
FeO	29.04	29.16	26.75	28.98	27.28	29.05	29.88	27.59	29.52	26.91	27.93	29.63
MnO	0.46	0.27	1.73	0.25	0.75	0.25	0.34	0.35	0.20	0.81	0.27	0.18
MgO	2.19	1.87	1.71	2.11	2.39	2.15	1.89	2.55	2.18	1.70	2.69	2.17
CaO	9.41	8.52	9.65	9.68	8.38	7.81	9.14	9.88	8.31	10.14	9.08	7.89

续表

样品	0622-5	0622-6	0622-7	0622-8	0622-9	0622-10	0622-11	0637-1	0637-2	0637-3	0637-4	0637-5
Cr_2O_3	0.00	0.01	0.01	0.00	0.01	0.01	0.00	0.03	0.01	0.00	0.00	0.00
总计	100.61	99.91	100.14	99.94	100.28	100.57	100.46	100.32	100.35	99.94	99.95	100.05
O	12.00	12.00	12.00	12.00	12.00	12.00	12.00	12.00	12.00	12.00	12.00	12.00
Si	3.00	3.04	3.03	3.00	3.08	3.08	3.00	3.03	3.04	3.04	3.03	3.05
Al	1.99	2.01	2.02	1.98	2.02	2.01	1.99	1.97	2.00	2.01	2.00	2.00
Ti	0.01	0.00	0.01	0.01	0.00	0.00	0.01	0.01	0.01	0.01	0.00	0.01
Fe^{2+}	1.92	1.93	1.76	1.93	1.78	1.90	1.98	1.81	1.95	1.77	1.84	1.96
Mn	0.03	0.02	0.12	0.02	0.05	0.02	0.02	0.02	0.01	0.05	0.02	0.01
Mg	0.26	0.22	0.20	0.25	0.28	0.25	0.22	0.30	0.26	0.20	0.32	0.26
Ca	0.80	0.72	0.82	0.83	0.70	0.65	0.78	0.83	0.70	0.86	0.77	0.67
Cr	0.00	0.00	0.00	0.00	0.00	0.00	0.00	0.00	0.00	0.00	0.00	0.00
阳离子	8.00	7.95	7.95	8.01	7.91	7.91	8.00	7.98	7.96	7.95	7.97	7.95
X（Alm）	0.64	0.67	0.61	0.64	0.63	0.67	0.66	0.61	0.67	0.62	0.63	0.68
X（Spe）	0.01	0.01	0.04	0.01	0.02	0.01	0.01	0.01	0.00	0.02	0.01	0.00
X（Pyr）	0.09	0.08	0.07	0.08	0.10	0.09	0.07	0.10	0.09	0.07	0.11	0.09
X（Grs）	0.27	0.25	0.28	0.27	0.25	0.23	0.26	0.28	0.24	0.30	0.26	0.23

注：数据引自翟庆国，2008 和 Zhai et al.，2011b。

表 4.2　果干加年山榴辉岩中代表性矿物的电子探针成分分析结果

样品号	G07-01	G07-01	G07-01	G07-02	G07-02	G07-02
矿物	Gt	Omp	Phe	Gt	Omp	Phe
SiO_2	38.19	55.90	50.96	38.13	56.15	50.80
TiO_2	0.14	0.08	0.60	0.08	0.04	0.25
Al_2O_3	21.20	10.67	25.74	22.07	11.35	28.24
FeO	29.42	5.78	3.22	27.09	3.65	1.79
MnO	0.32	0.03	0.00	0.51	0.00	0.02
MgO	1.81	7.40	3.60	3.91	8.62	3.18
CaO	10.55	12.44	0.00	9.18	13.01	0.01
Na_2O	0.07	6.97	0.44	0.01	6.86	0.75
K_2O	—	0.00	11.14	—	0.02	10.49
总计	101.70	99.31	95.70	100.98	99.70	95.53
Si	3.00	2.01	6.84	2.97	1.99	6.75
Ti	0.01	0.00	0.06	0.01	0.00	0.03
Al^{IV}	0.00	—	1.16	0.03	0.01	1.25
Al^{VI}	1.96	0.45	2.91	2.99	0.47	3.17
Fe^{2+}	1.93	0.16	0.36	1.76	0.10	0.20
Fe^{3+}	—	0.01	—	—	0.01	—
Mn	0.02	0.00	—	0.03	—	0.00
Mg	0.21	0.40	0.72	0.45	0.46	0.63
Ca	0.89	0.48	—	0.77	0.50	0.00
Na	—	0.49	0.11	—	0.47	0.19

续表

样品号	G07-01	G07-01	G07-01	G07-02	G07-02	G07-02
矿物	Gt	Omp	Phe	Gt	Omp	Phe
K	—	—	1.91	—	—	1.78
Alm	63.28	—	—	58.44	—	—
Prp	6.95	—	—	15.05	—	—
Grs	29.08	—	—	25.39	—	—
Spes	0.69	—	—	1.13	—	—

表 4.3　冈玛错地区退变榴辉岩中石榴子石成分特征

样品	Tg10-T15 退变榴辉岩中石榴子石														
SiO$_2$	37.96	37.82	38.30	38.41	38.65	38.57	38.64	38.25	37.38	37.92	38.08	38.52	38.40	38.15	38.05
TiO$_2$	0.22	0.14	0.18	0.06	0.08	0.15	0.18	0.13	0.16	0.25	0.16	0.08	0.16	0.16	0.14
Al$_2$O$_3$	20.22	20.22	19.92	20.35	20.36	20.32	20.43	20.67	19.24	20.28	20.19	20.33	20.15	19.76	20.15
Cr$_2$O$_3$	0.02	0.03	0.00	0.00	0.01	0.00	0.00	0.01	0.01	0.03	0.00	0.00	0.00	0.01	0.00
FeO	27.48	28.33	28.22	28.91	28.59	29.34	28.64	27.33	25.99	27.38	29.00	29.06	27.82	26.66	29.29
MnO	0.45	0.51	0.15	0.30	0.00	0.22	0.16	0.05	2.76	0.00	0.16	0.22	0.51	0.78	0.25
MgO	0.81	0.77	1.44	1.31	1.24	1.45	1.44	1.67	0.42	1.60	1.46	1.27	0.71	0.65	1.36
CaO	12.38	11.76	10.64	10.70	11.34	10.78	10.82	11.88	11.96	10.94	10.89	11.23	12.16	12.18	10.50
总计	99.54	99.58	98.85	100.04	100.27	100.83	100.31	99.99	97.92	98.4	99.94	100.71	99.91	98.35	99.74
Si	3.03	3.03	3.07	3.05	3.06	3.04	3.05	3.03	3.05	3.05	3.03	3.04	3.05	3.08	3.04
Ti	0.01	0.01	0.01	0.00	0.00	0.01	0.01	0.01	0.01	0.02	0.01	0.00	0.01	0.01	0.01
Al	1.90	1.91	1.88	1.90	1.90	1.89	1.90	1.93	1.85	1.92	1.89	1.89	1.89	1.88	1.89
Cr	0.00	0.00	0.00	0.00	0.00	0.00	0.00	0.00	0.00	0.00	0.00	0.00	0.00	0.00	0.00
Fe^{3+}	0.07	0.07	0.07	0.06	0.06	0.08	0.05	0.05	0.11	0.04	0.08	0.08	0.07	0.07	0.08
Fe^{2+}	1.77	1.83	1.83	1.86	1.83	1.86	1.84	1.76	1.66	1.80	1.85	1.84	1.78	1.73	1.88
Mn	0.03	0.03	0.01	0.02	0.00	0.01	0.01	0.00	0.19	0.00	0.01	0.01	0.03	0.05	0.02
Mg	0.10	0.09	0.17	0.16	0.15	0.17	0.17	0.20	0.05	0.19	0.17	0.15	0.08	0.08	0.16
Ca	1.06	1.01	0.91	0.91	0.96	0.91	0.92	1.01	1.04	0.94	0.93	0.95	1.04	1.05	0.90
Ura	0.08	0.09	0.01	0.00	0.02	0.00	0.00	0.02	0.02	0.08	0.00	0.00	0.00	0.03	0.00
And	3.35	3.38	3.38	3.05	3.09	4.00	2.77	2.50	5.80	1.82	4.10	3.96	3.53	3.36	3.84
Pyr	3.26	3.09	5.89	5.27	4.96	5.76	5.76	6.63	1.72	6.52	5.85	5.07	2.88	2.67	5.49
Spe	1.03	1.17	0.34	0.69	0.00	0.50	0.37	0.10	6.48	0.00	0.37	0.49	1.17	1.82	0.58
Gro	32.41	30.55	27.88	27.86	29.61	26.84	28.45	31.44	29.67	30.15	27.26	28.18	31.76	32.71	26.54
Alm	59.87	61.72	62.49	63.14	62.32	62.90	62.65	59.31	56.31	61.42	62.42	62.30	60.66	59.42	63.55
测点位置	核	幔	边	幔	核	幔	边	幔	核	核	边	幔	核	幔	边

石榴子石由核部到边部铁铝榴石和镁铝榴石含量逐渐增加，钙铝榴石和锰铝榴石逐渐减少，说明石榴子石为榴辉岩进变质作用过程中形成的。冈玛错和片石山榴辉岩石榴子石成分环带及其变化规律指示它们具有相似的变质演化历史。在 Coleman 等（1965）石榴子石分类图解中，榴辉岩均分布在 C 型榴辉岩的区域内（图 4.8）。

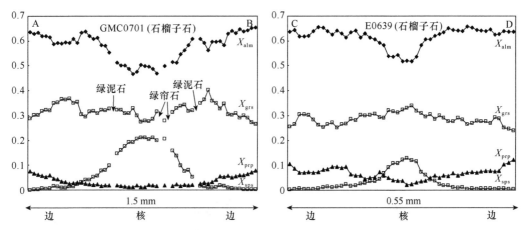

图 4.7　羌塘中部冈玛错榴辉岩中石榴子石成分剖面

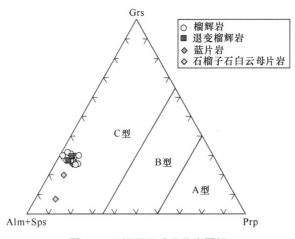

图 4.8　石榴子石成分分类图解

对含有矿物包裹体的石榴子石分析表明，包裹体矿物主要有石英、绿帘石、金红石、榍石、绿辉石、斜长石、钠云母和蓝闪石等，其中绿辉石主要分布在石榴子石的边部，蓝闪石主要分布在石榴子石的核部，反映了石榴子石的生长经历了蓝片岩相到榴辉岩相的变化，其他矿物分布没有明显的规律性，在石榴子石的核部和边部均有产出。

2. 绿辉石

榴辉岩中绿辉石含量不均匀，一般在 20%~40% 之间。绿辉石多呈浅绿色，具轻微多色性，半自形—自形板柱状结构，粒度也不均匀，一般在 0.3~0.8 mm 之间，大者可达 1 mm。绿辉石主要以三种状态产出，一种为保存较好的矿物晶体，晶体较干净，受后期变质作用影响较小，这种绿辉石和石榴子石共生，并可见三连点平衡结构，局部地方绿辉石具有一定的定向性 ［图 4.10（a）］；另一种绿辉石多受晚期变质作用影响，局部或大部分被角闪石交代或呈包裹体产在角闪石中（图 4.10）。如：强退变的戈木榴辉岩中可见绿辉石颗粒被后期生长的蓝闪石晶体包围，然后又被冻蓝闪石和阳起石包裹［图4.10（d）、（e）］，即：绿辉石→蓝闪石→冻蓝闪石→阳起石的演化序列，代表了白榴辉岩相，经蓝片岩相到绿片岩相的变化过程；类似的现象在冈玛错榴辉岩中也存在，绿辉石被毛发状的阳起石＋钠长石包裹［图4.9（f）］，显示出榴辉岩经历了强烈的绿片岩相退变质作用。此外还有少量绿辉石呈细小的包裹体产在石榴子石中。

榴辉岩中绿辉石硬玉分子（JD）在31%~42%之间（表4.2，表4.4和表4.5），霓石分子在9~17之间，榴辉岩基质与石榴子石包裹体中的绿辉石成分基本一致。在辉石分类图解（WEE-JD-AE图解）中（图4.10），片石山榴辉岩的样品均位于绿辉石的区域内。

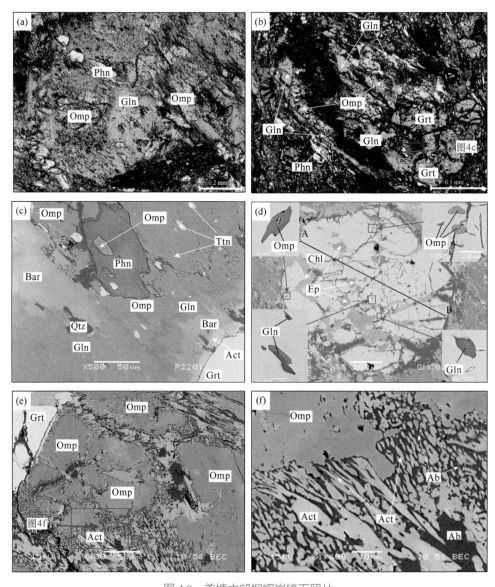

图 4.9　羌塘中部榴辉岩镜下照片

Phn- 多硅白云母；Omp- 绿辉石；Gln- 蓝闪石；Act- 阳起石；Ab- 钠长石；Ep- 绿帘石；Ttn- 榍石

表 4.4　西藏羌塘中部片石山榴辉岩中绿辉石成分分析结果

（单位：%）

样品	E0613-1	E0613-2	E0613-3	E0613-4	E0613-5	E0613-6	E0613-7	E0613-8	0639-1	0639-2	0639-3	0639-4	0639-5	0639-6	0641-1
SiO_2	54.80	54.70	54.46	54.53	54.73	54.90	54.20	54.63	55.46	54.88	55.63	54.61	54.74	55.10	54.49
TiO_2	0.07	0.07	0.08	0.06	0.06	0.08	0.08	0.06	0.07	0.11	0.09	0.08	0.13	0.10	0.06
Al_2O_3	9.46	7.60	7.48	7.78	7.92	7.98	7.60	7.56	9.30	10.01	9.05	8.23	8.54	9.98	8.06
Cr_2O_3	0.02	0.00	0.02	0.00	0.01	0.02	0.00	0.00	0.00	0.03	0.00	0.00	0.00	0.02	0.04
FeO	8.01	7.79	7.58	7.69	7.42	8.13	7.59	7.80	7.68	6.98	8.17	8.13	7.88	8.04	7.51
MnO	0.01	0.02	0.01	0.04	0.02	0.00	0.00	0.02	0.02	0.01	0.00	0.03	0.02	0.01	0.01
MgO	6.92	9.14	9.06	9.03	8.62	8.22	8.89	8.90	7.07	6.97	7.29	7.03	7.58	6.47	8.35
CaO	12.36	14.80	14.87	14.54	14.17	13.74	14.84	15.06	12.51	12.09	12.84	12.93	13.15	11.29	14.40
Na_2O	7.22	5.70	5.75	5.93	5.99	6.87	5.75	5.86	7.52	8.03	7.44	7.40	7.23	8.10	6.41
K_2O	0.00	0.00	0.00	0.02	0.03	0.06	0.03	0.01	0.00	0.01	0.02	0.00	0.00	0.00	0.01
总计	98.86	99.82	99.31	99.61	98.98	100.00	98.96	99.89	99.64	99.12	100.51	98.44	99.26	99.10	99.34
O	6.00	6.00	6.00	6.00	6.00	6.00	6.00	6.00	6.00	6.00	6.00	6.00	6.00	6.00	6.00
Si	1.99	1.98	1.98	1.97	1.99	1.97	1.97	1.97	1.99	1.97	1.98	1.99	1.97	1.98	1.97
Al^{IV}	0.01	0.02	0.02	0.03	0.01	0.03	0.03	0.03	0.01	0.03	0.02	0.01	0.03	0.02	0.03
Al^{VI}	0.39	0.30	0.30	0.30	0.33	0.31	0.30	0.29	0.38	0.39	0.36	0.34	0.34	0.41	0.31
Ti	0.00	0.00	0.00	0.00	0.00	0.00	0.00	0.00	0.00	0.00	0.00	0.00	0.00	0.00	0.00
Cr	0.00	0.00	0.00	0.00	0.00	0.00	0.00	0.00	0.00	0.00	0.00	0.00	0.00	0.00	0.00
Fe^{3+}	0.12	0.12	0.13	0.14	0.10	0.20	0.13	0.14	0.14	0.19	0.16	0.19	0.19	0.17	0.16
Fe^{2+}	0.12	0.11	0.10	0.09	0.13	0.05	0.10	0.09	0.09	0.02	0.08	0.06	0.05	0.07	0.07
Mn	0.00	0.00	0.00	0.00	0.00	0.00	0.00	0.00	0.00	0.00	0.00	0.00	0.00	0.00	0.00
Mg	0.37	0.49	0.49	0.49	0.47	0.44	0.48	0.48	0.38	0.37	0.39	0.38	0.41	0.35	0.45
Ca	0.48	0.57	0.58	0.56	0.55	0.53	0.58	0.58	0.48	0.46	0.49	0.50	0.51	0.44	0.56
Na	0.51	0.40	0.40	0.42	0.42	0.48	0.41	0.41	0.52	0.56	0.51	0.52	0.51	0.57	0.45
K	0.00	0.00	0.00	0.00	0.00	0.00	0.00	0.00	0.00	0.00	0.00	0.00	0.00	0.00	0.00
阳离子数	4.00	4.00	4.00	4.00	4.00	4.00	4.00	4.00	4.00	4.00	4.00	4.00	4.00	4.00	4.00
Jd	0.40	0.31	0.30	0.31	0.34	0.31	0.30	0.29	0.38	0.38	0.36	0.33	0.33	0.41	0.31

续表

样品	0641-2	0641-3	64142	0641-5	0641-6p	0641-7	0653-1	0653-2	0653-3	0665-1	0665-2	0665-3	0601-1	0601-2	0601-3	0601-4
SiO_2	54.46	54.94	54.63	54.47	54.33	55.39	54.75	54.82	55.30	55.21	54.29	55.02	54.86	54.08	55.00	54.36
TiO_2	0.13	0.10	0.10	0.05	0.12	0.06	0.06	0.02	0.02	0.01	0.04	0.03	0.11	0.13	0.04	0.10
Al_2O_3	7.70	9.43	7.17	7.81	7.99	9.44	8.93	6.51	9.14	8.44	7.90	8.62	7.69	7.46	7.00	7.33
Cr_2O_3	0.01	0.02	0.04	0.00	0.05	0.04	0.00	0.15	0.10	0.00	0.02	0.06	0.02	0.03	0.00	0.04
FeO	7.27	7.52	7.84	7.97	7.72	8.13	7.42	8.11	6.35	6.60	6.92	6.28	8.24	7.95	9.35	8.22
MnO	0.03	0.01	0.00	0.01	0.04	0.04	0.03	0.00	0.00	0.01	0.00	0.00	0.03	0.03	0.00	0.01
MgO	8.63	7.41	8.52	8.03	8.29	6.70	7.36	8.78	7.97	8.64	8.74	8.46	8.44	8.47	7.78	8.55
CaO	14.61	12.56	14.22	14.46	14.39	11.88	13.03	15.13	13.64	14.15	14.89	14.14	14.04	14.50	13.25	14.14
Na_2O	5.83	7.26	5.74	6.60	5.97	6.92	6.95	5.79	6.78	6.68	6.31	6.70	6.06	6.11	6.61	5.83
K_2O	0.00	0.01	0.00	0.02	0.02	0.01	0.01	0.00	0.00	0.06	0.00	0.00	0.02	0.01	0.00	0.01
总计	98.65	99.25	98.27	99.41	98.93	98.61	98.54	99.31	99.30	99.79	99.11	99.31	99.52	98.76	99.03	98.58
O	6.00	6.00	6.00	6.00	6.00	6.00	6.00	6.00	6.00	6.00	6.00	6.00	6.00	6.00	6.00	6.00
Si	1.99	1.98	2.01	1.97	1.98	2.02	1.99	1.99	1.99	1.98	1.96	1.98	1.99	1.97	2.01	1.99
Al^{IV}	0.01	0.02	0.00	0.03	0.02	0.00	0.01	0.01	0.01	0.02	0.04	0.02	0.01	0.03	0.00	0.01
Al^{VI}	0.32	0.38	0.31	0.30	0.32	0.41	0.37	0.27	0.38	0.33	0.30	0.34	0.32	0.29	0.30	0.31
Ti	0.00	0.00	0.00	0.00	0.00	0.00	0.00	0.00	0.00	0.00	0.00	0.00	0.00	0.00	0.00	0.00
Cr	0.00	0.00	0.00	0.00	0.00	0.00	0.00	0.00	0.00	0.00	0.00	0.00	0.00	0.00	0.00	0.00
Fe^{3+}	0.10	0.14	0.08	0.19	0.11	0.03	0.12	0.13	0.10	0.15	0.18	0.14	0.11	0.16	0.15	0.11
Fe^{2+}	0.12	0.09	0.17	0.05	0.13	0.21	0.10	0.11	0.09	0.05	0.03	0.05	0.14	0.08	0.13	0.14
Mn	0.00	0.00	0.00	0.00	0.00	0.00	0.00	0.00	0.00	0.00	0.00	0.00	0.00	0.00	0.00	0.00
Mg	0.47	0.40	0.47	0.43	0.45	0.36	0.40	0.48	0.43	0.46	0.47	0.45	0.46	0.46	0.42	0.47
Ca	0.57	0.48	0.56	0.56	0.56	0.46	0.51	0.59	0.53	0.54	0.58	0.54	0.55	0.57	0.52	0.55
Na	0.41	0.51	0.41	0.46	0.42	0.49	0.49	0.41	0.47	0.46	0.44	0.47	0.43	0.43	0.47	0.41
K	0.00	0.00	0.00	0.00	0.00	0.00	0.00	0.00	0.00	0.00	0.00	0.00	0.00	0.00	0.00	0.00
阳离子数	4.00	4.00	4.00	4.00	4.00	4.00	4.00	4.00	4.00	4.00	4.00	4.00	4.00	4.00	4.00	4.00
Jd	0.32	0.38	0.32	0.30	0.33	0.43	0.38	0.27	0.38	0.33	0.29	0.34	0.33	0.29	0.31	0.32

续表

样品	0622-1	0622-2	0622-3	0622-4	0622-5	0622-6	0622-7	0622-8	0622-9	0622-10	0637-1	0637-2	0637-3	0637-4	0637-5
SiO_2	56.36	56.16	58.47	54.35	55.72	56.05	54.36	57.24	56.91	54.76	54.92	55.97	55.89	56.07	55.66
TiO_2	0.05	0.05	0.00	0.07	0.07	0.03	0.10	0.04	0.03	0.07	0.08	0.03	0.05	0.08	0.08
Al_2O_3	7.77	8.46	9.20	7.21	7.54	8.96	7.01	7.28	7.46	6.54	7.27	7.66	7.71	7.51	7.44
Cr_2O_3	0.01	0.02	0.00	0.04	0.00	0.02	0.02	0.00	0.00	0.04	0.01	0.00	0.02	0.02	0.00
FeO	8.43	8.19	7.64	7.84	7.69	8.40	7.78	8.15	7.88	7.88	7.93	8.18	7.38	7.86	7.91
MnO	0.01	0.01	0.00	0.04	0.00	0.01	0.02	0.04	0.01	0.00	0.01	0.03	0.02	0.00	0.02
MgO	8.38	7.84	8.05	8.95	9.16	7.34	9.15	8.99	9.33	9.45	9.07	8.88	9.23	8.77	9.35
CaO	11.75	11.43	9.27	15.10	13.21	11.05	15.43	11.75	12.09	15.64	14.21	12.65	12.95	13.26	13.13
Na_2O	6.39	6.99	6.70	5.56	6.04	7.34	5.63	5.98	5.70	5.23	5.60	6.00	6.20	5.79	5.76
K_2O	0.02	0.01	0.00	0.01	0.00	0.03	0.01	0.01	0.01	0.00	0.02	0.02	0.00	0.01	0.01
总计	99.17	99.17	99.33	99.17	99.42	99.22	99.52	99.47	99.40	99.61	99.12	99.41	99.45	99.38	99.35
O	6.00	6.00	6.00	6.00	6.00	6.00	6.00	6.00	6.00	6.00	6.00	6.00	6.00	6.00	6.00
Si	2.05	2.03	2.11	1.98	2.02	2.03	1.97	2.08	2.07	1.99	2.00	2.03	2.02	2.04	2.02
Al^{IV}	0.00	0.00	0.00	0.02	0.00	0.00	0.03	0.00	0.00	0.01	0.00	0.00	0.00	0.00	0.00
Al^{VI}	0.33	0.36	0.39	0.29	0.32	0.38	0.27	0.31	0.32	0.27	0.31	0.33	0.33	0.32	0.32
Ti	0.00	0.00	0.00	0.00	0.00	0.00	0.00	0.00	0.00	0.00	0.00	0.00	0.00	0.00	0.00
Cr	0.00	0.00	0.00	0.00	0.00	0.00	0.00	0.00	0.00	0.00	0.00	0.00	0.00	0.00	0.00
Fe^{3+}	0.02	0.06	0.00	0.12	0.07	0.08	0.15	0.25	0.24	0.11	0.08	0.03	0.07	0.01	0.04
Fe^{2+}	0.24	0.19	0.23	0.12	0.16	0.17	0.09	0.00	0.00	0.13	0.16	0.21	0.15	0.23	0.19
Mn	0.00	0.00	0.00	0.00	0.00	0.00	0.00	0.00	0.00	0.00	0.00	0.00	0.00	0.00	0.00
Mg	0.45	0.42	0.43	0.49	0.49	0.40	0.49	0.49	0.50	0.51	0.49	0.48	0.50	0.48	0.51
Ca	0.46	0.44	0.36	0.59	0.51	0.43	0.60	0.46	0.47	0.61	0.55	0.49	0.50	0.52	0.51
Na	0.45	0.49	0.47	0.39	0.42	0.51	0.40	0.42	0.40	0.37	0.40	0.42	0.43	0.41	0.40
K	0.00	0.00	0.00	0.00	0.00	0.00	0.00	0.00	0.00	0.00	0.00	0.00	0.00	0.00	0.00
阳离子数	4.00	4.00	4.00	4.00	4.00	4.00	4.00	4.00	4.00	4.00	4.00	4.00	4.00	4.00	4.00
Jd	0.37	0.39	0.47	0.29	0.34	0.40	0.27	0.36	0.37	0.28	0.33	0.36	0.35	0.35	0.35

表 4.5　冈玛错地区退变榴辉岩中绿辉石成分特征　　　　（单位：%）

样品	Tg10-T15 退变榴辉岩中绿辉石成分特征											
SiO_2	54.45	54.83	54.54	55.10	55.04	53.74	54.79	54.64	54.76	56.22	54.87	54.23
TiO_2	0.05	0.03	0.04	0.05	0.01	0.07	0.00	0.04	0.01	0.04	0.02	0.06
Al_2O_3	8.89	6.86	8.08	7.70	8.18	7.52	7.30	8.89	7.18	9.10	8.21	9.02
Cr_2O_3	0.03	0.00	0.01	0.01	0.01	0.00	0.02	0.00	0.06	0.03	0.02	0.05
FeO	6.94	7.43	7.19	6.92	7.39	7.62	7.57	6.92	6.96	5.97	6.88	6.53
MnO	0.04	0.01	0.00	0.01	0.00	0.06	0.02	0.05	0.01	0.00	0.02	0.01
MgO	7.66	8.62	7.86	8.20	7.80	8.22	8.68	7.73	8.77	7.67	8.11	7.55
CaO	13.63	15.15	13.87	14.52	13.86	14.48	15.16	13.55	15.20	13.55	13.57	12.80
Na_2O	6.95	5.87	6.84	6.43	6.59	6.43	6.01	6.91	6.20	6.95	7.09	6.99
K_2O	0.01	0.00	0.28	0.02	0.00	0.01	0.00	0.03	0.04	0.01	0.00	0.19
总计	98.69	98.85	98.76	98.96	98.87	98.14	99.57	98.77	99.24	99.53	98.81	97.51
Si	2.00	2.02	2.01	2.02	2.02	2.00	2.01	2.00	2.01	2.03	2.01	2.01
Al^{IV}	0.00	0.00	0.00	0.00	0.00	0.00	0.00	0.00	0.00	0.00	0.00	0.00
Al^{VI}	0.38	0.30	0.35	0.33	0.35	0.33	0.32	0.38	0.31	0.39	0.35	0.39
Ti	0.00	0.00	0.00	0.00	0.00	0.00	0.00	0.00	0.00	0.00	0.00	0.00
Cr	0.00	0.00	0.00	0.00	0.00	0.00	0.00	0.00	0.00	0.00	0.00	0.00
Fe^{3+}	0.16	0.12	0.19	0.12	0.11	0.20	0.15	0.15	0.16	0.06	0.18	0.14
Fe^{2+}	0.05	0.11	0.03	0.09	0.11	0.04	0.08	0.06	0.05	0.12	0.03	0.06
Mn	0.00	0.00	0.00	0.00	0.00	0.00	0.00	0.00	0.00	0.00	0.00	0.00
Mg	0.42	0.47	0.43	0.45	0.43	0.46	0.47	0.42	0.48	0.41	0.44	0.42
Ca	0.54	0.60	0.55	0.57	0.54	0.58	0.59	0.53	0.60	0.52	0.53	0.51
Na	0.50	0.42	0.49	0.46	0.47	0.46	0.43	0.49	0.44	0.49	0.50	0.50
K	0.00	0.00	0.01	0.00	0.00	0.00	0.00	0.00	0.00	0.00	0.00	0.01
Ac	14.41	11.71	17.32	12.34	11.34	17.29	13.48	13.66	15.25	6.42	16.86	13.06
Jd	35.12	29.81	31.94	32.97	35.09	29.11	29.07	35.50	28.73	41.53	33.23	37.38
Q（Wo+En+Fs）	50.47	58.48	50.74	54.70	53.57	53.60	57.45	50.84	56.02	52.06	49.91	49.57

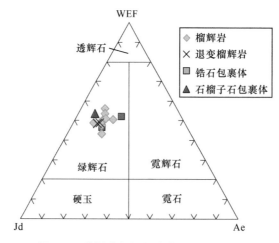

图 4.10　羌塘中部榴辉岩中辉石成分图解

3. 多硅白云母

片石山榴辉岩中多硅白云母含量较少，一般不超过 5%，多呈自形、细小板状或鳞片状产出，个别大者与绿辉石大小相当。多硅白云母多与绿辉石和石榴子石平衡共生。电子探针分析（表 4.1 和表 4.4）表明榴辉岩中多硅白云母 SiO_2 含量多在 50%~52% 之间，每单位晶胞（p. f. u.）Si 原子数多在 3.35~3.45 之间（以 11 个 O 原子计算），在 Al-Si 图解中（图 4.11），Al 原子数与 Si 原子数呈负相关，所有分析点均位于多硅白云母的区域内。石榴白云母片岩中白云母含量较多，一般白云母含量＞50%，多者可达 70%。白云母呈自形的片状、鳞片状、板状产出，晶体较大，一般在 1~3 mm 之间，较大者可达 5 mm。电子探针分析显示（表 4.6），白云母 SiO_2 含量多在 50%~52% 之间，与榴辉岩相比 Si 偏低，多在 3.3~3.4 之间，均为典型的多硅白云母。

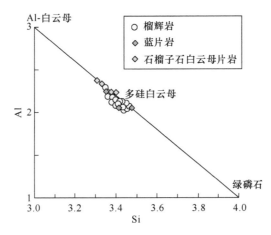

图 4.11 羌塘中部榴辉岩中云母 Si-Al 成分分类图解

4. 角闪石

片石山榴辉岩中角闪石含量较多且不同部位的含量也不一致，一般在 20%~40% 之间。角闪石呈半自形—自形板柱状、粒状，粒度多在 0.5~1 mm 之间，大者可达 3 mm 左右。角闪石多呈蓝绿色，多色性明显，镜下可见角闪石交代石榴子石和绿辉石的现象，并且在角闪石中还有小的石榴子石和绿辉石包体，反映了它应该形成于它们之后。在强烈退变的榴辉岩中有蓝闪石（图 4.12），蓝闪石多呈后期生长的矿物围绕绿辉石产出。个别样品中绿片岩相变质作用强烈，毛发状的阳起石和钠长石合晶围绕绿辉石产出。电子探针分析表明，蓝闪石成分组成与典型蓝闪石成分相一致，其他角闪石类主要有钠钙角闪石和钙角闪石类，如冻蓝闪石、镁红闪石、镁角闪石、阳起石、浅闪石和含铁韭闪石等（表 4.7 和表 4.8）。

表 4.6　西藏羌塘中部片石山榴辉岩、退变榴辉岩（石榴子石蓝片岩）以及石榴子石白云母片岩中多硅白云母成分分析结果　（单位：%）

样品号	0639-1	0639-2	0641-1	0641-2	0641-3	0665-1	0665-2	0601-1	0601-2	0601-3	0601-4	0622-5	0622-6
岩性	榴辉岩	榴辉岩	榴辉岩	榴辉岩	榴辉岩	榴辉岩	榴辉岩	榴辉岩	榴辉岩	榴辉岩	榴辉岩	榴辉岩	榴辉岩
SiO_2	51.06	51.95	51.90	51.11	52.54	51.17	51.40	50.71	50.25	50.87	50.28	51.28	51.84
TiO_2	0.79	0.67	0.37	0.59	0.65	0.26	0.29	0.68	0.80	0.22	0.74	0.46	0.42
Al_2O_3	26.68	26.01	26.16	26.66	28.11	25.52	26.11	26.24	26.68	26.40	26.07	27.48	27.39
Cr_2O_3	0.00	0.00	0.05	0.04	0.03	0.00	0.04	0.05	0.00	0.02	0.00	0.01	0.00
FeO	3.08	2.94	3.06	3.17	3.34	2.97	2.84	3.89	3.46	3.73	3.73	3.73	3.53
MnO	0.01	0.00	0.02	0.00	0.00	0.00	0.00	0.03	0.00	0.00	0.02	0.01	0.00
MgO	3.14	3.37	3.41	3.23	3.08	3.64	3.58	1.57	3.08	2.85	3.08	3.27	3.28
CaO	0.03	0.00	0.01	0.00	0.00	0.19	0.05	0.00	0.00	0.00	0.01	0.01	0.03
Na_2O	0.63	0.67	0.47	0.51	0.53	0.94	0.74	0.54	0.65	0.27	0.54	0.60	0.66
K_2O	9.97	10.10	10.20	10.21	9.76	10.61	10.40	10.40	10.04	9.69	9.93	8.40	8.69
总计	95.40	95.72	95.64	95.53	98.03	95.31	95.45	94.10	94.96	94.04	94.39	95.25	95.84
O	11.00	11.00	11.00	11.00	11.00	11.00	11.00	11.00	11.00	11.00	11.00	11.00	11.00
Si	3.41	3.45	3.45	3.41	3.40	3.44	3.44	3.45	3.38	3.44	3.41	3.40	3.42
Al^{IV}	0.59	0.55	0.55	0.59	0.60	0.56	0.56	0.55	0.62	0.56	0.59	0.60	0.58
Al^{VI}	1.51	1.49	1.51	1.51	1.55	1.46	1.49	1.56	1.50	1.55	1.49	1.55	1.55
Ti	0.04	0.03	0.02	0.03	0.03	0.01	0.01	0.04	0.04	0.01	0.04	0.02	0.02
Cr	0.00	0.00	0.01	0.00	0.00	0.00	0.00	0.00	0.00	0.00	0.00	0.00	0.00
Fe^{2+}	0.17	0.16	0.17	0.18	0.18	0.17	0.16	0.22	0.20	0.21	0.21	0.21	0.20
Mn	0.00	0.00	0.00	0.00	0.00	0.00	0.00	0.00	0.00	0.00	0.00	0.00	0.00
Mg	0.31	0.33	0.34	0.32	0.30	0.37	0.36	0.16	0.31	0.29	0.31	0.32	0.32
Ca	0.00	0.00	0.00	0.00	0.00	0.01	0.00	0.00	0.00	0.00	0.00	0.00	0.00
Na	0.08	0.09	0.06	0.07	0.07	0.12	0.10	0.07	0.09	0.04	0.07	0.08	0.08
K	0.85	0.86	0.87	0.87	0.81	0.91	0.89	0.90	0.86	0.84	0.86	0.71	0.73
阳离子数	6.97	6.97	6.96	6.98	6.93	7.05	7.01	6.95	6.99	6.93	6.98	6.90	6.90

续表

样品号	0622-7	0622-8	0622-9	0622-10	0622-11	0622-12	0622-13	0622-14	0622-15	0637-1	0637-2	0637-3	0637-4	0637-5
岩性	榴辉岩	榴辉岩	榴辉岩	榴辉岩	榴辉岩	榴辉岩	榴辉岩	榴辉岩	榴辉岩	榴辉岩	榴辉岩	榴辉岩	榴辉岩	榴辉岩
SiO_2	50.58	50.32	50.21	51.34	51.27	50.69	51.82	52.37	50.63	50.90	51.16	50.71	51.45	51.43
TiO_2	0.28	0.63	0.76	0.48	0.49	0.71	0.33	0.22	0.60	0.50	0.48	0.49	0.47	0.63
Al_2O_3	29.27	27.71	26.06	27.29	26.79	26.21	27.19	26.47	26.75	26.46	27.05	27.59	26.53	27.10
Cr_2O_3	0.04	0.00	0.02	0.03	0.00	0.00	0.00	0.04	0.01	0.00	0.01	0.01	0.01	0.00
FeO	3.98	3.59	3.81	3.58	3.48	3.57	3.83	3.43	3.72	3.56	3.59	3.58	3.49	3.47
MnO	0.03	0.00	0.01	0.00	0.03	0.00	0.00	0.02	0.02	0.02	0.02	0.00	0.00	0.02
MgO	2.74	2.79	3.18	3.13	3.33	3.20	3.17	3.52	3.09	3.24	3.21	3.12	3.42	3.32
CaO	0.01	0.02	0.06	0.01	0.06	0.00	0.01	0.00	0.02	0.03	0.01	0.02	0.00	0.02
Na_2O	0.70	0.89	0.53	0.70	0.65	0.55	0.59	0.57	0.66	0.54	0.63	0.65	0.55	0.64
K_2O	7.11	9.59	9.64	8.84	9.11	10.23	8.34	8.59	10.00	9.62	8.85	8.81	9.31	8.79
总计	94.73	95.53	94.29	95.40	95.21	95.16	95.28	95.23	95.50	94.87	95.00	94.99	95.23	95.43
O	11.00	11.00	11.00	11.00	11.00	11.00	11.00	11.00	10.00	11.00	11.00	11.00	11.00	11.00
Si	3.35	3.36	3.40	3.41	3.42	3.41	3.43	3.47	3.39	3.42	3.41	3.38	3.43	3.41
Al^{IV}	0.65	0.64	0.60	0.59	0.58	0.59	0.57	0.53	0.61	0.58	0.59	0.62	0.57	0.59
Al^{VI}	1.64	1.54	1.48	1.54	1.52	1.49	1.56	1.54	1.50	1.51	1.54	1.55	1.51	1.53
Ti	0.01	0.03	0.04	0.02	0.03	0.04	0.02	0.01	0.03	0.03	0.02	0.02	0.02	0.03
Cr	0.00	0.00	0.00	0.00	0.00	0.00	0.00	0.00	0.00	0.00	0.00	0.00	0.00	0.00
Fe^{2+}	0.22	0.20	0.22	0.20	0.19	0.20	0.21	0.19	0.21	0.20	0.20	0.20	0.20	0.19
Mn	0.00	0.00	0.00	0.00	0.00	0.00	0.00	0.00	0.00	0.00	0.00	0.00	0.00	0.00
Mg	0.27	0.28	0.32	0.31	0.33	0.32	0.31	0.35	0.31	0.33	0.32	0.31	0.34	0.33
Ca	0.00	0.00	0.00	0.00	0.00	0.00	0.00	0.00	0.00	0.00	0.00	0.00	0.00	0.00
Na	0.09	0.12	0.07	0.09	0.08	0.07	0.08	0.07	0.09	0.07	0.08	0.08	0.07	0.08
K	0.60	0.82	0.83	0.75	0.78	0.88	0.71	0.73	0.85	0.82	0.75	0.75	0.79	0.74
阳离子数	6.84	6.98	6.97	6.92	6.94	6.99	6.88	6.89	6.99	6.96	6.92	6.92	6.94	6.91

续表

样品号	P22b01	P22b01	P22b01	P22b01	P22b01	P22b03	P22b03	P22b10	P22b10
岩性	退变榴辉岩	退变榴辉岩	退变榴辉岩	退变榴辉岩	退变榴辉岩	石榴白云母片岩	石榴白云母片岩	石榴白云母片岩	石榴白云母片岩
SiO_2	51.72	50.14	51.57	50.42	53.30	51.22	52.28	50.70	50.56
TiO_2	0.30	0.59	0.30	0.43	0.23	0.26	0.33	0.43	0.53
Al_2O_3	26.18	25.47	27.02	28.57	26.64	28.86	29.24	30.11	30.76
Cr_2O_3	0.08	0.02	0.40	0.05	0.00	0.03	0.02	0.00	0.00
FeO	4.59	4.65	3.14	2.83	3.14	2.76	2.58	2.10	2.14
MnO	0.00	0.01	0.02	0.04	0.05	0.00	0.00	0.07	0.03
MgO	3.35	3.28	3.30	2.88	3.47	2.76	2.84	2.51	2.35
CaO	0.00	0.01	0.00	0.11	0.00	0.02	0.00	0.00	0.00
Na_2O	0.36	0.34	0.43	0.87	0.32	0.52	0.30	0.92	0.91
K_2O	10.13	9.64	9.60	8.82	9.99	9.48	8.75	8.91	8.84
总计	96.71	94.15	95.78	95.02	97.14	95.91	96.34	95.75	96.12
O	11	11	11	11	11	11	11	11	11
Si	3.429	3.415	3.419	3.354	3.478	3.376	3.402	3.331	3.308
Al	2.046	2.045	2.111	2.241	2.049	2.242	2.243	2.332	2.372
Ti	0.015	0.030	0.015	0.022	0.011	0.013	0.016	0.021	0.026
Cr	0.004	0.001	0.021	0.003	0.000	0.002	0.001	0.000	0.000
Fe^{2+}	0.255	0.265	0.174	0.157	0.171	0.152	0.140	0.115	0.117
Mn	0.000	0.001	0.001	0.002	0.003	0.000	0.000	0.004	0.002
Mg	0.331	0.333	0.326	0.286	0.338	0.271	0.275	0.246	0.229
Ca	0.000	0.000	0.000	0.008	0.000	0.001	0.000	0.000	0.000
Na	0.046	0.045	0.055	0.112	0.040	0.066	0.038	0.117	0.115
K	0.857	0.838	0.812	0.749	0.832	0.797	0.726	0.747	0.738
阳离子数	6.983	6.973	6.934	6.933	6.922	6.921	6.842	6.914	6.907

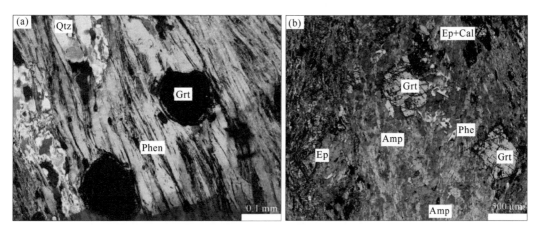

图 4.12 片石山榴辉岩（a）和蓝片岩（b）镜下特征，示不同形态角闪石及
与其他矿物相互关系

Qtz- 石英；Grt- 石榴子石；Phen- 蓝闪石；Ep- 绿帘石；Amp- 角闪石；Cal- 方解石

5. 其他变质矿物

除上述矿物外，榴辉岩中还含有少量的绿帘石、金红石、榍石、磷灰石、斜长石和石英等矿物，它们的总含量一般不超过 5%，其中绿帘石和金红石含量相对较多。绿帘石可以稳定在很宽的温压范围之内，因此也多产出在高压变质岩系中。片石山榴辉岩中绿帘石多呈细粒状产在基质中，局部可见绿帘石脉体，大多为后期退变质作用形成的。金红石呈不规则粒状、柱状产出，且多发生了退变质，形成榍石环绕在金红石颗粒周围。

4.3.2 羌塘中部蓝片岩

1. 荣玛蓝片岩

荣玛蓝片岩是本次考察的重点，主要岩石类型和矿物组合见表 4.9。蓝片岩中角闪石多呈半自形—自形长柱状，长度多在 0.5 mm 左右，大者可达 2 mm，其中蓝闪石多色性明显，N_g：浅蓝紫色，N_m：蓝色，N_p：浅黄色（图 4.13），部分蓝闪石发生了退变质作用，边部转变为阳起石 [图 4.13（c）]。不同岩石类型中蓝闪石的含量不均匀，一般在 20% 左右，多者可达 80%。角闪石主要为蓝闪石、青铝闪石、钠闪石、镁钠闪石和阳起石（角闪石类矿物分类据 Leake，1978），其中阳起石为退变矿物，其他为蓝片岩相变质作用峰期矿物（表 4.9）。角闪石类矿物中 $X_{Fe^{3+}}$ [=Fe^{3+}/（Fe^{3+}+Al^{VI})]变化较明显（图 4.14），典型蓝闪石中 $X_{Fe^{3+}}$ 在 0.12~0.33 之间，青铝闪石在 0.45~0.66 之间，钠闪石和镁钠闪石在 0.71~0.81 之间，而阳起石在 0.64~0.86 之间，反映出随着退变质作用的进行 $X_{Fe^{3+}}$ 具有逐渐增大的趋势。

表 4.7 西藏羌塘中部片石山榴辉岩中角闪石成分分析结果 （单位：%）

样品号	B51-2-1-6	B51-2-2-1	B51-2-2-2	b53-5-1-4	b53-5-1-7	b53-5-2-5	b53-5-3-1	b53-5-4-1	b53-5-5-2	b53-5-5-3	b53-5-7-1	b53-5-7-2	H07-10-2-6	P01-6-1-4
矿物	冻蓝闪石	蓝闪石	冻蓝闪石	冻蓝闪石	冻蓝闪石	冻蓝闪石	蓝闪石	蓝闪石	青铝闪石	冻蓝闪石	冻蓝闪石	冻蓝闪石	冻蓝闪石	冻蓝闪石
SiO_2	47.81	55.16	51.14	51.38	49.76	48.94	56.66	55.11	55.55	48.70	51.64	48.66	51.98	47.26
TiO_2	0.30	0.06	0.11	0.15	0.25	0.23	0.03	0.05	0.10	0.22	0.16	0.29	0.20	0.42
Al_2O_3	11.08	9.85	6.72	7.56	12.31	12.49	10.54	11.34	11.22	11.63	8.70	12.77	6.13	11.06
FeO	17.29	14.43	16.88	12.69	13.60	14.50	11.67	11.75	12.19	15.36	13.27	14.38	12.54	15.13
Cr_2O_3	0.00	0.02	0.00	0.10	0.39	0.00	0.05	0.03	0.00	0.02	0.19	0.04	0.03	0.01
MnO	0.04	0.02	0.07	0.06	0.07	0.08	0.05	0.05	0.09	0.11	0.09	0.10	0.05	0.05
MgO	8.75	8.70	10.70	12.81	10.10	9.91	10.00	9.56	9.87	10.07	11.62	9.77	14.47	10.41
CaO	6.37	0.55	8.05	8.00	5.90	6.31	1.53	1.84	2.33	6.94	7.05	6.65	9.02	8.29
Na_2O	4.12	6.27	2.76	3.42	4.72	4.41	6.32	6.23	5.85	4.32	3.67	4.68	2.71	3.47
K_2O	0.26	0.04	0.11	0.21	0.29	0.40	0.03	0.03	0.04	0.31	0.22	0.23	0.37	0.60
总计	96.02	95.10	96.54	96.38	97.39	97.27	95.99	96.88	97.24	97.68	96.61	97.57	97.50	96.70
Si	6.93	7.91	7.43	7.31	6.99	6.92	7.89	7.75	7.74	6.87	7.36	6.83	7.33	6.79
Al^{IV}	1.07	0.09	0.57	0.69	1.01	1.08	0.11	0.25	0.26	1.13	0.65	1.17	0.67	1.21
Al^{VI}	0.83	1.57	0.58	0.58	1.03	1.00	1.62	1.63	1.58	0.80	0.81	0.94	0.35	0.66
Cr	0.00	0.00	0.00	0.01	0.04	0.00	0.01	0.00	0.00	0.00	0.02	0.00	0.00	0.00
Fe^{3+}	1.29	0.24	0.72	0.98	1.11	1.17	0.18	0.31	0.23	1.41	0.75	1.39	0.95	1.32
Ti	0.03	0.01	0.01	0.02	0.03	0.02	0.00	0.01	0.01	0.02	0.02	0.03	0.02	0.05
Mg	1.89	1.86	2.32	2.72	2.12	2.09	2.08	2.00	2.05	2.12	2.47	2.05	3.04	2.23
Fe^{2+}	0.81	1.49	1.33	0.53	0.49	0.54	1.18	1.08	1.19	0.41	0.83	0.30	0.53	0.50
Mn	0.01	0.00	0.01	0.01	0.01	0.01	0.01	0.01	0.01	0.01	0.01	0.01	0.01	0.01
Ca	0.99	0.08	1.25	1.22	0.89	0.96	0.23	0.28	0.35	1.05	1.08	1.00	1.36	1.28
Na	1.16	1.74	0.78	0.94	1.29	1.21	1.71	1.70	1.58	1.18	1.01	1.27	0.74	0.97
K	0.05	0.01	0.02	0.04	0.05	0.07	0.01	0.01	0.01	0.06	0.04	0.04	0.07	0.11
总计	15.05	15.01	15.02	15.04	15.05	15.07	15.01	15.01	15.01	15.06	15.04	15.04	15.07	15.11

续表

样品号	0601-1c	0601-1r	0601-2c	0601-2r	0613-1	0613-2	0613-3	0613-4	0639-1	0639-2	0639-3	0639-4	0639-5	0639-6
矿物	冻蓝闪石	镁红闪石	镁角闪石	镁角闪石	浅闪石	镁红闪石	铁韭闪石	冻蓝闪石	镁红闪石	镁红闪石	镁红闪石	镁红闪石	镁红闪石	镁红闪石
SiO_2	47.71	44.83	46.44	49.28	46.96	45.69	39.68	47.12	46.83	47.28	47.47	48.23	48.68	48.09
TiO_2	0.31	0.32	0.46	0.06	0.48	0.42	0.04	0.45	0.51	0.55	0.61	0.46	0.45	0.47
Al_2O_3	9.56	11.05	10.47	6.43	11.24	12.02	17.19	10.83	12.31	12.43	12.57	11.62	11.53	11.84
Cr_2O_3	0.06	0.01	0.00	0.03	0.00	0.00	0.00	0.03	0.00	0.01	0.00	0.00	0.01	0.04
FeO	13.60	18.44	14.18	17.79	13.80	14.34	20.46	13.84	13.29	13.57	13.51	13.37	13.49	13.30
MnO	0.05	0.21	0.04	0.13	0.04	0.08	0.18	0.02	0.10	0.08	0.10	0.11	0.07	0.07
MgO	11.80	8.08	11.24	10.74	11.78	11.22	5.38	11.98	9.96	10.13	9.62	9.96	10.66	10.28
CaO	7.79	7.82	8.50	10.19	8.66	8.28	9.79	8.50	6.52	6.83	6.64	6.33	6.60	6.67
Na_2O	3.81	3.94	3.51	2.25	3.82	4.06	3.41	3.59	5.16	5.22	5.22	5.08	5.12	5.12
K_2O	0.55	0.46	0.56	0.21	0.65	0.64	1.21	0.67	0.61	0.58	0.64	0.46	0.40	0.45
总计	95.24	95.16	95.40	97.11	97.43	96.75	97.34	97.03	95.29	96.68	96.38	95.62	97.01	96.33
Si	7.03	6.80	6.88	7.29	6.81	6.68	6.05	6.83	6.94	6.92	6.98	7.09	7.04	7.03
Al^{IV}	0.97	1.20	1.12	0.71	1.19	1.32	1.95	1.17	1.06	1.08	1.02	0.91	0.96	0.97
Al^{VI}	0.69	0.77	0.71	0.41	0.73	0.75	1.14	0.68	1.09	1.06	1.15	1.11	1.01	1.07
Ti	0.03	0.04	0.05	0.01	0.05	0.05	0.01	0.05	0.06	0.06	0.07	0.05	0.05	0.05
Cr	0.01	0.00	0.00	0.00	0.00	0.00	0.00	0.00	0.00	0.00	0.00	0.00	0.00	0.01
Fe^{3+}	0.56	0.57	0.50	0.38	0.48	0.62	0.36	0.62	0.20	0.17	0.04	0.17	0.29	0.17
Fe^{2+}	1.12	1.77	1.26	1.82	1.19	1.13	2.25	1.06	1.45	1.49	1.62	1.48	1.34	1.46
Mn	0.01	0.03	0.01	0.02	0.01	0.01	0.02	0.00	0.01	0.01	0.01	0.01	0.01	0.01
Mg	2.59	1.83	2.48	2.37	2.55	2.45	1.22	2.59	2.20	2.21	2.11	2.18	2.30	2.24
Ca	1.23	1.27	1.35	1.61	1.35	1.30	1.60	1.32	1.04	1.07	1.05	1.00	1.02	1.05
Na	1.09	1.16	1.01	0.65	1.07	1.15	1.01	1.01	1.48	1.48	1.49	1.45	1.44	1.45
K	0.10	0.09	0.11	0.04	0.12	0.12	0.24	0.12	0.12	0.11	0.12	0.09	0.07	0.08
阳离子数	15.42	15.52	15.46	15.30	15.54	15.57	15.84	15.45	15.63	15.66	15.65	15.53	15.53	15.58

续表

样品号	0639-7	0639-8	0639-9	0641-1	0641-2	0641-3	0641-4c	0641-4r	0641-5	0641-6	0641-8i	0641-8i	0653-1	0653-2
矿物	镁红闪石	镁红闪石	镁红闪石	浅闪石	镁角闪石	镁角闪石	冻蓝闪石	浅闪石	镁红闪石	冻蓝闪石	冻蓝闪石	浅闪石	镁红闪石	冻蓝闪石
SiO_2	48.19	46.78	46.98	49.13	46.14	48.65	47.17	45.64	45.89	47.95	46.32	45.33	44.57	49.96
TiO_2	0.51	0.62	0.65	0.33	0.49	0.35	0.45	0.30	0.51	0.42	0.32	0.46	0.41	0.23
Al_2O_3	12.23	13.04	12.93	9.32	12.07	9.69	11.59	9.88	12.00	10.44	10.05	11.93	13.09	10.48
Cr_2O_3	0.01	0.02	0.03	0.00	0.01	0.00	0.03	0.01	0.01	0.03	0.03	0.00	0.00	0.00
FeO	13.80	13.70	13.51	12.71	14.01	13.10	13.91	17.47	13.98	13.87	18.35	17.48	14.90	13.10
MnO	0.11	0.05	0.06	0.07	0.05	0.03	0.00	0.10	0.01	0.07	0.05	0.05	0.07	0.08
MgO	10.29	9.96	9.95	11.79	10.75	12.07	11.26	10.18	10.79	11.41	8.81	9.42	9.29	11.04
CaO	6.47	7.25	6.45	8.70	8.65	8.73	8.50	10.75	8.31	8.35	8.36	8.73	7.61	6.60
Na_2O	5.22	4.95	5.27	3.76	3.44	3.46	3.74	2.50	3.96	3.71	3.56	3.80	4.29	4.71
K_2O	0.56	0.56	0.68	0.42	0.70	0.54	0.64	0.71	0.70	0.41	0.24	0.48	0.58	0.27
总计	97.39	96.93	96.51	96.23	96.31	96.62	97.29	97.54	96.16	96.66	96.09	97.68	94.81	96.47
Si	6.96	6.84	6.87	7.21	6.78	7.08	6.84	6.79	6.76	6.98	6.93	6.66	6.69	7.22
Al^{IV}	1.04	1.16	1.13	0.79	1.22	0.92	1.16	1.21	1.24	1.02	1.07	1.34	1.31	0.78
Al^{VI}	1.05	1.08	1.10	0.82	0.86	0.74	0.82	0.52	0.85	0.78	0.70	0.73	1.00	1.00
Ti	0.06	0.07	0.07	0.04	0.05	0.04	0.05	0.03	0.06	0.05	0.04	0.05	0.05	0.03
Cr	0.00	0.00	0.00	0.00	0.00	0.00	0.00	0.00	0.00	0.00	0.00	0.00	0.00	0.00
Fe^{3+}	0.31	0.17	0.25	0.02	0.42	0.30	0.42	0.34	0.39	0.42	0.55	0.58	0.42	0.31
Fe^{2+}	1.36	1.51	1.41	1.54	1.30	1.30	1.27	1.84	1.34	1.27	1.75	1.57	1.45	1.27
Mn	0.01	0.01	0.01	0.01	0.01	0.00	0.00	0.01	0.00	0.01	0.01	0.01	0.01	0.01
Mg	2.22	2.17	2.17	2.58	2.35	2.62	2.44	2.26	2.37	2.48	1.96	2.06	2.08	2.38
Ca	1.00	1.14	1.01	1.37	1.36	1.36	1.32	1.71	1.31	1.30	1.34	1.38	1.22	1.02
Na	1.46	1.40	1.49	1.07	0.98	0.98	1.05	0.72	1.13	1.05	1.03	1.08	1.25	1.32
K	0.10	0.10	0.13	0.08	0.13	0.10	0.12	0.14	0.13	0.08	0.05	0.09	0.11	0.05
阳离子数	15.57	15.64	15.63	15.52	15.47	15.44	15.49	15.57	15.58	15.43	15.42	15.55	15.58	15.39

续表

样品号	0653-4	0653-5	0653-5	0653-9	0665-1	0665-10	0665-13	0665-2	0665-3	0665-4	0665-8	0665-9
矿物	冻蓝闪石	阳起石	冻蓝闪石	冻蓝闪石	阳起石	镁角闪石	阳起石	冻蓝闪石	铁角闪石	阳起石	冻蓝闪石	浅闪石
SiO_2	49.41	52.56	51.96	49.49	53.56	52.45	52.29	51.77	38.38	54.78	51.86	48.66
TiO_2	0.23	0.17	0.23	0.26	0.07	0.13	0.11	0.15	0.09	0.04	0.12	0.30
Al_2O_3	10.34	5.12	6.58	10.54	3.79	5.53	6.55	6.61	28.02	2.67	6.53	9.69
Cr_2O_3	0.02	0.15	0.18	0.00	0.02	0.01	0.00	0.03	0.00	0.02	0.00	0.00
FeO	13.75	11.72	11.89	13.33	12.95	11.30	10.65	11.31	6.37	10.60	11.71	12.57
MnO	0.04	0.08	0.07	0.07	0.11	0.07	0.06	0.06	0.04	0.03	0.03	0.05
MgO	11.31	14.72	13.88	10.96	15.16	14.90	14.70	14.42	0.08	16.66	13.68	12.05
CaO	6.94	8.95	8.42	6.71	9.63	8.89	8.82	8.48	22.92	9.91	8.63	8.71
Na_2O	4.59	2.86	3.27	4.63	2.07	2.90	3.17	3.15	0.06	1.73	3.23	3.89
K_2O	0.28	0.17	0.20	0.34	0.08	0.17	0.23	0.23	0.00	0.15	0.22	0.37
总计	96.91	96.50	96.68	96.33	97.44	96.35	96.58	96.21	95.96	96.59	96.01	96.29
Si	7.12	7.54	7.45	7.18	7.60	7.51	7.47	7.42	6.49	7.77	7.50	7.12
Al^{IV}	0.88	0.46	0.55	0.82	0.40	0.49	0.53	0.58	1.51	0.23	0.50	0.88
Al^{VI}	0.88	0.40	0.56	0.98	0.23	0.44	0.58	0.54	4.06	0.21	0.62	0.79
Ti	0.03	0.02	0.03	0.03	0.01	0.01	0.01	0.02	0.01	0.00	0.01	0.03
Cr	0.00	0.02	0.02	0.00	0.00	0.00	0.00	0.00	0.00	0.00	0.00	0.00
Fe^{3+}	0.47	0.43	0.40	0.34	0.64	0.45	0.31	0.49	0.00	0.50	0.23	0.11
Fe^{2+}	1.19	0.98	1.03	1.28	0.90	0.90	0.97	0.87	0.90	0.76	1.18	1.43
Mn	0.01	0.01	0.01	0.01	0.01	0.01	0.01	0.01	0.01	0.00	0.00	0.01
Mg	2.43	3.15	2.97	2.37	3.21	3.18	3.13	3.08	0.02	3.52	2.95	2.63
Ca	1.07	1.38	1.29	1.04	1.46	1.36	1.35	1.30	2.00	1.51	1.34	1.37
Na	1.28	0.80	0.91	1.30	0.57	0.81	0.88	0.88	0.02	0.48	0.91	1.10
K	0.05	0.03	0.04	0.06	0.01	0.03	0.04	0.04	0.00	0.03	0.04	0.07
阳离子数	15.41	15.20	15.24	15.41	15.05	15.20	15.27	15.22	15.02	15.01	15.29	15.54

表 4.8　冈玛错地区退变榴辉岩中角闪石成分特征

样品	Tg10-T15 退变榴辉岩中角闪石成分特征										
SiO_2	53.60	45.19	49.93	50.54	51.24	53.04	50.27	51.95	53.26	53.10	52.49
TiO_2	0.00	0.00	0.09	0.09	0.18	0.03	0.23	0.18	0.00	0.09	0.00
Al_2O_3	4.96	7.70	8.52	7.30	8.40	3.55	8.30	7.52	2.56	6.13	5.27
FeO	14.20	22.00	14.15	14.60	13.84	13.31	14.50	13.37	13.46	12.69	13.17
Cr_2O_3	0.01	0.07	0.00	0.00	0.02	0.02	0.01	0.00	0.01	0.00	0.00
MnO	0.02	0.05	0.00	0.08	0.00	0.01	0.00	0.01	0.04	0.00	0.03
MgO	12.78	7.81	11.46	11.73	11.48	14.01	11.84	12.66	14.19	13.50	13.87
CaO	8.77	11.34	8.11	8.32	7.53	9.89	8.19	8.91	10.87	9.19	9.10
Na_2O	2.36	1.47	3.42	2.97	3.65	1.68	3.37	3.13	1.29	2.65	2.38
K_2O	0.15	0.39	0.30	0.25	0.25	0.18	0.29	0.32	0.15	0.18	0.13
总计	96.82	95.95	95.98	95.88	96.55	95.71	96.98	98.05	95.81	97.53	96.45
Si	7.70	6.95	7.28	7.37	7.39	7.71	7.25	7.40	7.79	7.56	7.53
Al^{IV}	0.30	1.05	0.72	0.63	0.61	0.29	0.75	0.60	0.21	0.44	0.47
SumT	8.00	8.00	8.00	8.00	8.00	8.00	8.00	8.00	8.00	8.00	8.00
Al^{VI}	0.53	0.34	0.75	0.63	0.82	0.32	0.66	0.67	0.23	0.59	0.42
Cr	0.00	0.01	0.00	0.00	0.00	0.00	0.00	0.00	0.00	0.00	0.00
Fe^{3+}	0.26	0.37	0.20	0.33	0.15	0.29	0.34	0.08	0.11	0.12	0.44
Ti	0.00	0.00	0.01	0.01	0.02	0.00	0.02	0.02	0.00	0.01	0.00
Mg	2.76	1.80	2.51	2.57	2.49	3.06	2.56	2.71	3.12	2.89	2.99
Fe^{2+}	1.44	2.46	1.52	1.45	1.52	1.32	1.41	1.51	1.54	1.39	1.14
Mn	0.00	0.01	0.00	0.01	0.00	0.00	0.00	0.00	0.00	0.00	0.00
Ni	0.00	0.01	0.00	0.00	0.00	0.00	0.00	0.01	0.00	0.00	0.01
SumC	5.00	5.00	5.00	5.00	5.00	5.00	5.00	5.00	5.00	5.00	5.00
Ca	1.35	1.87	1.27	1.30	1.16	1.54	1.26	1.36	1.70	1.40	1.40
Na	0.65	0.13	0.73	0.70	0.84	0.46	0.74	0.64	0.30	0.60	0.60
SmB	2.00	2.00	2.00	2.00	2.00	2.00	2.00	2.00	2.00	2.00	2.00
Na	0.13	0.39	0.42	0.30	0.38	0.10	0.39	0.39	0.14	0.27	0.19
K	0.03	0.08	0.06	0.05	0.05	0.03	0.05	0.06	0.03	0.03	0.02
矿物定名	蓝透闪石	镁角闪石	冻蓝闪石	冻蓝闪石	冻蓝闪石	阳起石	冻蓝闪石	冻蓝闪石	阳起石	蓝透闪石	蓝透闪石

表 4.9　西藏羌塘中部荣玛蓝片岩代表性岩石类型及其矿物组合

岩石类型	矿物组合
蓝闪石片岩	蓝闪石＋青铝闪石＋阳起石＋绿帘石＋钠长石
绿帘绿泥蓝片岩	青铝闪石＋钠闪石＋镁钠闪石＋绿帘石＋绿泥石＋钠长石＋石英
石榴绿帘蓝片岩	蓝闪石＋阳起石＋石榴子石＋绿帘石＋黝帘石＋多硅白云母＋金红石
蓝闪石大理岩	青铝闪石＋钠闪石＋方解石

图 4.13 西藏羌塘中部荣玛蓝片岩野外露头及显微照片

（a）蓝片岩远景露头照片；（b）蓝片岩近景露头照片；（c）、（d）显微照片；Gln-蓝闪石；Grt-石榴子石；

Phen-多硅白云母；Act-阳起石

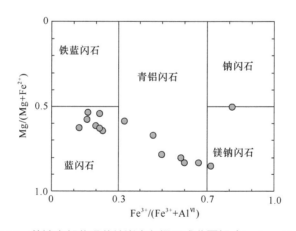

图 4.14 羌塘中部荣玛蓝片岩中角闪石成分图解（Leake，1978）

　　石榴子石多呈自形粒状，粒度多在 1~2 mm 之间，含量最多可达 30%。石榴子石以铁铝榴石为主（0.614~0.663），其次为钙铝榴石（0.299~0.322），镁铝榴石和锰铝榴石含量很少（表 4.3）。多数石榴子石成分较均匀，局部样品中石榴子石具有较好的环带结构，电子探针成分变化与片石山和冈玛错榴辉岩中的石榴子石基本一致，特别是从石榴子石核部到边部，锰铝榴石含量具有明显降低的趋势（图 4.15），指示石榴子石形成于进变质作用过程。多硅白云母，自形片状，长度多在 0.1~0.2 mm 之间，含量在 5% 左右。白云母 SiO_2 含量在 52.10%~52.90% 之间，根据 11 个氧原子计算，云母中 Si 在 3.493~3.525 之间，Mg/（Mg+Fe）在 0.65~0.85 之间，为典型的多硅白云母（表 4.6、图 4.16）。斜长石多呈不规则状，产在角闪石和石榴子石之间的空隙中，显示出它为蓝片岩后期退变质的产物，含量在 5% 左右，成分中 Ab 在 98 左右，均为钠长石。绿帘石呈半自形粒状、板柱状，部分呈不规则状，含量在 3% 左右。此外，部分岩石中还含有少量黑硬绿泥石，未见硬玉和硬柱石。

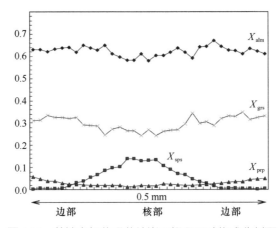

图 4.15　羌塘中部荣玛蓝片岩石榴子石矿物成分剖面

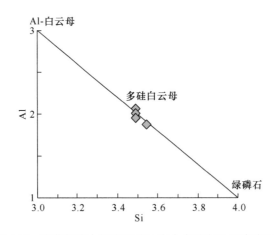

图 4.16　西藏羌塘中部荣玛蓝片岩中多硅白云母成分图解

　　根据荣玛蓝片岩中矿物成分，推断它主要经历了峰期蓝片岩相变质作用和后期绿片岩相退变质作用，由矿物之间的共生关系可知，峰期变质矿物主要有石榴子石、钠质角闪石（包括蓝闪石、青铝闪石、镁钠闪石和钠闪石）和多硅白云母，后期变质矿物主要有阳起石、绿帘石、黝帘石和钠长石。

2. 冈玛日蓝片岩

冈玛错地区蓝片岩主要由蓝闪石、青铝闪石、阳起石、黝帘石、绿帘石、方解石、榍石等组成。钠质角闪石主要呈柱状、片状和纤维状，多色性明显，在显微镜下呈蓝色或浅蓝色。阳起石呈长柱状、针状和纤维状，淡绿色多色性，显微镜下呈淡黄绿色。电子探针矿物学分析结果显示，钠质角闪石 SiO_2 含量为 55%~57%，Al_2O_3 为 7%~11%，MgO 为 5%~10%，Na_2O 为 6%~7%，FeOt 为 14%~20%（表 4.7）。在钠质角闪石分类图解上（Leake，1978），钠质角闪石多属于蓝闪石和青铝闪石亚类（图 4.17）。多硅白云母中 SiO_2 含量为 51%~53%，Al_2O_3 为 22%~35%，MgO 为 4%~5%，K_2O 在 11% 左右，为典型多硅白云母。

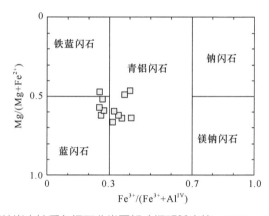

图 4.17　冈玛日蓝片岩中钠质角闪石分类图解（据邓希光等，2000a；Leake et al.，1997）

3. 红脊山蓝片岩

红脊山蓝片岩是龙木错—双湖缝合带唯一含有大量硬柱石的蓝片岩，主要岩石类型包括：硬柱石蓝闪片岩、硬柱石蓝闪岩、透闪石化硬柱石蓝闪片岩、绿帘蓝闪片岩、绿帘蓝闪阳起片岩等（陆济璞等，2006），岩石主要由蓝闪石、硬柱石、阳起石、透闪石、绿泥石、绿帘石和钠长石等矿物组成。主要变质矿物组合：硬柱石 + 蓝闪石 + 钠长石 ± 绿泥石 ± 绿帘石，蓝闪石 + 硬柱石 ± 钠长石 ± 绿帘石，阳起石 + 硬柱石 + 蓝闪石 ± 钠长石 ± 云母 ± 绿泥石，阳起石 + 蓝闪石 + 钠长石 ± 绿帘石 ± 绿泥石 ± 多硅白云母，蓝闪石 + 方解石 ± 绿帘石 ± 阳起石。

蓝闪石类矿物多呈浅蓝色、灰蓝色纤柱状、针柱状或毛发状集合体，粒度（长）以 0.5 mm 左右为主，个别可达 1~2 mm，蓝闪石局部定向排列，多色性明显，呈灰蓝色或深蓝色含量 5%~50% 不等。电子探针矿物分析结果显示（表 4.8），蓝闪石 SiO_2 含量为 53%~58%，Al_2O_3 为 6.3%~9.7%，MgO 为 4.5%~8.2%，Na_2O 6.4%~8.7%，FeOt 为 14%~21%。在钠质角闪石分类图解上（Leake，1978），多落在蓝闪石、铁蓝闪石和青铝闪石的区域内（图 4.18）。硬柱石主要呈自形—半自形柱状，粒径多小于 0.5 mm，

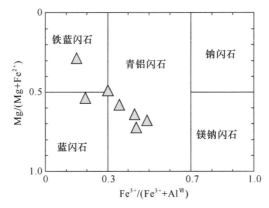

图 4.18 羌塘中部红脊山蓝片岩中钠质角闪石分类图解（据陆济璞等，2006；Leake et al.，1997）

显微镜下可见与蓝闪石共生互相穿插共生的矿物组合。电子探针矿物分析结果显示，SiO_2 含量为 38%~40%，Al_2O_3 为 29%~31%，CaO 为 16%~18%（陆济璞等，2006）。

4.4 地球化学

4.4.1 羌塘中部榴辉岩

1. 主量及微量元素特征

榴辉岩 SiO_2 含量在 40.31%~57.83% 之间（表 4.10、表 4.11 和表 4.12）。Na_2O+K_2O 含量在 1.61%~4.21% 之间，$Na_2O > K_2O$，显示碱性玄武岩特征。Al_2O_3 含量在 10.33%~16.23% 之间，CaO 含量在 8.08%~12.29% 之间，TiO_2 含量在 1.59%~4.54% 之间，Fe_2O_3t 含量为 14.25%~20.44%，MgO 含量较低，介于 4.15%~7.24% 之间，$Mg^{\#}$ 为 37~51。在哈克图解中（图 4.19 和图 4.20）所有榴辉岩样品的 MgO 变化范围很小（5.30%~7.41%）。SiO_2 含量变化较大（42%~51%）[图 4.21（a）]。对于变质基性岩来说，由于变质分带或变质分异作用，很难获得真正有代表性的全岩样品，因此这种显著的变化是相当普遍的。戈木榴辉岩的 TiO_2 含量（3.4%~5.5%）明显高于冈玛错榴辉岩（2.1%~2.7%）。榴辉岩中微量元素的整体变化小，且二者的 Nb 和 Ta 明显不同 [图 4.20（c）]，Th 和 U 含量也存在差别 [（图 4.20（a）、（b）]。Cr 含量小于 200×10^{-6}，Ni 含量小于 106×10^{-6} [图 4.20（i）、（j）]，表明榴辉岩的原岩经历了显著的分异（例如辉石和橄榄石）。在变质过程中碱性元素（K、Na、Rb 和 Cs）是活动性元素；它们不适合使用 TAS 图对榴辉岩原岩进行分类（Lebas et al.，1986）。因此 TAS 分类图解仅作为参考 [图 4.21（a）]。在 Zr/TiO_2-Nb/Y 图解上（Winchester and Floyd，1976）[图 4.21（b）]，样品点大部分落在碱性玄武岩的区域内，少量投入安山质玄武岩区域，和冈玛错地区的蓝片岩一致（邓希光，2002），另外一个样品落在亚碱性玄武岩的区域内。因此，羌塘中部榴辉岩的原岩可能是碱性玄武岩和安山质玄武岩。

表 4.10　片石山地区榴辉岩主量元素（%）和微量元素（10^{-6}）分析结果

成分	E0601	E0605	E0611	E0613	E0615	E0616	E0620	E0622	E0629	E0635	E0639	E0642	E0644	E0647	E0654	E0657	E0659	E0666
SiO_2	44.52	43.94	45.25	46.68	45.16	45.46	47.11	47.61	45.62	46.97	45.65	46.55	46.15	46.66	48.26	49.01	47.98	45.38
TiO_2	5.53	5.36	4.98	4.09	5.51	4.99	4.12	4.48	4.99	4.12	4.69	4.23	4.32	4.23	3.41	3.5	3.59	4.67
Al_2O_3	12.58	11.92	12.05	12.88	11.96	12.29	11.98	12.51	11.09	12.69	12.38	12.88	11.99	12.54	12.68	13.63	13.08	11.29
Fe_2O_3t	16.98	16.88	16.33	16	17.88	16.34	16.49	15.26	17.28	15.69	15.96	15.66	16.42	15.78	15.53	15.54	16.13	17.32
MnO	0.14	0.18	0.19	0.2	0.22	0.2	0.19	0.15	0.22	0.19	0.19	0.17	0.2	0.2	0.19	0.21	0.23	0.22
MgO	5.98	6.45	6.38	5.94	5.63	6.08	5.98	6.76	7.03	6.05	6.25	5.99	6.43	5.99	5.69	5.34	5.42	7.24
CaO	8.61	9.99	10.33	9.97	9.48	10.06	8.99	8.96	10.53	9.63	10.08	9.99	10.21	10.18	9.56	7.44	8.68	10.46
Na_2O	2.55	2.68	2.69	2.56	2.71	2.53	2.89	2.75	2.31	2.66	2.82	2.63	2.59	2.72	2.82	3.05	2.88	2.34
K_2O	1.25	0.61	0.6	0.93	0.67	0.84	0.89	0.66	0.36	0.9	0.85	0.95	0.69	0.8	0.79	0.99	0.88	0.21
P_2O_5	0.31	0.28	0.26	0.36	0.33	0.28	0.4	0.23	0.29	0.33	0.28	0.33	0.32	0.32	0.3	0.33	0.33	0.28
LOL	0.85	1.13	0.38	0.48	0.02	0.37	0.48	0.13	0	0.25	0.33	0.1	0.08	0.02	0.32	0.67	0.15	0.07
总计	99.3	99.42	99.44	100.09	99.57	99.44	99.52	99.5	99.72	99.48	99.48	99.48	99.4	99.44	99.55	99.71	99.35	99.48
$Mg^{\#}$	41.3	43.3	43.9	42.6	38.6	42.7	42.0	47.0	44.9	43.5	43.9	43.3	43.9	43.2	42.3	40.7	40.2	45.5
Cr	22.2	76.4	85.8	106	20.8	71.5	96.8	133	127	125	99.9	103	120	111	61.1	48.3	52.7	169
V	609	670	610	436	615	602	470	556	655	283	554	528	550	516	445	426	434	645
Co	60	61.8	58.6	45.3	57.3	56.5	54.3	56	62.4	51.1	54.2	52.5	56	52.8	45.5	46.7	46.7	64
Ni	69.7	83	82.9	66.3	52.2	74.9	67.1	94.2	91.7	76.1	77.5	86.3	83	77.8	63.9	56.7	58.6	106
Ga	26.9	25.1	24.3	23.7	25.5	24.7	27.2	25.2	22.6	25.3	24.9	26.4	25.7	25.4	27.6	26.5	27.8	22.3
Rb	39.2	20.1	15.6	27.4	17.9	26.2	26.3	22.1	10.9	27	26.6	30	20.3	24.4	25.3	36.7	32.5	5.06
Sr	353	333	453	401	452	481	377	441	391	414	431	509	339	500	391	260	314	253
Y	26.5	26.5	25.5	31.2	31.3	27.1	34.9	27.4	27	29.3	27.3	29.9	29.7	29.9	33.3	33.6	34.6	28.5
Zr	206	178	166	186	218	195	259	194	182	87.3	144	196	197	199	218	259	267	174
Nb	26.4	23.1	22.4	21.7	27.8	22.6	28.7	21.4	21.8	24.2	22.9	24.2	23.8	23.5	21.8	22.8	23.4	22.4
Cs	1.36	1.02	0.43	0.7	0.47	0.62	0.58	0.78	0.34	0.73	0.69	0.95	0.48	0.73	0.66	1.1	0.8	0.08

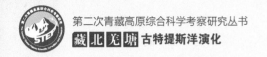

续表

成分	E0601	E0605	E0611	E0613	E0615	E0616	E0620	E0622	E0629	E0635	E0639	E0642	E0644	E0647	E0654	E0657	E0659	E0666
Ba	301	145	109	176	134	183	187	158	74.4	186	162	222	146	172	178	284	207	17.1
La	23.3	19.9	19.3	24	25.3	20.7	28.9	21.1	19.6	24.5	21	24.6	23.2	23.9	24.4	26	26.4	21
Ce	55.9	48.9	46.7	53.1	61.1	50.9	70.1	52.4	48.1	59.4	51.1	59.5	56.9	57.7	60.5	64.2	65.3	51.2
Pr	6.85	5.94	5.78	7.17	7.45	6.29	8.64	6.46	5.86	7.31	6.25	7.21	7.02	7.02	7.45	7.9	8.14	6.41
Nd	31.1	27.7	26.5	32.4	33.2	28.9	38.7	30.1	27.2	32.7	28.1	32.2	31.5	31.7	34.1	35.8	36.6	29.3
Sm	6.91	6.42	6.47	7.45	7.67	6.72	8.88	7.01	6.34	7.4	6.6	7.47	7.15	7.23	7.96	8.32	8.56	6.89
Eu	2.22	2.21	2.15	2.51	2.49	2.28	2.93	2.29	2.14	2.47	2.25	2.59	2.44	2.41	2.56	2.66	2.73	2.16
Gd	6.63	5.99	6	6.85	7.28	6.36	8.42	6.6	6.22	7.13	6.15	7.09	7.17	6.8	7.52	7.93	8.35	6.62
Tb	0.98	0.92	0.9	1.07	1.09	0.97	1.24	0.95	0.95	1.06	0.98	1.06	1.05	1.05	1.18	1.17	1.24	0.98
Dy	5.53	5.32	5.08	5.95	6.18	5.55	7.12	5.48	5.42	6.12	5.32	6.09	5.99	5.94	6.5	6.67	7.01	5.76
Ho	0.98	0.98	0.95	1.12	1.15	1	1.29	1.04	1	1.11	0.98	1.12	1.09	1.07	1.26	1.24	1.29	1.08
Er	2.58	2.56	2.45	2.86	2.97	2.66	3.29	2.64	2.57	2.85	2.5	2.91	2.83	2.77	3.23	3.29	3.47	2.77
Tm	0.31	0.32	0.33	0.38	0.37	0.34	0.43	0.33	0.33	0.38	0.33	0.37	0.36	0.34	0.4	0.41	0.46	0.35
Yb	1.95	1.94	1.85	2.23	2.31	2.05	2.6	2.07	2	2.25	2.04	2.24	2.15	2.17	2.5	2.65	2.62	2.13
Lu	0.28	0.27	0.27	0.32	0.32	0.28	0.35	0.29	0.29	0.32	0.28	0.31	0.31	0.31	0.35	0.38	0.39	0.3
Hf	4.2	3.59	3.41	3.72	4.6	4.16	5.2	4.26	3.9	1.97	3.01	4.03	4	4.06	4.51	5.31	5.51	3.65
Ta	1.73	1.51	1.45	1.38	1.79	1.47	1.82	1.38	1.42	1.5	1.49	1.5	1.52	1.48	1.42	1.46	1.49	1.44
Pb	2.51	1.92	2.13	1.75	2.46	2.36	3.83	2.78	2.39	2.16	1.87	2.27	2.35	2.15	3.01	3.63	2.55	1.44
Th	2.51	2.23	2.3	2.77	2.93	2.31	3.4	2.45	2.19	2.76	2.37	2.76	2.55	2.6	2.86	2.98	3.14	2.35
U	0.57	0.53	0.47	0.54	0.61	0.52	0.7	0.53	0.48	0.6	0.52	0.59	0.58	0.59	0.69	0.8	0.73	0.52
Nb/La	1.13	1.16	1.16	0.90	1.10	1.09	0.99	1.01	1.11	0.99	1.09	0.98	1.03	0.98	0.89	0.88	0.89	1.07
Ce/Pb	22.3	25.5	21.9	30.3	24.8	21.6	18.3	18.8	20.1	27.5	27.3	26.2	24.2	26.8	20.1	17.7	25.6	35.6
$(Nb/Nb^*)_{Pm}$	1.17	1.18	1.14	0.90	1.09	1.11	0.98	1.01	1.13	1.00	1.10	1.00	1.05	1.01	0.88	0.88	0.87	1.08

注：$Mg^{\#}=100[Mg/(Mg+Fe^{2+})]$；$(Nb/Nb^*)_{Pm}=Nb_{Pm}/(Th_{Pm}\times La_{Pm})^{0.5}$。

表 4.11　果干加年山榴辉岩地球化学数据

	MT5H1	MT5H2	MT5H3	MT5H6	MT5H7	MT5H8
SiO_2	45.96	45.37	46.76	44.96	47.12	47.27
TiO_2	1.85	1.61	1.69	2.82	1.77	1.65
Al_2O_3	15.70	15.82	14.78	16.23	14.82	14.61
Fe_2O_3t	12.21	12.62	12.79	11.91	13.00	12.81
MgO	7.98	8.51	6.93	7.35	6.72	7.55
MnO	0.20	0.21	0.21	0.20	0.20	0.21
CaO	12.55	12.59	13.19	13.43	12.18	11.73
Na_2O	1.88	1.90	2.26	1.64	2.84	2.79
K_2O	0.07	0.08	0.09	0.07	0.08	0.10
P_2O_5	0.08	0.10	0.19	0.09	0.18	0.12
LOL	1.19	0.85	0.77	0.95	0.74	0.82
总计	99.66	99.66	99.66	99.67	99.66	99.65
$Mg^{\#}$	57	57	52	55	51	54
La	3.76	3.61	3.36	3.85	3.38	3.51
Ce	11.30	10.67	10.45	11.39	10.56	10.84
Pr	1.91	1.82	1.82	1.93	1.83	1.85
Nd	10.50	10.01	9.99	10.67	10.14	10.15
Sm	3.76	3.58	3.48	3.84	3.55	3.57
Eu	1.29	1.21	1.21	1.33	1.24	1.25
Gd	5.36	5.03	4.81	5.50	4.91	4.95
Tb	0.99	0.91	0.86	1.03	0.88	0.89
Dy	6.82	6.28	5.81	7.21	5.93	6.08
Ho	1.56	1.43	1.29	1.68	1.32	1.36
Er	4.45	4.09	3.65	4.85	3.72	3.84
Tm	0.65	0.60	0.53	0.72	0.53	0.56
Yb	4.20	3.94	3.43	4.72	3.49	3.62
Lu	0.62	0.58	0.51	0.70	0.52	0.53
ΣREE	57.16	53.77	51.19	59.43	51.98	53.00
$(La/Yb)_N$	0.64	0.66	0.70	0.59	0.69	0.70
Eu/Eu*	0.88	0.87	0.91	0.89	0.91	0.91
Y	42.88	39.05	34.62	45.96	34.92	35.86
Rb	0.87	1.03	1.17	0.97	0.92	1.27
Sr	177.76	152.45	129.34	176.18	115.74	106.50
Ba	3.58	12.09	2.59	3.57	2.31	4.02
Nb	3.69	3.06	2.31	4.77	2.34	2.57
Ta	0.27	0.19	0.20	0.31	0.15	0.17
Zr	121.42	120.09	118.34	128.66	120.54	116.56
Hf	3.04	2.99	2.90	3.28	2.98	2.91
V	282.60	267.76	287.00	295.80	287.20	277.00
Cr	229.00	219.78	206.80	232.40	208.40	201.20
Co	37.71	33.20	43.52	30.36	44.51	42.24
Ni	80.04	81.38	94.20	78.56	84.16	87.10
Sc	0.04	0.04	0.03	0.04	0.04	0.09
Th	0.23	0.19	0.15	0.22	0.13	0.15
U	0.17	0.15	0.08	0.19	0.09	0.12

注：主量元素含量单位为 %；微量元素含量单位为 10^{-6}。

表 4.12　冈玛错地区榴辉岩主量元素（%）和微量元素（10^{-6}）分析结果

成分	T1015-2	T1015-3	1015-5	T1015-6	T1015-H8	T1015-9	T1015-10	GMC0701*	GMC0702*	GMC0703*	GMC0704*	GMC0705*	GMC0705*
SiO_2	51.15	47.55	49.96	51.60	51.20	55.53	44.76	47.60	44.75	43.27	47.54	43.99	43.69
TiO_2	1.85	2.02	1.59	1.78	1.77	1.59	2.23	2.06	2.72	2.42	2.41	2.10	2.23
Al_2O_3	12.25	13.09	13.62	12.01	12.42	11.21	13.26	14.78	12.89	13.59	12.84	14.78	14.68
Fe_2O_3t	16.65	17.56	13.69	16.06	15.78	14.83	18.65	11.98	18.52	19.98	17.01	16.85	17.08
MnO	0.24	0.24	0.21	0.19	0.15	0.22	0.27	0.19	0.34	0.36	0.37	0.32	0.34
MgO	5.18	6.02	6.50	5.31	5.44	4.66	6.40	6.45	6.22	5.93	6.51	7.49	6.89
CaO	8.87	9.78	10.87	9.27	9.46	8.36	12.29	12.03	11.52	11.32	7.20	7.67	11.16
Na_2O	2.51	2.70	2.23	2.47	2.44	2.13	1.51	2.04	1.49	1.44	3.45	1.97	1.25
K_2O	0.28	0.30	0.23	0.20	0.34	0.17	0.10	0.41	0.39	0.21	0.47	1.30	0.49
P_2O_5	0.18	0.20	0.14	0.18	0.19	0.20	0.09	0.22	0.05	0.28	0.31	0.19	0.14
LOI	0.47	0.48	0.92	0.55	0.51	0.39	0.64	1.65	0.62	0.70	1.50	2.81	1.52
总计	99.65	99.95	99.95	99.63	99.70	99.32	100.20	99.41	99.51	99.50	99.61	99.47	99.47
$Mg^\#$	42.29	44.67	52.75	43.74	44.77	42.50	44.67	55.89	44.14	41.12	47.38	51.12	48.70
Cr	39.4	40.4	106	38.3	38.5	38.1	41.3	175	53.5	39.0	40.0	101	105
V	455	474	407	455	490	468	564	345	667	600	575	551	574
Co	46.1	50.3	46.1	47.1	49.9	48.7	56.2	42.4	56.3	56.6	49.7	50.0	57.6
Ni	40.0	43.0	72.9	38.5	40.0	39.4	45.5	74.8	59.1	47.8	44.6	82.0	85.6
Ga	19.0	19.4	18.4	19.7	21.1	19.2	17.8	28.0	22.5	23.6	27.2	31.1	28.3
Rb	9.01	8.17	7.22	6.08	12.3	6.04	1.24	20.9	19.9	9.49	25.7	60.5	28.3
Sr	219	215	269	244	240	171	356	430	204	202	176	565	365
Y	43.3	44.9	35.2	42.1	42.3	45.7	52.3	35.7	52.8	58.2	52.7	41.4	41.5
Zr	129	139	106	126	131	132	160	163	224	225	209	142	158
Nb	9.63	10.4	5.64	9.40	9.78	9.94	12.4	13.8	12.3	10.8	11.2	7.05	7.24
Cs	0.775	0.782	0.646	0.642	0.961	0.630	0.188	2.74	1.28	1.83	5.13	7.26	3.06

续表

成分	T1015-2	T1015-3	1015-5	T1015-6	T1015-H8	T1015-9	T1015-10	GMC0701*	GMC0702*	GMC0703*	GMC0704*	GMC0705*	GMC0706*
Ba	317	411	161	234	333	194	70.8	323	178	79.5	71.2	596	179
La	12.7	13.8	7.36	12.5	13.3	12.7	15.2	21.0	24.4	23.1	20.0	14.1	12.7
Ce	29.5	32.1	19.1	29.0	31.1	29.3	35.7	47.7	56.5	53.5	46.7	34.7	31.4
Pr	3.89	4.24	2.76	3.84	4.12	3.90	4.74	5.59	6.70	6.39	5.80	4.49	4.05
Nd	18.2	19.8	13.9	17.9	19.1	18.2	22.0	24.2	30.7	28.8	26.2	21.9	19.6
Sm	5.22	5.83	4.41	5.25	5.59	5.37	6.53	5.85	7.88	7.51	6.99	6.02	5.56
Eu	1.58	1.75	1.48	1.67	1.68	1.62	1.97	1.91	2.20	2.27	2.13	2.07	1.76
Gd	6.64	7.25	5.73	6.63	6.87	6.85	8.28	5.91	8.18	8.24	7.85	6.85	5.88
Tb	1.14	1.22	0.974	1.13	1.16	1.19	1.41	0.990	1.31	1.46	1.36	1.11	1.03
Dy	7.70	8.09	6.45	7.56	7.63	8.05	9.45	6.38	8.64	9.54	8.82	7.25	6.64
Ho	1.60	1.67	1.32	1.56	1.56	1.67	1.94	1.24	1.81	2.00	1.80	1.46	1.38
Er	4.75	5.02	3.84	4.67	4.64	5.01	5.72	3.43	5.58	5.96	5.35	4.14	4.11
Tm	0.763	0.800	0.599	0.739	0.733	0.801	0.908	0.480	0.810	0.840	0.740	0.580	0.590
Yb	4.63	4.87	3.56	4.47	4.42	4.85	5.50	3.18	5.23	5.42	4.89	3.63	3.83
Lu	0.690	0.722	0.524	0.662	0.639	0.722	0.813	0.430	0.790	0.800	0.720	0.540	0.560
Hf	3.51	3.78	2.94	3.46	3.56	3.58	4.30	3.38	4.66	4.64	4.26	3.10	3.35
Ta	0.675	0.715	0.401	0.649	0.834	0.715	0.843	0.810	0.770	0.730	0.710	0.440	0.440
Pb	4.83	6.26	4.75	6.11	5.12	4.01	10.14	9.24	4.38	5.67	4.21	3.37	6.59
Th	3.31	3.63	1.67	3.28	3.41	3.35	4.12	4.37	6.41	6.20	5.70	2.62	2.77
U	0.684	0.755	0.424	0.696	0.733	0.690	0.903	0.810	1.06	1.18	1.08	0.570	0.510
Nb/La	0.76	0.75	0.77	0.75	0.73	0.78	0.81	0.66	0.50	0.47	0.56	0.50	0.57
Ce/Pb	6.09	5.13	4.02	4.75	6.06	7.32	3.52	5.16	12.90	9.44	11.09	10.30	4.76
$(Nb/Nb^{*})_{Pm}$	0.53	0.53	0.57	0.53	0.48	0.53	0.55	0.61	0.46	0.42	0.46	0.54	0.54

注：$Mg^{\#}=100[Mg/(Mg+Fe^{2+})]$；$(Nb/Nb^{*})_{Pm}=Nb_{Pm}/(Th_{Pm}\times La_{Pm})^{0.5}$。CMC070*~CMC0706* 引自 Zhai et al.，2011b。

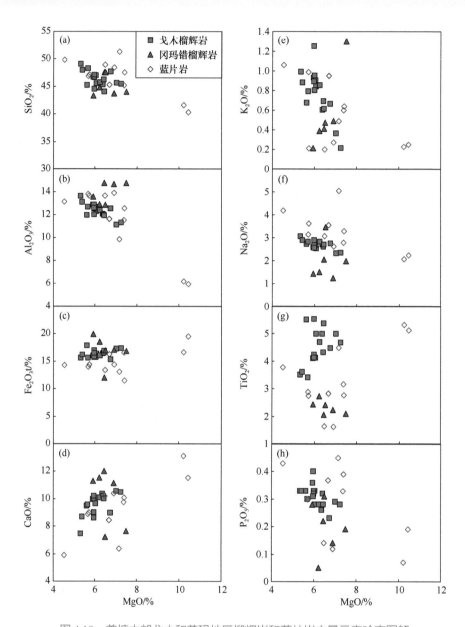

图 4.19　羌塘中部戈木和荣玛地区榴辉岩和蓝片岩主量元素哈克图解

　　榴辉岩稀土元素总量较高，轻稀土富集，重稀土相对亏损，轻重稀土比值介于 2.40~6.06 之间，稀土元素球粒陨石标准化曲线［图 4.22（a）和图 4.23（a）］呈右倾型式（Sun and McDonough，1989），除少数样品有轻微 Eu 异常外，其他样品异常不明显（δEu 平均为 0.97），$(La/Yb)_N$ 介于 1.5~7.9 之间，$(La/Sm)_N$ 介于 1.21~2.13 之间，和龙木错—双湖一线蓝片岩（李才和程立人，1995；邓希光，2002）、洋岛玄武岩一致，而与典型大洋中脊玄武岩差别很大。榴辉岩微量元素原始地幔标准化蛛网图［图 4.22（b）和图 4.23（b）；Sun and McDonough，1989］和冈玛错地区蓝片岩类似（李才等，2016），

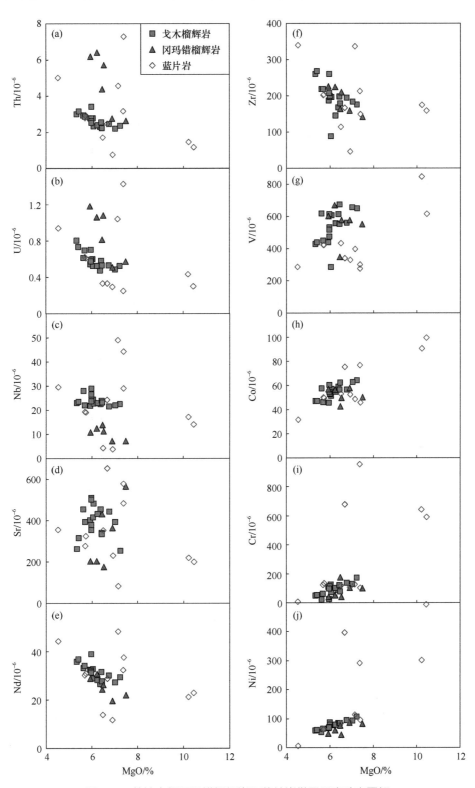

图 4.20 羌塘中部冈玛错榴辉岩和蓝片岩微量元素哈克图解

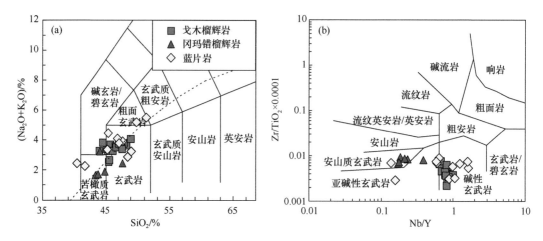

图 4.21　榴辉岩和蓝片岩 TAS 和 Zr/TiO$_2$-Nb/Y 岩石分类图解

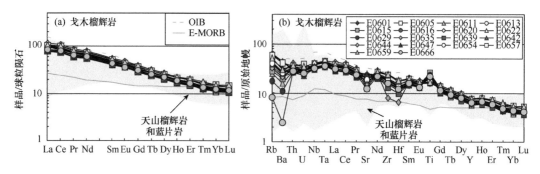

图 4.22　羌塘中部戈木榴辉岩稀土配分曲线和微量元素蛛网图

洋岛、洋中脊数据见 Sun and McDonough，1989；天山蓝片岩和榴辉岩数据据施建荣等，2013

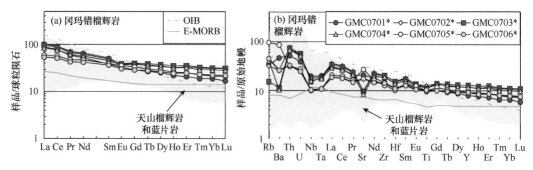

图 4.23　羌塘中部冈玛错榴辉岩稀土配分曲线和微量元素蛛网图

洋岛、洋中脊数据见 Sun and McDonough，1989；天山蓝片岩和榴辉岩数据据施建荣等，2013

Rb、Ba、Nb、Ta 和 Sr 相对亏损，这可能是榴辉岩经历变质作用所致。Th、U 和 Ti 相对富集，一些不活泼的高场强元素和稀土元素中，La/Nb、Ce/Zr、Zr/Nb、Y/Nb、Th/Yb、Th/La 和 Zr/Y 值分别为：0.72~0.84、0.18~0.25、6.86~9.62、1.00~2.60、0.47~1.34、0.12~0.15 和 3.70~6.86，这些特征和冈玛错地区的蓝片岩（邓希光，2002）、OIB 相似，

与 N-MORB 差别很大（Sun and McDonough，1989）。Sr-Nd 同位素分析资料显示，羌塘榴辉岩 $^{87}Sr/^{86}Sr$ 初始值为：0.705~0.709，$\varepsilon_{Nd}(t)$ 值在 +0.4~+5.4 之间（图 4.24），说明其原岩的岩浆源区为相对富集的地幔源区。

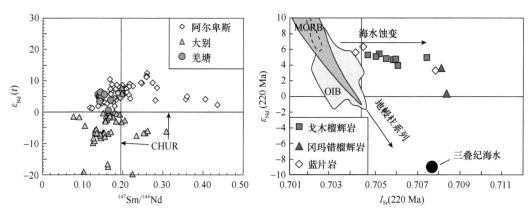

图 4.24 羌塘榴辉岩和蓝片岩 Sr-Nd 同位素图解

2. 构造环境

通常情况下，榴辉岩化作用导致原岩矿物组合发生变化，但由于变质作用相对封闭的体系，样品不活动元素的组成往往保持稳定。在 Zr-Ti-Y 和 Ti-V 图解中[图 4.25（a）、（b）]，戈木榴辉岩和蓝片岩均落入板内玄武岩及相邻区域，而冈玛错榴辉岩均显示出大洋中脊玄武岩相类似的元素组成，与区域内蓝片岩相类似（邓希光，2002；李才等，2016；Xu et al.，2021）。在 Nb/Yb-Th/Yb 和 Nb/Th-Zr/Nb 图解中，戈木榴辉岩和冈玛错蓝片岩均显示大洋中脊玄武岩到洋岛玄武岩演化的趋势，指示了富集地幔源区的岩浆来源[图 4.25（c）、（d）]。因此，本区的榴辉岩和蓝片岩代表了大洋扩张脊及可能的洋岛/海山残片发生深俯冲作用而后折返，这与区域广泛报道的二叠纪洋岛型玄武岩成分相吻合（邓万明等，1996；李曰俊和吴浩若，1997）。此外，多样的榴辉岩组成与区域报道的蛇绿岩、洋岛岩石组合相一致，即榴辉岩地球化学特征的多样性同样记录了其发生深俯冲原岩的多样性，共同约束了大洋演化过程。

3. 源区性质

羌塘中部变质带是一个由变基性岩（蓝片岩和榴辉岩）、蛇绿混杂岩、OIB 型玄武岩、变泥质岩、大理岩和少量硅质岩、超镁铁质岩组成的构造混杂岩带（李才和程立人，1995；Li et al.，2006，2009；Kapp et al.，2000，2003a；Zhang et al.，2006b；Zhai et al.，2007，2011b；Liang et al.，2017；Xu et al.，2020，2021）。这些岩石经历了不同程度的变形和变质作用，是在汇聚板块边缘通过大洋俯冲形成的增生杂岩（Kapp et al.，2003a；Zhang et al.，2006b）。地球化学数据表明，羌塘榴辉岩可分为两

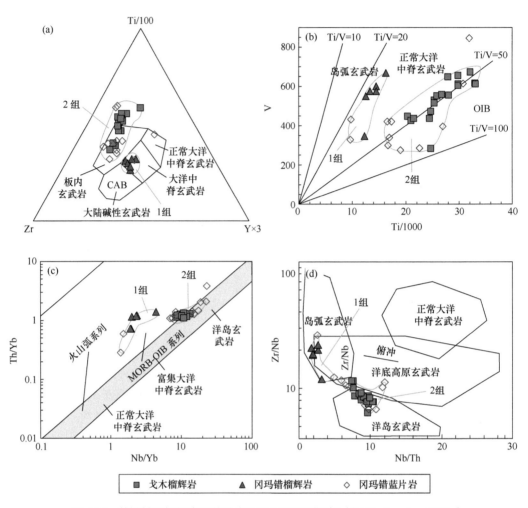

图 4.25　羌塘地区榴辉岩及蓝片岩地球化学判别图解（据 Zhai et al.，2011b）

组。第 1 组以冈玛错榴辉岩为代表，其特征为低 TiO_2 含量（＜2.75%）。第 2 组由高 TiO_2 含量（＞3%）的戈木榴辉岩组成［图 4.19（g）］。高 TiO_2 含量与这些岩石中的金红石和钛铁矿有关。

　　第 1 组岩石为亚碱性玄武岩（图 4.21），其稀土元素和微量元素分布与 E-MORB 相似。在判别图解中（图 4.25；Pearce and Cann，1973；Shervais，1982；Pearce，2008），第 1 组岩石主要分布在 E-MORB 区域。然而，在图 4.25（c）中，第 1 组岩石位于正常大洋中脊玄武岩—洋岛玄武岩（MORB-OIB）演化序列。这说明这些岩石的原岩可能经历了地壳混染而导致 Th 的富集，或者它们形成于俯冲带而具有 Nb 的亏损。事实上，这与它们在一些判别图解上落入正常大洋中脊玄武岩和岛弧玄武岩区域相吻合［图 4.25（c）、（d）］。

　　第 2 组样品显示碱性玄武岩或洋岛玄武岩的地球化学特征。这些特征包括富集的稀土元素模式、高 TiO_2 含量和各种难熔元素比值。在所有图解中，这些岩石都投

在洋岛玄武岩或板内玄武岩区域内。因此，第 2 组岩石的原岩为洋岛玄武岩（洋岛 /
海山）。

图 4.24 显示了羌塘榴辉岩的变质初始 $^{143}Nd/^{144}Nd$ 值与变质 I_{Sr} 值的关系图。榴辉岩
的 $\varepsilon_{Nd}(t)$ 值都集中在 +5 附近，只有一件样品接近于零。这与它们原岩来源于长期亏损
地幔一致。相比之下，I_{Sr} 值的范围很大，介于 0.7046~0.7084 之间。近水平的戈木榴辉
岩数据和总体曲率（包括冈玛错榴辉岩）表明，大洋玄武岩原岩的 Sr-Nd 同位素受到
了海水热液蚀变影响（Jahn et al.，1980）。前人通过对牙形刺和腕足动物的分析很好地
限定了三叠纪海水的锶同位素组成，在 230~220 Ma 海水的 $^{87}Sr/^{86}Sr$ 值为 0.7076~0.7078
（Korte et al.，2003）。因此，海水热液蚀变不能应用于冈玛错榴辉岩原岩，因为它们的
值超过了同期海水值（0.7078）。地壳混染可能是冈玛错榴辉岩同位素特征的原因，特
别是较低 $\varepsilon_{Nd}(t)$ 值（+0.4）的存在。总之，Sr 同位素资料表明，在羌塘榴辉岩的原岩侵
位过程中，发生了海水蚀变和地壳混染作用。羌塘中部两组榴辉岩（E-MORB 和 OIB）
的组合进一步表明，存在一个由地幔柱复合而成的大洋扩张脊，类似大西洋中脊和冰
岛（Dosso et al.，1991；Pearce，2014）。

4.4.2　羌塘中部蓝片岩

1. 主量及微量元素特征

蓝片岩 SiO_2 含量变化较大（39.39%~51.73%），在整体成分上属于玄武岩。Na_2O+
K_2O 含量在 3.05%~4.19%，极度富钠贫钾，Na_2O/K_2O 为 9.27~32.56，Al_2O_3 含量较高
且变化范围较大，为 12.34%~15.37%，平均 13.10%，钙（CaO）、全铁（FeOt）分别为
4.94%~8.74% 和 11.59%~14.58%，显示出低硅高铝富钠的基性岩特征。$Mg^{\#}$ 为 39~68，
相容元素 Ni、Cr 含量低（分别为 59.1×10^{-6}~70.6×10^{-6} 和 71.3×10^{-6}~106×10^{-6}），远低
于原生玄武岩浆范围（Ni=300×10^{-6}~400×10^{-6}，Cr=300×10^{-6}~500×10^{-6}；Frey et al.，
1978；Hess，1992），这些特征表明蓝片岩的原岩可能经历显著的橄榄石、单斜辉石
等镁铁质矿物的分离结晶作用。地球化学分析结果显示，蓝片岩样品的 MgO（4.5%~
10.4%）和 SiO_2 含量以及微量元素变化范围较大，但大多数样品与榴辉岩的范围相同，
这可能与变质分带或变质分异作用有关，并因强烈的退变质作用而进一步加强。根据
主量元素和不活动微量元素分析结果，认为样品大部分属于碱性玄武岩范畴，少数为
亚碱性玄武岩。

样品稀土元素总量（∑REE）变化于 111.81×10^{-6}~383.50×10^{-6}，LREE 相对 HREE 富
集（∑LREE/∑HREE=4.70~11.19），但富集程度变化较大，轻重稀土分馏显著，$(La/Yb)_N=$
1.40~20.05，LREE 和 HREE 内部分馏相对较弱，$(La/Sm)_N$=1.81~1.87，$(Gd/Lu)_N$=2.49~
2.64，样品不具有明显的 Eu 异常（Eu/Eu^*=0.81~1.05），表明原岩并没有发生明显的斜
长石分离结晶作用，在球粒陨石标准化图上 [图 4.26（a）]，所有样品呈基本一致的
向右倾斜稀土配分模式；在原始地幔标准化蛛网图 [图 4.26（b）] 上，样品明显富集

Nb、Ta、Ti 等高场强元素，其中 Nb 异常指数（Nb/Nb*）介于 1.09~1.47，总体特征类似于典型的洋岛玄武岩（Sun and McDonough，1989）。

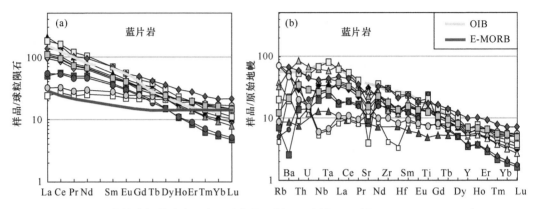

图 4.26　羌塘中部蓝片岩稀土配分曲线和微量元素蛛网图（据 Zhai et al.，2011b）

洋岛、洋中脊数据见 Sun and McDonough，1989

另外，部分样品稀土元素总量较低且变化范围较小（67.27×10^{-6}~68.59×10^{-6}），比典型的 E-MORB 稀土总量稍高（49.09×10^{-6}），轻重稀土元素分异不明显，(La/Yb)$_N$= 2.49~2.81，几乎不存在 Eu 异常（δEu=0.93~1.00），表明原岩并没有发生明显的斜长石分离结晶作用。在球粒陨石标准化图上，显示总体平缓、轻稀土略微富集的平坦型配分模式，其特征与典型的 E-MORB 非常类似。原始地幔标准化蛛网图中显示出相对富集不相容元素 Th、Zr、Hf，微弱的 Nb、Ta 负异常及弱亏损 P 等特点，也表现出类似于 E-MORB 的配分模式。

蓝片岩 Sr-Nd 同位素组成见刘奎等（2017）。^{87}Sr/^{86}Sr=0.704115~0.709314，^{143}Nd/^{144}Nd= 0.512487~0.512886。考虑到在 10 Ma 时间范围内计算的岩石初始 Sr 和初始 Nd 同位素比值只有微小的变化，故对红脊山蓝片岩和戈木—荣玛蓝片岩分别采用 288 Ma 和 220 Ma 恢复原岩 Sr-Nd 同位素体系。红脊山蓝片岩 Sr-Nd 同位素表现出其原岩岩浆来自弱亏损的岩石圈地幔，Nd 初始值主体为正值，而 Sr 初始值的变化范围较大（$\varepsilon_{Nd}(t)$= −0.1~+3.9，(^{87}Sr/^{86}Sr)$_i$=0.704812~0.708365），可能部分受到后期蚀变作用的影响。戈木—荣玛蓝片岩 Sr-Nd 同位素表现出其原岩岩浆来自较强亏损的地幔源区，Nd 初始值主体为正值，而 Sr 初始值的变化范围较大（$\varepsilon_{Nd}(t)$=+3.3~+6.3；(^{87}Sr/^{86}Sr)$_i$=0.704~0.708）。在 (^{87}Sr/^{86}Sr)$_i$-$\varepsilon_{Nd}(t)$ 相关图解（图 4.27）中，所有基性岩样品基本位于 MORB 和 EM II 之间，均具有向 EM II 端元富集的趋势，而南羌塘二叠纪基性岩墙岩浆源区具有更强的亏损程度（Zhai et al.，2013c）。结合地球化学特征，认为羌塘中部蓝片岩原岩主体为洋岛玄武岩，代表了富集地幔源区岩浆的产物。

2. 构造环境

蓝片岩具有较高的 TiO$_2$ 和 FeOt 含量，TiO$_2$ 含量介于 1.74%~4.84%，远高于洋中

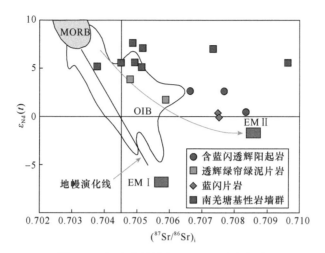

图 4.27　红脊山蓝片岩 Sr-Nd 同位素组成

MORB、OIB、EM Ⅰ 和 EM Ⅱ 地幔端元据 Zindler 和 Hart，1986；南羌塘基性岩墙群数据来源于 Zhai et al.，2013c；
MORB- 大洋中脊玄武岩；OIB- 洋岛玄武岩；EM Ⅰ - Ⅰ 型富集地幔；EM Ⅱ - Ⅱ 型富集地幔

脊型拉斑玄武岩（1.27%~1.5%），与典型洋岛玄武岩（2.5%~2.87%）、峨眉山高 Ti 玄武岩以及南羌塘二叠纪高 Ti 基性岩墙相似（Weaver，1991；Sun and McDonough，1989；Xu et al.，2001；Xiao et al.，2004；Wang et al.，2013）。蓝片岩具有亚碱性玄武岩和碱性玄武岩或 OIB 的地球化学特征（图 4.28 和图 4.29），与羌塘榴辉岩具有较好的相似性。样品表现为轻稀土元素富集的右倾模式；富集部分大离子亲石元素和高场强元素，无 Nb、Ta 的亏损，且具有高的 Ti/Yb 和 Zr/Yb 比值，与典型洋岛玄武岩地球化学特征相一致（Weaver，1991）。

　　样品的主量、微量元素地球化学对比研究结果已暗示了蓝片岩原岩与洋中脊和俯冲背景无关。在 Nb-Nb/Th 和 Nb-La/Nb 图解上［图 4.28（a）、（b）］，样品主要显示了与洋岛玄武岩类似的板内构造背景。在 Ta/Yb-La/Nb 判别图解中［图 4.28（c）］均位于地幔序列的 OIB 区域中，在相应的 Nb/Yb-TiO$_2$/Nb 图解［图 4.28（d）］（Pearce，2008）上，所有样品均投入洋岛玄武岩系列范围内，集中分布在洋岛拉斑玄武岩和洋岛碱性玄武岩之间。

　　这些蓝片岩与区域内蛇绿岩组合相伴产出，暗示了蓝片岩产于大洋板内环境；目前的资料表明区域内高压变质岩系（包括蓝片岩和榴辉岩）均为洋壳物质冷俯冲的产物，并未发现陆壳物质俯冲的实质性证据，这为区域内蓝片岩产于大洋板内洋岛环境提供了有力的证据。

　　3. 源区性质

　　蓝片岩的 (Th/Ta)$_{PM}$=0.33~0.54，(La/Nb)$_{PM}$=0.53~0.73，在 (Th/Ta)$_{PM}$-(La/Nb)$_{PM}$ 图解［图 4.29（a）］上均落入了未混染区域（朱弟成等，2006）。冈玛错蓝片岩 Nb/Th= 14~19，Ti/Yb=6017~7888，在 Nb/Th-Ti/Yb 图解上落入典型 OIB 区域附近，与夏威夷碱性 OIB 玄武岩相似，并没有显示陆下岩石圈地幔物质加入的趋势［图 4.29（b）］。以

上特征表明陆下岩石圈物质在蓝片岩原岩的成因中的作用不明显，或根本就不存在陆下岩石圈，这与前面构造环境的认识是一致的。

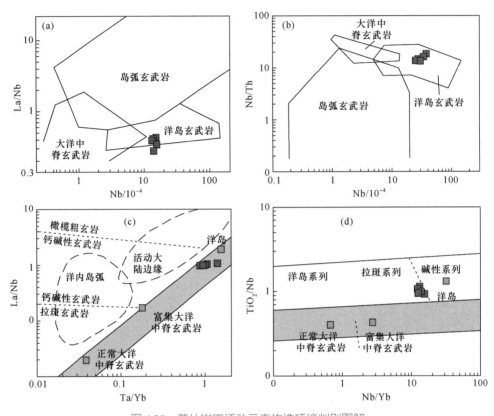

图 4.28　蓝片岩不活动元素构造环境判别图解

图（a）和（b）据李曙光，1993；图（c）据 Pearce，1983；图（d）据 Pearce，2008

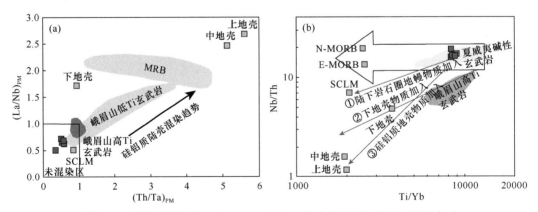

图 4.29　冈玛错蓝片岩 (Th/Ta)$_{PM}$-(La/Nb)$_{PM}$（a）和 Nb/Th-Ti/Yb 图解（b）

数据来源：原始地幔（PM, Sun and McDonough, 1989）；岩石圈地幔（SCLM, McDonough, 1990）；N-MORB（Sun and McDonough, 1989）；受地壳混染（MRB）的 Rajmahal 玄武岩（Kent et al., 2002）；峨眉山高 Ti、低 Ti 玄武岩（Xu et al., 2001；Xiao et al., 2004）

4.5　年代学

4.5.1　锆石 U-Pb 定年

1. 榴辉岩

片石山榴辉岩中锆石放射性成因铅较低，Th 含量在 $63\times10^{-6}\sim3070\times10^{-6}$ 之间，U 含量在 $84\times10^{-6}\sim1592\times10^{-6}$ 之间，Th/U 在 0.36~2.15 之间（表 4.13）。获得的 SHRIMP 加权平均年龄为 230±3 Ma（MSWD=1.6）和 243±4 Ma（MSWD=0.6）（图 4.30）。

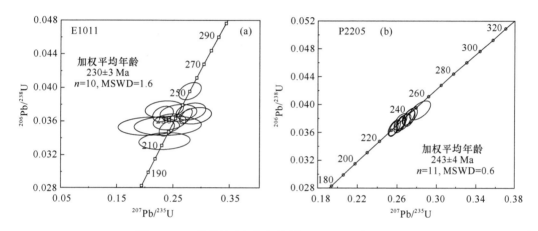

图 4.30　西藏羌塘中部榴辉岩锆石 U-Pb 年龄谐和图

此外，Zhai 等（2017）对片石山榴辉岩进行锆石 SIMS 定年结果显示锆石中 Th （$129\times10^{-6}\sim1750\times10^{-6}$）和 U（$142\times10^{-6}\sim1894\times10^{-6}$）的含量变化较大，并具有较高的 Th/U 值（0.84~2.26）。四件样品获得的加权平均年龄为 237±2 Ma，236±3 Ma，236±3 Ma 和 232±3 Ma（图 4.31）。在球粒陨石标准化的稀土元素配分曲线中，重稀土元素富集 $[(Lu/Sm)_N=14\sim41]$，具弱的 Eu 负异常（$Eu/Eu^*=0.14\sim0.43$）和正 Ce 异常。锆石的 $\delta^{18}O$ 值为 +3.89‰~+5.80‰（图 4.32），大于正常的地幔 $\delta^{18}O$ 值（+5.3‰±0.3‰；Valley，2003）。尽管这些锆石表现出一些异常特征，即自形、高 Th/U 值和重稀土模式，但相似的变质锆石在西阿尔卑斯和大别造山带中均有报道（Rubatto et al.，1999；Rubatto and Hermann，2003；Zheng et al.，2007；Wu et al.，2009）。这些岩石大多形成于俯冲带，在洋壳俯冲过程中变质流体富集了一些微量元素，在榴辉岩和蓝片岩形成过程中可能形成锆石。值得注意的是，羌塘榴辉岩来源于古特提斯洋的洋壳（Zhai et al.，2011a，2011b），因此变质流体提供了可以进入榴辉岩的微量元素。锆石 $\delta^{18}O$ 值 （3.89‰~5.80‰）说明榴辉岩原岩为海水热液蚀变，与羌塘榴辉岩的洋壳成因相一致 （Zhai et al.，2011a，2011b）。

表 4.13　西藏羌塘榴辉岩 E1011 和 P2205 样品锆石 SHRIMP 定年结果

点号	普通 ^{204}Pb/%	U/10^{-6}	Th/10^{-6}	Th/U	$^{206}Pb^*$	$^{207}Pb^*/^{206}Pb^*$	$^{207}Pb^*/^{235}U$	$^{206}Pb^*/^{238}U$	$^{206}Pb/^{238}U$ 年龄/Ma
					E1011				
1.1	0.91	243	211	0.90	8.8	0.0559 ± 0.038	0.321 ± 0.048	0.0417 ± 0.029	263.2 ± 7.4
2.1	0.99	470	569	1.25	14.3	0.0493 ± 0.034	0.2385 ± 0.038	0.03510 ± 0.016	222.4 ± 3.6
3.1	1.55	457	475	1.07	14.7	0.0456 ± 0.050	0.232 ± 0.053	0.03685 ± 0.017	233.3 ± 3.8
4.1	3.06	107	83	0.81	3.18	0.0506 ± 0.13	0.234 ± 0.13	0.03362 ± 0.02	213.1 ± 4.1
5.1	2.20	233	195	0.87	7.35	0.0491 ± 0.077	0.243 ± 0.079	0.03592 ± 0.018	227.5 ± 3.9
6.1	2.61	182	152	0.86	5.94	0.0508 ± 0.081	0.259 ± 0.083	0.03699 ± 0.018	234.2 ± 4.2
7.1	4.72	136	125	0.95	4.35	0.0424 ± 0.17	0.207 ± 0.17	0.03538 ± 0.02	224.1 ± 4.4
8.1	1.75	185	174	0.97	5.93	0.0573 ± 0.064	0.289 ± 0.066	0.03665 ± 0.018	232.0 ± 4.1
9.1	1.59	204	165	0.84	6.61	0.0550 ± 0.059	0.282 ± 0.062	0.03715 ± 0.018	235.2 ± 4.2
10.1	2.43	273	263	1.00	8.98	0.0454 ± 0.094	0.234 ± 0.096	0.03741 ± 0.018	236.8 ± 4.1
11.1	1.39	395	678	1.77	13.9	0.0519 ± 0.057	0.289 ± 0.06	0.04034 ± 0.017	254.9 ± 4.3
12.1	4.87	84	63	0.77	2.69	0.0492 ± 0.16	0.240 ± 0.16	0.03545 ± 0.021	224.6 ± 4.7
13.1	0.60	569	804	1.46	18	0.0541 ± 0.021	0.2728 ± 0.027	0.03659 ± 0.016	231.6 ± 3.7
14.1	1.09	414	378	0.94	14.2	0.0513 ± 0.044	0.280 ± 0.048	0.03959 ± 0.017	250.3 ± 4.1
					P2205				
1.1	0.33	267	399	1.54	8.67	0.0745 ± 0.039	0.387 ± 0.049	0.0377 ± 0.03	238.3 ± 6.9
2.1	0	507	179	0.36	23.2	0.0589 ± 0.017	0.432 ± 0.033	0.0531 ± 0.029	333.6 ± 9.3
3.1	0.07	1177	1359	1.19	40.2	0.05462 ± 0.016	0.2993 ± 0.033	0.0397 ± 0.029	251.2 ± 7.1
4.1	0	703	1219	1.79	23.4	0.0582 ± 0.023	0.311 ± 0.036	0.0388 ± 0.028	245.3 ± 6.8
5.1	0.35	757	1458	1.99	24.7	0.0527 ± 0.028	0.275 ± 0.04	0.0379 ± 0.028	239.6 ± 6.7
6.1	0.18	1474	3070	2.15	48.9	0.05310 ± 0.014	0.2823 ± 0.031	0.0386 ± 0.028	243.9 ± 6.7
7.1	0.23	827	1087	1.36	26.9	0.0565 ± 0.021	0.295 ± 0.035	0.0378 ± 0.029	239.3 ± 6.7
8.1	0.69	480	443	0.95	15.4	0.0544 ± 0.026	0.278 ± 0.039	0.0371 ± 0.028	235.1 ± 6.7
9.1	0	948	1274	1.39	31.7	0.0696 ± 0.038	0.373 ± 0.048	0.0389 ± 0.028	245.9 ± 6.8
10.1	1.38	169	108	0.66	5.95	0.0770 ± 0.077	0.428 ± 0.083	0.0404 ± 0.031	255.0 ± 7.8
11.1	0.24	1592	2231	1.45	52.5	0.0553 ± 0.018	0.292 ± 0.036	0.0383 ± 0.031	242.1 ± 7.3
12.1	0.07	1418	2099	1.53	46.8	0.0569 ± 0.028	0.301 ± 0.04	0.0384 ± 0.028	242.8 ± 6.7
13.1	0.34	960	1035	1.11	31	0.0554 ± 0.026	0.286 ± 0.038	0.0375 ± 0.028	237.1 ± 6.6

　　片石山榴辉岩锆石中包裹体大小不均匀，形状各异，多数包裹体为单一成分，个别呈多个矿物集合体。对锆石中包裹体进行激光拉曼光谱、扫描电镜和电子探针分析表明，榴辉岩锆石中包裹体主要为：绿辉石、多硅白云母、冻蓝闪石、石英、石榴子石、金红石、榍石、斜长石、磷灰石等，其中绿辉石、多硅白云母和冻蓝闪石的包裹体相对较大，可以直接进行电子探针测试，其他包裹体由于太小仅能通过扫描电镜和激光拉曼光谱测定。石榴子石包裹体主要为铁铝榴石和钙铝榴石，镁铝榴石和锰铝榴石含量较少，绿辉石中硬玉含量为 32%~39%，多硅白云母包裹体含量较多，具有较高

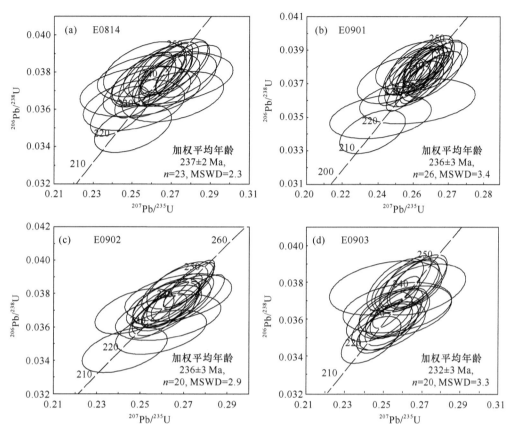

图 4.31　西藏羌塘中部榴辉岩变质锆石 U-Pb 年龄谐和图（据 Zhai et al.，2017）

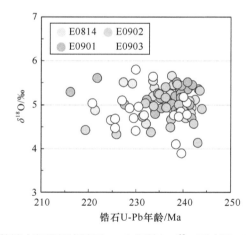

图 4.32　西藏羌塘中部榴辉岩锆石 U-Pb 年龄与 $\delta^{18}O$ 图（据 Zhai et al.，2017）

的 Si 值（3.30~3.52 pfu）（Zhai et al.，2017）。矿物包裹体的地球化学特征与榴辉岩中基质矿物的地球化学特征一致（Zhai et al.，2017）。包裹体周围锆石晶体多干净、均匀、无裂隙，显示包裹体为锆石生长时捕获的同时形成的矿物（即原生包裹体）。绿辉石、多硅白云母、冻蓝闪石、金红石等在榴辉岩中普遍存在，为高压变质作用的产物，因此，榴辉岩锆石应是板块俯冲之后在流体作用下结晶而成的，代表榴辉岩相变质作用的年龄（表 4.14）。

表 4.14　片石山地区榴辉岩锆石 SIMS U-Pb 定年和 $\delta^{18}O$ 结果

点号	U/10⁻⁶	Th/10⁻⁶	Pb/10⁻⁶	Th/U	$\frac{^{206}Pb}{^{204}Pb}$	$f_{206}/$ %	$\frac{^{207}Pb}{^{235}U}$	±1σ	$\frac{^{206}Pb}{^{238}U}$	±1σ	$t_{206/238}/$ Ma	±1σ	$\delta^{18}O/$ ‰	2σ
					榴辉岩（E0814）（33°38.522′N，86°35.521′E）									
E0814-1	877	1354	50	1.54	9785	0.19	0.25698	2.2	0.0377	1.54	238.4	3.6	5.24	0.25
E0814-2	834	1244	47	1.49	60862	0.03	0.26447	2.04	0.0376	1.52	237.7	3.5	5.26	0.38
E0814-3	206	225	10	1.09	4416	0.42	0.25399	4.96	0.037	1.51	234.0	3.5	5.38	0.18
E0814-4	725	1467	46	2.02	17466	0.11	0.26292	2.28	0.038	1.51	240.6	3.6	5.35	0.13
E0814-5	486	509	25	1.05	5294	0.35	0.25757	2.82	0.0376	1.5	237.7	3.5	4.91	0.16
E0814-6	162	151	8	0.94	20185	0.09	0.26683	5.32	0.0377	1.53	238.5	3.6	5.15	0.24
E0814-7	219	224	11	1.02			0.27317	2.98	0.0376	1.54	237.9	3.6	5.44	0.26
E0814-8	605	924	35	1.53	12323	0.15	0.26323	2.74	0.038	1.5	240.5	3.5	4.68	0.33
E0814-9	711	1191	41	1.68	32834	0.06	0.25489	2.2	0.0369	1.52	233.7	3.5	5.19	0.25
E0814-10	708	1164	42	1.64	34320	0.05	0.27132	2.74	0.0384	1.53	242.6	3.6	5.11	0.27
E0814-11	332	373	16	1.12	6829	0.27	0.25035	3.21	0.035	1.5	221.5	3.3	4.86	0.37
E0814-12	670	1176	40	1.76	24414	0.08	0.27881	2.44	0.0381	1.51	240.7	3.6	4.91	0.25
E0814-13	270	261	14	0.97	15630	0.12	0.2575	3.55	0.0369	1.52	233.7	3.5	5.54	0.22
E0814-14	885	1844	56	2.08	3524	0.53	0.25573	2.64	0.0375	1.5	237.4	3.5	5.23	0.26
E0814-15	346	359	17	1.04	6053	0.31	0.2708	3.92	0.0367	1.5	232.3	3.4	4.56	0.3
E0814-16	898	1560	54	1.74	15631	0.12	0.26683	2.07	0.0377	1.54	238.4	3.6	5	0.29
E0814-17	260	278	13	1.07	3453	0.54	0.25087	4.24	0.0362	1.54	229.4	3.5	5.47	0.23
E0814-18	913	1931	59	2.12	108394	0.02	0.27528	1.99	0.0382	1.5	241.9	3.6	4.93	0.26
E0814-19	677	1314	40	1.94	9236	0.2	0.24373	2.53	0.0359	1.51	227.4	3.4	5.5	0.28
E0814-20	853	1735	54	2.03	19546	0.1	0.269	2.26	0.0382	1.51	241.7	3.6	4.81	0.23
E0814-21	680	1099	39	1.62	19083	0.1	0.26731	2.63	0.0375	1.51	237.6	3.5	5.66	0.25
E0814-22	944	1691	57	1.79	26464	0.07	0.26752	2.04	0.0381	1.52	241.2	3.6	5.01	0.35
E0814-23	340	437	19	1.29	6059	0.31	0.25606	3.3	0.0382	1.58	241.4	3.8	5.07	0.31
					榴辉岩（E0901）（33°28.625′N，86°02.750′E）									
E0901-1	727	1058	41	1.46	22411	0.08	0.26776	2.19	0.0373	1.51	236.2	3.5	5.08	0.25
E0901-2	1144	2045	67	1.79	18845	0.1	0.25683	1.94	0.0367	1.5	232.4	3.4	5.1	0.3
E0901-3	801	1050	43	1.31	15039	0.12	0.26049	2.62	0.037	1.51	234.2	3.5	4.84	0.27
E0901-4	934	1498	54	1.6	6275	0.3	0.25702	2.21	0.0378	1.51	239.0	3.5	5	0.23
E0901-5	952	1431	55	1.5	21044	0.09	0.2738	2.02	0.0382	1.54	241.5	3.7	5	0.13
E0901-6	747	1546	48	2.07	29138	0.06	0.26785	2.08	0.0382	1.5	241.4	3.6	5.4	0.22
E0901-7	219	185	10	0.84	4922	0.38	0.24164	4.83	0.035	1.54	222.0	3.4	5.61	0.19
E0901-8	820	1239	47	1.51	17898	0.1	0.26449	2.08	0.0377	1.5	238.4	3.5	5.18	0.23
E0901-9	554	868	32	1.57	16805	0.11	0.274	2.47	0.0381	1.53	240.9	3.6	5.35	0.27
E0901-10	1230	2116	74	1.72	6941	0.27	0.26375	2.1	0.0379	1.5	239.5	3.5	5.24	0.17

续表

点号	U/10⁻⁶	Th/10⁻⁶	Pb/10⁻⁶	Th/U	$^{206}Pb/$ ^{204}Pb	$f_{206}/$ %	$^{207}Pb/$ ^{235}U	±1σ	$^{206}Pb/$ ^{238}U	±1σ	$t_{206/238}/$ Ma	±1σ	$\delta^{18}O/$ ‰	2σ
					榴辉岩（E0901）（33°28.625′N，86°02.750′E）									
E0901-11	353	406	17	1.15	6854	0.27	0.23703	3.17	0.0341	1.56	216.3	3.3	5.28	0.29
E0901-12	142	129	7	0.91	3217	0.58	0.26217	5.1	0.036	1.53	227.7	3.4	4.99	0.35
E0901-13	1060	2133	66	2.01	13162	0.14	0.25297	2.06	0.0371	1.51	234.7	3.5	5.25	0.3
E0901-14	706	751	36	1.06	13023	0.14	0.27222	2.29	0.0375	1.52	237.6	3.5	5.01	0.25
E0901-15	902	1775	58	1.97	14052	0.13	0.26848	2.1	0.0385	1.5	243.3	3.6	5.34	0.2
E0901-16	1279	1717	70	1.34	19464	0.1	0.26494	1.92	0.0372	1.51	235.4	3.5	5.13	0.28
E0901-17	1653	2521	93	1.52	25699	0.07	0.2617	1.84	0.037	1.5	234.2	3.5	4.79	0.23
E0901-18	1118	1946	66	1.74	56525	0.03	0.26676	1.91	0.0379	1.5	239.7	3.5	5.42	0.3
E0901-19	789	1083	45	1.37	11061	0.17	0.26853	2.23	0.0383	1.5	242.0	3.6	5.44	0.32
E0901-20	708	1338	43	1.89	9254	0.2	0.25882	2.32	0.0377	1.52	238.7	3.6	5.5	0.26
E0901-21	831	1563	51	1.88	12099	0.15	0.26405	2.48	0.0379	1.51	239.6	3.5	5.15	0.29
E0901-22	1015	1868	61	1.84	18316	0.1	0.26822	2.2	0.0378	1.51	238.9	3.6	4.76	0.27
E0901-23	1044	2066	65	1.98	21287	0.09	0.26225	2.01	0.0377	1.5	238.5	3.5	4.89	0.27
E0901-24	671	1041	39	1.55	2013	0.93	0.25795	3.08	0.0381	1.51	240.9	3.6	5.51	0.19
E0901-25	407	429	21	1.05	4952	0.38	0.2489	3.39	0.0372	1.52	235.4	3.5	4.9	0.2
E0901-26	784	1266	46	1.62	9576	0.2	0.26181	2.37	0.0382	1.5	241.8	3.6	4.68	0.27
					榴辉岩（E0902）（33°24.936′N，86°28.171′E）									
E0902-1	1749	2910	104	1.66	32410	0.06	0.27245	1.78	0.0385	1.5	243.2	3.6	4.12	0.34
E0902-2	765	1491	48	1.95	15022	0.12	0.26945	2.18	0.0377	1.5	238.7	3.5	5.45	0.36
E0902-3	892	1246	49	1.4	4229	0.44	0.26035	2.61	0.0373	1.5	236.3	3.5	5.4	0.33
E0902-4	1124	1974	67	1.76	16255	0.12	0.26576	1.97	0.0378	1.51	239.2	3.5	4.99	0.42
E0902-5	983	1769	58	1.8	10719	0.17	0.25819	2.09	0.0367	1.51	232.2	3.4	5.02	0.36
E0902-6	687	1305	42	1.9	9991	0.19	0.26175	2.37	0.0375	1.5	237.5	3.5	4.66	0.26
E0902-7	649	981	37	1.51	6276	0.3	0.26459	2.78	0.0375	1.53	237.4	3.6	4.48	0.41
E0902-8	385	424	19	1.1	5852	0.32	0.25968	3.28	0.0357	1.53	226.1	3.4	4.31	0.26
E0902-9	528	893	30	1.69	2780	0.67	0.26292	3.77	0.0366	1.54	231.6	3.5	4.73	0.38
E0902-10	636	1015	37	1.6	9521	0.2	0.26592	2.34	0.0383	1.51	242.3	3.6	4.55	0.27
E0902-11	644	790	34	1.23	10711	0.17	0.26111	2.3	0.0368	1.51	233.2	3.4	4.37	0.27
E0902-12	232	229	12	0.99	4371	0.43	0.26753	3.75	0.0378	1.54	239.0	3.6	4.77	0.33
E0902-13	1894	3750	121	1.98	41516	0.05	0.27244	1.75	0.0386	1.5	244.1	3.6	4.89	0.28
E0902-14	820	1725	53	2.1	15679	0.12	0.26837	2.34	0.0385	1.5	243.6	3.6	5.32	0.29
E0902-15	563	788	29	1.4	12488	0.15	0.24287	3.3	0.0346	1.6	219.4	3.4	4.41	0.3
E0902-16	440	423	22	0.96	9121	0.21	0.24737	3	0.0369	1.5	233.8	3.4	4.96	0.16
E0902-17	817	1233	46	1.51	5509	0.34	0.26229	2.49	0.0371	1.5	235.1	3.5	5.23	0.26
E0902-18	922	1467	53	1.59	18696	0.1	0.26426	2.05	0.0374	1.51	236.5	3.5	4.92	0.29
E0902-19	1123	2370	72	2.11	144620	0.01	0.27595	1.89	0.0377	1.5	238.9	3.5	4.78	0.23
E0902-20	757	1404	45	1.85	22058	0.08	0.26427	2.14	0.0373	1.53	236.3	3.5	5.16	0.39

点号	U/10⁻⁶	Th/10⁻⁶	Pb/10⁻⁶	Th/U	$^{206}Pb/^{204}Pb$	$f_{206}/$ %	$^{207}Pb/^{235}U$	±1σ	$^{206}Pb/^{238}U$	±1σ	$t_{206/238}/$ Ma	±1σ	$\delta^{18}O/$ ‰	2σ
					榴辉岩（E0903）（33°15.159′N，86°19.291′E）									
E0903-1	1477	2856	91	1.93	6331	0.3	0.26325	2.42	0.0379	1.5	239.6	3.5	4.82	0.26
E0903-2	901	1560	50	1.73	9215	0.2	0.25057	2.37	0.0355	1.55	224.8	3.4	4.63	0.26
E0903-3	182	166	9	0.91	1946	0.96	0.2514	4.75	0.0377	1.6	238.5	3.7	4.09	0.22
E0903-4	952	1252	50	1.31	5519	0.34	0.25488	2.34	0.0359	1.51	227.2	3.4	5.09	0.23
E0903-5	898	1619	52	1.8	12818	0.15	0.25551	2.4	0.0363	1.52	230.0	3.4	5.8	0.45
E0903-6	579	734	30	1.27	2949	0.63	0.25267	3.09	0.0356	1.52	225.7	3.4	4.45	0.3
E0903-7	852	1246	46	1.46	4381	0.43	0.24795	2.81	0.0361	1.54	228.8	3.5	4.91	0.4
E0903-8	1516	3422	97	2.26	14145	0.13	0.25653	1.95	0.0369	1.55	233.7	3.6	5.64	0.33
E0903-9	511	723	27	1.41	2482	0.75	0.25733	4.48	0.0366	1.52	231.9	3.5	4.74	0.17
E0903-10	985	1562	58	1.59	15286	0.12	0.26821	2.29	0.0381	1.54	240.9	3.6	5.03	0.3
E0903-11	274	275	14	1	3693	0.51	0.26143	3.77	0.0364	1.54	230.7	3.5	4.95	0.21
E0903-12	732	1427	45	1.95	9099	0.21	0.25588	2.36	0.0379	1.53	239.6	3.6	3.89	0.25
E0903-13	949	1393	54	1.47	2790	0.67	0.26903	3.59	0.0376	1.51	238.0	3.5	4.75	0.33
E0903-14	513	564	26	1.1	5779	0.32	0.25545	2.98	0.0363	1.5	229.6	3.4	4.69	0.24
E0903-15	910	1117	45	1.23	4480	0.42	0.24369	2.58	0.0349	1.5	221.0	3.3	5.03	0.33
E0903-16	986	1260	54	1.28	6174	0.3	0.26752	2.37	0.038	1.5	240.1	3.5	5.17	0.31
E0903-17	1430	2079	81	1.45	29232	0.06	0.26161	2.05	0.0381	1.5	240.8	3.5	4.77	0.27
E0903-18	710	1099	41	1.55	3799	0.49	0.26158	2.8	0.0378	1.53	239.0	3.6	4.71	0.34
E0903-19	979	1325	51	1.35	6846	0.27	0.25269	2.49	0.0356	1.5	225.7	3.3	4.66	0.31
E0903-20	1192	2083	68	1.75	31316	0.06	0.25789	2.38	0.0363	1.5	230.1	3.4	4.4	0.29

冈玛错地区榴辉岩中锆石十分稀少，且锆石大多为捕获锆石，极少数锆石具有中基性岩浆岩锆石特征，目前尚未发现确切的变质锆石。通过近期研究发现，虽然这些锆石难以提供冈玛错榴辉岩变质时代信息，但其包含的少量捕获锆石为判断冈玛错榴辉岩原岩的形成背景提供了重要的信息。榴辉岩锆石 LA-ICP-MS 定年结果显示锆石年龄在 2864~290 Ma 之间，具有 333~292 Ma、463~427 Ma 以及 577~485 Ma 等几个主要年龄峰值（表 4.15；图 4.33）。榴辉岩围岩大理岩具有相似的锆石年龄分布特征，其锆石年龄为 3152~286 Ma，具有约 288 Ma，约 411 Ma 以及约 547 Ma 的年龄峰值。

2. 蓝片岩

冈玛日蓝片岩中锆石 U 含量在 $74×10^{-6}$~$142×10^{-6}$，Th 含量在 $242×10^{-6}$~$1235×10^{-6}$，Th/U 在 1.43~2.58 之间，稀土总量（∑REE）较高，为 $2047×10^{-6}$~$6617×10^{-6}$，表现为轻稀土亏损、重稀土相对富集的稀土配分模式，具明显 Ce 正异常（Ce/Ce* = 9.96~64.85）和 Eu 负异常（Eu/Eu* = 0.36~0.56），显示出典型的岩浆锆石特征（Hoskin and Schaltegger，2003）。李才等（2016）获得的 LA-ICP-MS 加权平均年龄为 309.4 ± 3.6 Ma（MSWD=2.3）。

表 4.15　冈玛错地区榴辉岩及其围岩锆石 LA-ICP-MS 定年结果

点号	Th/10⁻⁶	U/10⁻⁶	Pb*/10⁻⁶	Th/U	$^{207}Pb/^{235}U$	±1σ	$^{206}Pb/^{238}U$	±1σ	$^{207}Pb/^{206}Pb$/Ma	±1σ	$^{207}Pb/^{235}U$/Ma	±1σ	$^{206}Pb/^{238}U$/Ma	±1σ	年龄/Ma	±1σ	不谐和度/%
冈玛错榴辉岩（T1015）(33°45.492'N, 84°25.531'E)																	
T1015-05	170	252	11	0.67	0.271	0.017	0.0385	0.0006	241	113	244	13	244	4	293	5	0.00
T1015-07	340	432	71	0.79	1.31	0.04	0.138	0.0021	888	42	848	19	833	12	427	6	1.80
T1015-09	330	192	21	1.72	0.572	0.036	0.0737	0.0013	464	106	459	23	458	8	437	7	0.22
T1015-10	53	111	71	0.47	14.54	0.59	0.5153	0.0109	2864	38	2786	38	2679	46	458	8	6.91
T1015-11	322	560	138	0.58	2.25	0.10	0.2015	0.0031	1225	93	1198	31	1184	17	577	9	3.46
T1015-12	454	478	23	0.95	0.271	0.012	0.0384	0.0006	246	75	243	10	243	4	733	10	0.00
T1015-13	60	440	55	0.14	1.11	0.04	0.1204	0.0018	827	75	756	17	733	10	833	12	3.14
T1015-15	301	414	170	0.73	5.42	0.15	0.3341	0.0048	1920	28	1888	23	1858	23	1129	38	3.34
T1015-16	262	453	20	0.58	0.271	0.013	0.038	0.0006	274	83	244	11	240	4	1225	93	1.67
T1015-19	846	1140	92	0.74	0.524	0.016	0.0685	0.001	431	42	428	11	427	6	1603	32	0.23
T1015-21	290	367	39	0.79	0.846	0.034	0.0936	0.0015	791	56	622	18	577	9	1920	28	7.80
T1015-22	34	464	176	0.07	6.08	0.18	0.3588	0.0054	1998	30	1987	25	1977	26	1998	30	1.06
T1015-01	87	170	79	0.51	7.71	0.71	0.3881	0.0151	2278	106	2198	83	2114	70	2278	106	7.76
T1015-23	3522	1016	92	3.47	0.338	0.018	0.0465	0.0008	316	91	296	14	293	5	2864	38	1.02
冈玛错榴辉岩（L1214）(33°45.537'N, 84°26.226'E)																	
L1214-17	78	75	10	1.0	0.349	0.089	0.0463	0.0012	402	483	304	67	292	7	292	7	4.11
L1214-09	163	579	31	0.3	0.411	0.011	0.0531	0.0008	461	31	350	8	333	9	333	5	5.11
L1214-13	119	981	68	0.1	0.570	0.014	0.0713	0.0011	527	29	458	9	444	7	444	7	3.15
L1214-05	59	344	25	0.2	0.578	0.016	0.0727	0.0011	516	33	463	10	452	7	452	7	2.43
L1214-01	61	407	30	0.1	0.583	0.015	0.0744	0.0011	484	30	466	9	463	7	463	7	0.65
L1214-06	42	179	13	0.2	0.590	0.018	0.0745	0.0012	509	38	471	11	463	7	463	7	1.73
L1214-12	182	430	35	0.4	0.619	0.016	0.0781	0.0012	510	30	489	10	485	7	485	7	0.82
L1214-04	88	235	22	0.4	0.705	0.027	0.0874	0.0014	549	93	542	16	540	8	540	8	0.37
L1214-02	145	470	44	0.3	0.797	0.019	0.0899	0.0014	750	26	595	11	555	8	555	8	7.21
L1214-16	148	170	75	0.9	6.41	0.16	0.3560	0.0055	2104	22	2033	21	1963	26	2104	22	7.18
L1214-11	73	56	36	1.3	10.84	0.26	0.4763	0.0075	2508	21	2509	22	2511	33	2508	21	-0.12

续表

大理岩（冈玛错橄榄辉岩围岩，TGT17）(33°45.546′N, 84°25.464′E)

点号	Th/10⁻⁶	U/10⁻⁶	Pb*/10⁻⁶	Th/U	$^{207}Pb/^{235}U$	±1σ	$^{206}Pb/^{238}U$	±1σ	$^{207}Pb/^{206}Pb$/Ma	±1σ	$^{207}Pb/^{235}U$/Ma	±1σ	$^{206}Pb/^{238}U$/Ma	±1σ	年龄/Ma	±1σ	不谐和度/%
TGT17-38	1950	1029	72	1.9	0.306	0.010	0.0454	0.0006	286	53	271	8	286	4	286	4	-5.24
TGT17-19	38	31	2	1.2	0.367	0.091	0.0463	0.0018	286	402	318	67	292	11	292	11	8.90
TGT17-30	50	58	3	0.9	0.353	0.061	0.0486	0.0017	454	326	307	46	306	10	306	10	0.33
TGT17-73	77	73	5	1.0	0.383	0.039	0.0520	0.0011	327	194	329	29	327	7	327	7	0.61
TGT17-14	229	267	20	0.9	0.482	0.020	0.0650	0.0009	409	69	399	14	406	5	406	5	-1.72
TGT17-13	364	291	26	1.3	0.502	0.016	0.0668	0.0009	417	46	413	11	417	5	417	5	-0.96
TGT17-52	120	462	40	0.3	0.628	0.021	0.0804	0.0011	566	48	495	13	499	6	499	6	-0.80
TGT17-15	162	90	11	1.8	0.663	0.030	0.0838	0.0012	520	76	517	19	519	7	519	7	-0.39
TGT17-48	493	578	62	0.9	0.679	0.019	0.0861	0.0011	550	39	526	12	532	7	532	7	-1.13
TGT17-12	170	110	14	1.6	0.716	0.031	0.0874	0.0012	567	70	548	18	540	7	540	7	1.48
TGT17-70	216	165	19	1.3	0.698	0.018	0.0879	0.0011	520	34	538	11	543	7	543	7	-0.92
TGT17-67	586	286	39	2.0	0.715	0.017	0.0887	0.0011	546	29	548	10	548	7	548	7	0.00
TGT17-11	303	746	77	0.4	0.762	0.020	0.0931	0.0012	706	35	575	12	574	7	574	7	0.17
TGT17-74	115	293	31	0.4	0.815	0.020	0.0976	0.0012	629	31	605	11	600	7	600	7	0.83
TGT17-23	112	153	19	0.7	0.906	0.029	0.1051	0.0014	645	47	655	16	644	8	644	8	1.71
TGT17-66	87	142	18	0.6	0.924	0.028	0.1074	0.0014	674	42	664	15	658	8	658	8	0.91
TGT17-16	79	189	23	0.4	0.941	0.035	0.1115	0.0015	681	56	674	18	681	9	681	9	-1.03
TGT17-53	78	341	41	0.2	0.958	0.032	0.1121	0.0015	690	47	682	16	685	9	685	9	-0.44
TGT17-02	116	241	31	0.5	1.04	0.03	0.1177	0.0015	714	34	723	14	717	9	717	9	0.84
TGT17-21	105	336	43	0.3	1.03	0.03	0.1191	0.0016	724	42	718	16	725	9	725	9	-0.97
TGT17-68	53	95	14	0.6	1.19	0.06	0.1281	0.0019	797	76	795	26	777	11	777	11	2.32
TGT17-34	75	172	26	0.4	1.17	0.06	0.1313	0.0020	798	83	786	29	795	12	795	12	-1.13
TGT17-78	55	155	23	0.4	1.26	0.04	0.1347	0.0018	840	52	827	20	814	10	814	10	1.60
TGT17-77	22	173	25	0.1	1.27	0.04	0.1388	0.0018	827	37	833	16	838	10	838	10	-0.60
TGT17-45	90	248	39	0.4	1.35	0.04	0.1428	0.0019	866	38	866	17	861	10	861	10	0.58

续表

大理岩（冈玛错榴辉岩围岩，TGT17）（33°45.546′N, 84°25.464′E）

点号	Th/10^-6	U/10^-6	Pb*/10^-6	Th/U	207Pb/235U	±1σ	206Pb/238U	±1σ	207Pb/206Pb/Ma	±1σ	207Pb/235U/Ma	±1σ	206Pb/238U/Ma	±1σ	年龄/Ma	±1σ	不谐和度/%
TGT17-75	120	540	82	0.2	1.30	0.03	0.1430	0.0018	830	23	844	12	862	10	862	10	-2.09
TGT17-03	35	70	12	0.5	1.29	0.08	0.1441	0.0022	871	99	843	34	868	12	868	12	-2.88
TGT17-65	330	561	95	0.6	1.33	0.03	0.1471	0.0018	868	21	858	11	885	10	885	10	-3.05
TGT17-18	64	121	21	0.5	1.48	0.05	0.1507	0.0020	948	52	923	22	905	11	905	11	1.99
TGT17-04	105	383	64	0.3	1.50	0.04	0.1541	0.0020	951	33	930	16	924	11	924	11	0.65
TGT17-27	110	202	36	0.5	1.51	0.04	0.1549	0.0020	935	37	936	17	929	11	929	11	0.75
TGT17-01	179	348	60	0.5	1.56	0.06	0.1584	0.0022	979	59	954	25	948	12	948	12	0.63
TGT17-42	222	467	84	0.5	1.56	0.04	0.1622	0.0021	933	35	954	17	969	12	969	12	-1.55
TGT17-36	64	716	121	0.1	1.55	0.04	0.1632	0.0021	963	34	949	16	975	12	975	12	-2.67
TGT17-79	53	332	57	0.2	1.64	0.04	0.1658	0.0021	946	27	987	15	989	12	989	12	-0.20
TGT17-54	101	173	34	0.6	1.64	0.06	0.1672	0.0023	965	51	985	23	996	12	996	12	-1.10
TGT17-59	271	194	45	1.4	1.82	0.05	0.1760	0.0023	1041	39	1052	19	1045	13	1045	13	-0.38
TGT17-71	54	122	24	0.4	1.74	0.05	0.1766	0.0023	959	35	1023	18	1048	12	1048	12	-8.49
TGT17-55	87	234	46	0.4	1.81	0.06	0.1786	0.0023	1048	41	1049	20	1060	13	1060	13	-1.13
TGT17-76	49	92	19	0.5	1.90	0.05	0.1827	0.0024	1067	34	1081	18	1082	13	1082	13	-1.39
TGT17-44	37	202	39	0.2	1.92	0.05	0.1832	0.0024	1098	36	1087	19	1084	13	1084	13	1.29
TGT17-50	107	198	44	0.5	1.92	0.06	0.1891	0.0025	1079	38	1089	20	1116	13	1116	13	-3.32
TGT17-39	197	160	38	1.2	2.04	0.08	0.1902	0.0026	1188	53	1130	26	1122	14	1122	14	5.88
TGT17-07	325	252	61	1.3	2.01	0.05	0.1923	0.0025	1071	34	1118	18	1134	13	1134	13	-5.56
TGT17-62	68	175	38	0.4	2.03	0.05	0.1975	0.0025	1113	28	1125	16	1162	13	1162	13	-4.22
TGT17-25	210	494	112	0.4	2.13	0.05	0.2006	0.0025	1156	29	1158	17	1178	14	1178	14	-1.87
TGT17-63	109	125	31	0.9	2.16	0.06	0.2006	0.0026	1152	31	1169	18	1178	14	1178	14	-2.21
TGT17-56	168	277	65	0.6	2.20	0.08	0.2065	0.0028	1113	53	1180	26	1210	15	1210	15	-8.02
TGT17-22	110	217	54	0.5	2.44	0.06	0.2118	0.0027	1312	32	1254	19	1238	14	1238	14	5.98
TGT17-58	136	368	88	0.4	2.43	0.07	0.2143	0.0028	1269	35	1251	20	1252	15	1252	15	1.36

续表

大理岩（冈玛错榴辉岩围岩，TGT17）（33°45.546'N，84°25.464'E）

点号	Th/10^-6	U/10^-6	Pb*/10^-6	Th/U	$^{207}Pb/^{235}U$	±1σ	$^{206}Pb/^{238}U$	±1σ	$^{207}Pb/^{206}Pb$/Ma	±1σ	$^{207}Pb/^{235}U$/Ma	±1σ	$^{206}Pb/^{238}U$/Ma	±1σ	年龄/Ma	±1σ	不谐和度/%
TGT17-37	289	275	85	1.1	2.82	0.08	0.2378	0.0030	1351	32	1360	20	1375	16	1375	16	-1.75
TGT17-46	184	159	51	1.2	2.92	0.08	0.2405	0.0031	1390	35	1386	22	1389	16	1389	16	0.07
TGT17-40	125	283	85	0.4	3.35	0.09	0.2606	0.0034	1486	34	1493	22	1493	17	1493	17	-0.47
TGT17-31	67	99	33	0.7	3.67	0.11	0.2771	0.0036	1563	36	1565	23	1577	18	1577	18	-0.89
TGT17-24	161	399	127	0.4	4.10	0.11	0.2875	0.0037	1687	31	1655	22	1629	18	1629	18	3.56
TGT17-06	59	107	38	0.6	4.25	0.13	0.2950	0.0038	1680	39	1684	26	1666	19	1666	19	0.84
TGT17-51	208	350	128	0.6	4.61	0.13	0.3124	0.0040	1731	31	1751	23	1753	20	1753	20	-1.25
TGT17-05	126	118	48	1.1	4.75	0.23	0.3173	0.0045	1760	69	1776	41	1776	22	1776	22	-0.90
TGT17-41	175	408	157	0.4	5.11	0.13	0.3306	0.0042	1846	29	1838	22	1841	20	1841	20	0.27
TGT17-49	59	79	32	0.7	5.03	0.21	0.3361	0.0047	1840	55	1825	35	1868	22	1868	22	-1.50
TGT17-47	124	140	63	0.9	6.07	0.23	0.3469	0.0047	2055	48	1986	33	1920	22	1920	22	7.03
TGT17-60	113	783	294	0.1	5.62	0.18	0.3470	0.0046	1931	37	1919	27	1920	22	1920	22	0.57
TGT17-32	108	752	287	0.1	5.79	0.15	0.3530	0.0045	1969	28	1946	22	1949	21	1949	21	1.03
TGT17-64	294	92	66	3.2	6.95	0.21	0.3902	0.0050	2102	35	2105	27	2124	23	2124	23	-1.04
TGT17-72	256	511	275	0.5	9.49	0.18	0.4484	0.0055	2393	17	2387	18	2388	25	2388	25	0.21
TGT17-57	114	225	126	0.5	10.36	0.34	0.4669	0.0061	2474	37	2468	30	2470	27	2470	27	0.16
TGT17-79	163	183	110	0.9	10.30	0.22	0.4722	0.0059	2429	20	2462	20	2493	26	2493	26	-2.57
TGT17-43	134	231	154	0.6	13.68	0.37	0.5289	0.0068	2719	28	2728	26	2737	29	2737	29	-0.66
TGT17-17	56	174	135	0.3	21.34	0.54	0.6308	0.0080	3160	24	3154	24	3153	32	3153	32	0.22

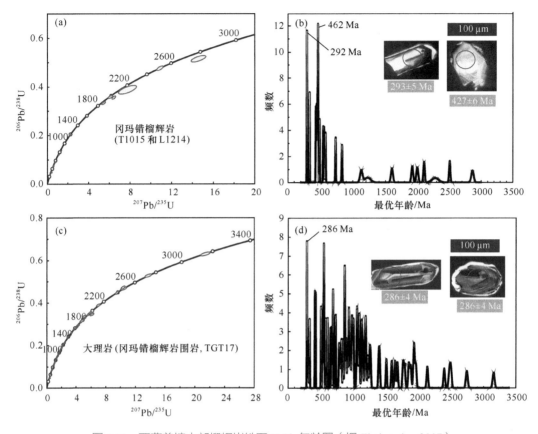

图 4.33　西藏羌塘中部榴辉岩锆石 U-Pb 年龄图（据 Zhai et al.，2017）

红脊山蓝片岩锆石多为柱状，内部结构清晰，多数发育振荡环带，Th 含量为 $32 \times 10^{-6} \sim 520 \times 10^{-6}$，U 含量为 $55 \times 10^{-6} \sim 673 \times 10^{-6}$，具有较高的 Th/U 值（0.33~1.33），显示岩浆锆石的特征（李才等，2016）。两组加权平均年龄分别为 288 ± 2 Ma 和 304 ± 2 Ma（刘奎等，2017），代表蓝片岩的原岩结晶时间，而不是蓝片岩相变质作用发生的时间。

4.5.2　石榴子石 Lu-Hf 定年

羌塘中部的榴辉岩锆石 U-Pb 测年难度极大，片石山榴辉岩和果干加年山榴辉岩中锆石含量很低，很难挑选出用于测试的锆石。早期研究在片石山地区的榴辉岩中得到了 230 Ma 和 243 Ma 两个很好的锆石 U-Pb 年龄，但对其所选锆石的成因仍存在争议（翟庆国等，2008）。

片石山榴辉岩 Lu-Hf 同位素测年获得了 233 ± 12 Ma 和 244 ± 11 Ma 的等时线年龄，其代表了榴辉岩峰期变质作用的时代（Pullen et al.，2008），并在误差范围内和本次研究所得的结论一致，进一步证明了片石山榴辉岩的峰期变质时代可能在 240 Ma 左右。

4.5.3 单矿物 Ar-Ar 定年

1. 榴辉岩

片石山榴辉岩中白云母 Ar-Ar 年龄谱图见图 4.34。分析结果表明样品中云母获得的坪年龄稳定且 ^{39}Ar 积累均大于 90%，基本排除了过剩 Ar 的存在，表明测年结果精度很高。

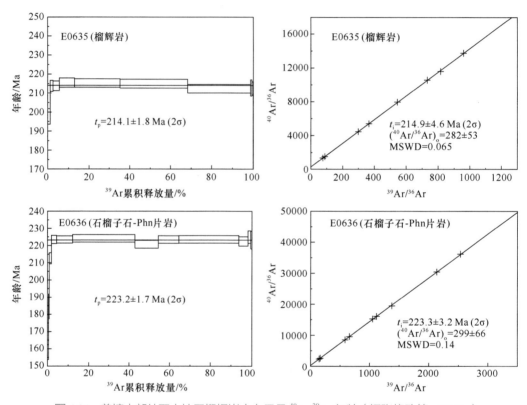

图 4.34　羌塘中部片石山地区榴辉岩中白云母 ^{40}Ar/^{39}Ar 年龄（据张修政等，2010a）

片石山榴辉岩中三件白云母样品 ^{39}Ar/^{40}Ar 定年获得的坪年龄为 214.1±1.8 Ma、223.2±1.7 Ma 和 219.5±1.7 Ma（图 4.34 和图 4.35）。等时线年龄和坪年龄在误差范围内基本一致，且 ^{40}Ar/^{36}Ar 初始化值在误差范围内和理想大气值（295.5）一致，说明该年龄没有受到过剩氩影响。不同采样部位两个样品的时代很接近，亦说明了该年龄的可靠性。由于白云母的 K-Ar 体系封闭温度为 350~400℃（Hames and Bowring，1994；Harrison et al.，2009），这些年龄代表了榴辉岩折返冷却时代，即晚三叠世。

2. 蓝片岩

荣玛蓝片岩蓝闪石和多硅白云母年龄图谱见图 4.36 和表 4.16。蓝闪石坪年龄为

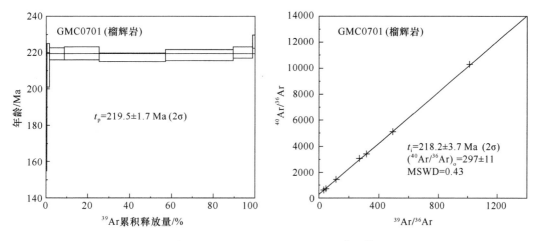

图 4.35　羌塘中部冈玛错榴辉岩中白云母 $^{40}Ar/^{39}Ar$ 年龄

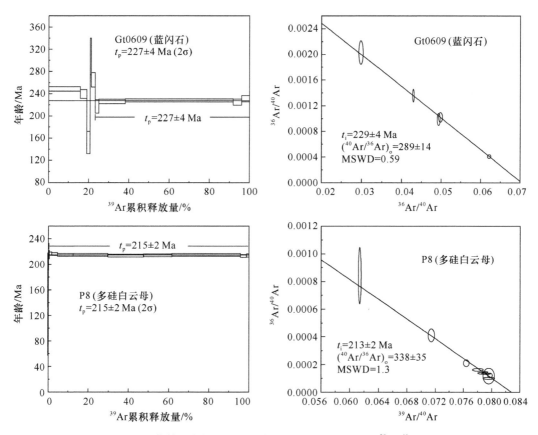

图 4.36　西藏羌塘中部荣玛蓝片岩蓝闪石和多硅白云母 $^{39}Ar/^{40}Ar$ 年龄

227±4 Ma，相应反等时线年龄为 229±4 Ma（MSWD=0.59）。多硅白云母坪年龄为 215±2 Ma，相应的反等时线年龄为 213±2 Ma（MSWD=2.3）。

表 4.16 西藏羌塘榴辉岩中金红石 SIMS U-Pb 定年结果

样品点号	U/10⁻⁶	f_{206}/%	$^{238}U/^{206}Pb$	±σ/%	$^{207}Pb/^{206}Pb$	±σ/%	$t_{206/238}$/Ma	±σ/Ma
				E0814 榴辉岩				
E0814-1	0.5	4	29.3	8.1	0.077	16	209	17
E0814-2	0.29	7	25.3	7.9	0.103	15	234	19
E0814-3	0.32	74	8.7	8.5	0.625	5	200	38
E0814-4	0.49	6	30.4	7.1	0.096	14	197	14
E0814-5	0.31	11	25.5	8.8	0.133	14	223	20
E0814-6	0.24	12	25.5	9	0.14	19	221	21
E0814-7	0.4	31	22.1	11.7	0.294	11	199	26
E0814-8	0.36	15	26.3	8	0.163	14	207	18
E0814-9	0.56	4	26.3	6.7	0.08	14	232	16
E0814-10	0.59	18	25.8	6.3	0.187	9.3	203	14
E0814-11	0.55	5	28.5	7.3	0.09	14	211	16
E0814-12	0.37	56	13.9	7.9	0.486	7.3	206	28
E0814-13	0.25	88	5.7	12.6	0.738	6.4	146	78
E0814-14	0.46	6	25.3	8	0.096	17	236	19
E0814-15	0.42	9	24.9	8	0.119	15	232	19
E0814-16	0.5	9	26.1	7.2	0.118	15	222	17
E0814-17	0.26	19	24.4	10.6	0.196	22	212	26
E0814-18	0.92	21	23.3	8.4	0.21	9.4	217	19
E0814-19	0.36	74	5.9	6.2	0.631	5	284	54
				E0901 榴辉岩				
E0901-1	0.39	77	5.03	12.1	0.65	4.7	292	61
E0901-2	0.57	84	4.04	15.3	0.709	3.3	247	61
E0901-3	0.4	10	28	9.3	0.127	16	204	20
E0901-4	0.32	84	4.28	7.1	0.703	4.5	243	64
E0901-5	0.3	89	3.21	12.7	0.741	4.9	229	97
E0901-6	0.55	14	25.7	7.7	0.156	11	213	17
E0901-7	0.22	90	3.03	11.9	0.751	3.9	216	86
E0901-8	0.23	90	2.43	8.1	0.753	5	263	130
E0901-9	0.25	85	3.93	11	0.712	5.1	247	81
E0901-10	0.33	82	5.93	9.3	0.686	4.8	199	50
E0901-11	0.21	85	5.49	10.5	0.712	6.5	177	71
E0901-12	0.22	92	3.79	7.4	0.768	4.5	138	78
E0901-13	0.28	80	6.75	9.2	0.672	5.5	192	48
E0901-14	0.25	93	2.51	16.7	0.772	3.7	195	101
E0901-15	0.41	89	3.17	12.8	0.747	5.3	217	106
E0901-16	0.3	31	20.5	9.7	0.294	14	213	26
E0901-17	0.33	92	4.01	13.7	0.771	4.2	124	70
E0901-18	0.55	16	28.6	11.6	0.172	12	188	22

续表

样品点号	U/10⁻⁶	f_{206}/%	^{238}U/^{206}Pb	±σ/%	^{207}Pb/^{206}Pb	±σ/%	$t_{206/238}$/Ma	±σ/Ma
				E0901 榴辉岩				
E0901-19	0.18	88	3.37	8.5	0.735	4.7	233	87
E0901-20	0.57	10	24.6	6.1	0.131	11	231	15
E0901-21	0.26	89	2.82	7.4	0.744	3.5	253	80
E0901-22	0.52	7	28.9	7.3	0.104	15	204	15
E0901-23	0.37	73	8.75	9.4	0.617	5.5	200	37
E0901-24	0.27	8	25.5	11.4	0.114	20	228	27
E0901-25	0.69	7	26	8	0.106	13	227	18
E0901-26	0.44	10	27.6	9	0.129	18	207	20
E0901-27	0.37	11	24	10	0.137	16	234	24

邓希光等（2000b）在冈玛日蓝片岩中获得 282~275 Ma 的蓝闪石 Ar-Ar 年龄。李才等（2016）获得冈玛日蓝透闪石 Ar-Ar 坪年龄为 t_p=233.4±2.2 Ma，^{40}Ar/^{36}Ar-^{39}Ar/^{36}Ar 等时线年龄为 t_i=232.5±4.8 Ma，其中蓝透闪石 ^{40}Ar/^{36}Ar 初始化值为 289±23，在误差范围内与理想大气值（295.5）一致，基本排除了过剩 Ar 的存在，表明测年结果精度较高。这一年龄结果明显要早于我们本次获得的蓝片岩 Ar-Ar 年龄，也从侧面表明羌塘蓝片岩及榴辉岩可能记录了多期次俯冲—折返过程。

Tang 和 Zhang（2014）在红脊山硬柱石蓝片岩中通过蓝闪石 Ar-Ar 定年，获得一个较好的坪年龄为 241.7±2.0 Ma。该年龄比羌塘中部地区蓝片岩（227~215 Ma；翟庆国等，2009b；Pullen et al.，2008）要早 15~25 Ma。因此，Tang 和 Zhang（2014）和邓希光等（2000b）研究成果表明羌塘西部地区可能保留了部分早期折返的高压变质岩石记录，暗示羌塘低温高压变质带可能经历了一个复杂（多期次折返？）的演化过程。

3. 围岩

片石山榴辉岩直接围岩石榴子石白云母片岩中白云母 Ar-Ar 总气体年龄为 211.6 Ma，其中 840~1300℃的坪年龄 t_p=213.2±1.3 Ma。相应的 ^{40}Ar/^{36}Ar-^{39}Ar/^{36}Ar 等时线年龄 t_i=211.7±2.7 Ma（张修政等，2010c）。

翟庆国（2008）在片石山榴辉岩的直接围岩石榴子石白云母片岩获得的多硅白云母坪年龄为 217.2±1.8 Ma 和 223.2±1.7 Ma（图 4.37），等时线年龄和坪年龄也一致，并且这两个年龄很接近。

榴辉岩及其围岩的多硅白云母年龄大致相同，一方面说明它们是一起抬升到地表的，另一方面说明围岩和榴辉岩可能一起共同经历了高压变质作用。榴辉岩及其围岩中多硅白云母年龄为 223~214 Ma，代表了羌塘中部高压变质带的整体抬升时间为晚三叠世。

此外，前人获得果干加年山榴辉岩围岩石榴子石白云母片岩白云母 Ar-Ar 总气体年龄为 240.8 Ma，其中 840~1300℃构成了一个很好的年龄坪，坪年龄 t_p=242.3±1.5 Ma，相应的 ^{40}Ar/^{36}Ar-^{39}Ar/^{36}Ar 等时线年龄 t_i=243.8±3.1 Ma（张修政等，2010c），可能记录了深俯冲围岩早期折返的年龄。

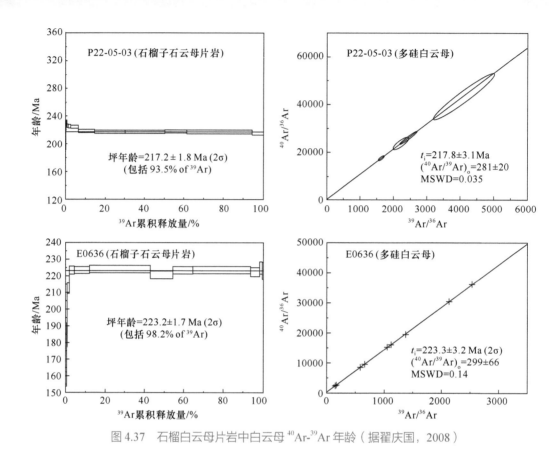

图 4.37　石榴白云母片岩中白云母 ^{40}Ar-^{39}Ar 年龄（据翟庆国，2008）

4.5.4　金红石 U-Pb 定年

对冈玛错榴辉岩中金红石进行了 U-Pb 定年。两件样品中的金红石颗粒大小在 150 μm 左右。样品的 U 含量较低（0.18×10^{-6}~0.92×10^{-6}）。两件样品获得的下交点年龄为 218±10 Ma 和 217±12 Ma（图 4.38、表 4.16），加权平均年龄为 216±9 Ma 和

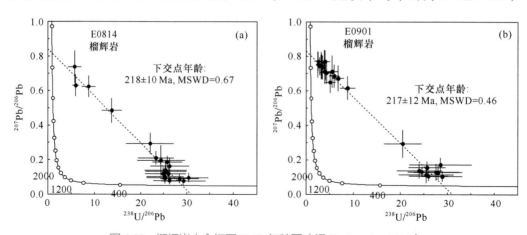

图 4.38　榴辉岩中金红石 U-Pb 年龄图（据 Zhai et al., 2017）

215±11 Ma。金红石是榴辉岩中常见的副矿物，记录了榴辉岩高压变质的时间，但其封闭温度明显低于锆石。前人研究表明金红石粒径在 90~210 μm 时的封闭温度为 400~500℃（Mezger et al.，1989），这与多硅白云母的 Ar-Ar 年龄的封闭温度相似（约 400℃；Hames and Bowring，1994；Harrison et al.，2009）。因此，它们应该代表着经历榴辉岩相变质作用后折返至中地壳的时间。

4.6　变质演化历史

4.6.1　榴辉岩

1. 变质期次划分

1）片石山榴辉岩

本节主要以片石山榴辉岩为研究对象，讨论榴辉岩的变质期次。果干加年山榴辉岩研究程度还很低，且经历了复杂的流体活动，目前各项研究工作尚在进行中，在这里暂不讨论。

根据前述片石山榴辉岩的岩相学和矿物成分特征，结合岩石组构特征，可以将其变质作用划分为以下几期：①峰前蓝片岩相变质作用阶段，矿物组合包括含钙钠闪石、钠云母、钠长石、褐帘石、石英、绿泥石、榍石和石榴子石。该期矿物组合包括较多含水矿物，如绿泥石等，矿物 Fe^{3+} 的含量较高，如钙钠闪石、褐帘石等，反映其形成于较高氧逸度条件。②峰期榴辉岩相变质作用阶段，此阶段矿物组合以不含水或水含量不高的矿物为主，如富镁的石榴子石、贫铁的绿辉石、金红石、多硅白云母、钠云母、黝帘石、黄铁矿、石英等。该期矿物 Fe^{3+} 的含量明显偏低，形成于低氧逸度、高变质温压的环境之下，是典型的榴辉岩相矿物组合。虽然片石山榴辉岩遭受后期退变质作用改造比较强烈，但峰期矿物石榴子石、绿辉石，多硅白云母在绝大多数薄片中仍可占到 50% 以上，峰期矿物一般表面干净，晶形较好，矿物之间无反应关系，局部地方三连点平衡结构。③绿帘角闪岩相变质作用阶段，榴辉岩在折返减压过程中绿辉石发生分解形成角闪石，金红石转变为榍石。冻蓝闪石、镁红闪石、阳起石、绿帘石、钠长石等的存在，说明榴辉岩退化变质作用经历了绿帘角闪岩相变质作用。④绿片岩相变质作用阶段，榴辉岩最终折返到地表，以形成毛发状阳起石等矿物为特征，矿物组合包括绿帘石、石榴子石、磁铁矿和钛铁矿，这些矿物均含有较多的 Fe^{3+} 含量，反映了氧逸度较高的环境，主要形成于前期矿物的边缘或裂隙中。

2）冈玛错榴辉岩

冈玛错榴辉岩变质作用划分为以下几期。①峰前期蓝片岩相变质阶段：峰前期矿物主要呈极细小的包裹体产于石榴子石的核部和幔部。②峰期榴辉岩相变质作用阶段：变质矿物组合为 Grt（石榴子石）+Omp（绿辉石）+Phen（多硅白云母）±Rt（金红石）。虽然大部分样品后期退变质作用改造比较强烈，但峰期矿物石榴子石、绿辉石、多硅白云母在绝大多数薄片中仍可占到30%以上，峰期矿物一般表面干净，晶形较好，矿物之间无反应关系，局部地方三连点平衡结构。③绿帘角闪岩相变质作用阶段：榴辉岩在折返减压过程中绿辉石发生分解形成角闪石，金红石转变为榍石。冻蓝闪石、镁红闪石、绿帘石、钠长石等的存在，说明榴辉岩退变质作用经历了绿帘角闪岩相变质作用。④绿片岩相变质作用阶段：榴辉岩最终折返到地表，以形成毛发状阳起石等矿物为特征，主要形成于前期矿物的边缘或裂隙中。

2. 榴辉岩峰期温度压力条件的估算

羌塘榴辉岩的峰期变质矿物组合均为石榴子石＋绿辉石＋多硅白云母 ± 金红石，因此采用石榴子石－单斜辉石温度计计算榴辉岩温度（Ravna，2000b）；采用石榴子石－单斜辉石－多硅白云母压力计计算榴辉岩压力条件（Waters et al.，1996）。

1）石榴子石－单斜辉石 Fe-Mg 交换温度计

石榴子石－单斜辉石 Fe-Mg 交换温度计是榴辉岩研究中应用最广泛的温度计之一，有不少于 25 种版本，以 Ellis 和 Green（1979），Powell（1985），Krogh（1988）和 Ravna（2000b）四种实验标定的版本在榴辉岩温度条件的计算中应用最为广泛。

A. Ellis 和 Green（1979）石榴子石－单斜辉石温度计

以 $CaO-MgO-FeO-SiO_2-Al_2O_3$ 系统中 45 个实验样品为基础标定了石榴子石－单斜辉石温度计。其公式为：$T=(3104X_{Ca}+3030+10.86P)/(\ln K_D+1.9034)$，其中，$T$ 为温度，K；P 为压力，kbar（10^8Pa）；$X_{Ca}=Ca/(Ca+Mg+Fe+Mn)$（石榴子石）；$K_D=(X_{Fe}^{2+}/X_{Mg})^{Grt}/(X_{Fe}^{2+}/X_{Mg})^{Cpx}$。在计算过程中绿辉石的 $Fe^{3+}=Na-(Al^{VI}+Cr)$，石榴子石全 Fe 作为 Fe^{2+} 考虑。所选择的分析位置，主要在石榴子石边部，尤其是和绿辉石具有平衡边结构的部位，预设压力值为 2.0 GPa。片石山榴辉岩峰期温度在 499~636℃ 之间，平均为 565℃；果干加年山榴辉岩峰期温度条件为 567~586℃，平均为 576℃；冈玛错榴辉岩峰期温度介于 439~534℃ 之间，平均为 508℃。

利用该温度计计算的榴辉岩的峰期温度条件误差较大，同一个露头的榴辉岩计算的峰期温度最大相差 135℃。造成这种情况的原因可能有两点：①Ellis 和 Green（1979）石榴子石－单斜辉石温度计是在单斜辉石中 $X_{Jd}<0.3$ 实验条件下建立的，然而榴辉岩中绿辉石的 X_{Jd} 变化范围比较大在 0.29~0.47，这可能导致运用该温度计计算榴辉岩变质温度时会出现较大的误差；②在标定过程中，Ellis 和 Green（1979）虽然充分考虑了石榴子石－单斜辉石之间 Ca-Mg 的非理想混合，但是其实验结果反映的是 $\ln K_D$（K_D 为石榴子石和单斜辉石中 Fe-Mg 的分配系数）与石榴子石中 X_{Ca} 之间为一次线性关系。在相同温压条件下 X_{Ca} 和 $\ln K_D$ 的关系更接近二次曲线。有研究显示，K_D 不仅与石榴子石中的 X_{Ca} 有关，还与石榴子石中 $Mg^{\#}$ 有关。X_{Ca} 和 $Mg^{\#}$ 对 K_D 的影响在 Ellis 和 Green（1979）的石榴子石－单斜辉石温度计未能准确标定，这也可能是造成计算结果误差较大的主要原因之一。

B. Powell（1985）石榴子石－单斜辉石温度计

Powell（1985）在 Raheim 和 Green（1974）和 Ellis 和 Green（1979）实验数据的基础上，

重新线性回归了实验温度。其表达式为：$T(K) = (2790+10P+3140X_{Ca})/(1.735+\ln K_D)$；其中 X_{Ca}=Ca/（Ca+Mg+Fe+Mn）（石榴子石）；$K_D=(X_{Fe}{}^{2+}/X_{Mg})^{Grt}/(X_{Fe}{}^{2+}/X_{Mg})^{Cpx}$。

在计算过程中绿辉石的 Fe^{3+}=Na–（Al^{VI}+Cr），石榴子石的全 Fe 作为 Fe^{2+} 考虑。所选择的分析位置，主要在石榴子石的边部，尤其是和绿辉石接触的具有平衡边结构的部位，预设压力值仍为 2.0 GPa。其结果显示，片石山地区榴辉岩的峰期温度在 475~621℃之间，平均为 542℃；果干加年山榴辉岩的峰期温度条件为 545~563℃，平均为 554℃；冈玛错地区榴辉岩的峰期温度在 418~513℃之间，平均为 488℃。Powell（1985）的石榴子石 – 单斜辉石温度计只是 Ellis 和 Green（1979）版本的改进，只考虑了 X_{Ca} 和 K_D 的一次线性关系。因此，计算结果误差仍比较大，同样是片石山地区的榴辉岩，峰期温度计算最大可相差 146℃。造成这么大误差的原因同 Ellis 和 Green（1979）计算误差分析，这里不再赘述。

C. Krogh（1988）石榴子石 – 单斜辉石温度计

Krogh（1988）在 Raheim 和 Green（1974）、Mori 和 Green（1978）以及 Ellis 和 Green（1979）三组实验数据的基础上，首次拟合了 X_{Ca} 和 K_D 的二次线性关系。相对于 Ellis 和 Green（1979）和 Powell（1985）的石榴子石 – 单斜辉石温度计，Krogh（1988）石榴子石 – 单斜辉石温度计参考了更多的实验数据，对 X_{Ca} 和 K_D 关系的标定也更加合理、精确。其表达式为：$T(K) = [-6173(X_{Ca})^2+6731X_{Ca}+1879+10P(kbar)]/(\ln K_D+1.393)$，其中 X_{Ca}=Ca/（Ca+Mg+Fe+Mn）（石榴子石）；$K_D=(X_{Fe}{}^{2+}/X_{Mg})^{Grt}/(X_{Fe}{}^{2+}/X_{Mg})^{Cpx}$。

计算过程和上文相同，绿辉石中的 Fe^{3+}=Na–（Al^{VI}+Cr），石榴子石的全 Fe 作为 Fe^{2+} 考虑。所选择的分析位置，主要在石榴子石的边部，尤其是和绿辉石接触的具有平衡边结构的部位，预设压力值仍为 2.0 GPa。结果显示，片石山地区榴辉岩的峰期温度在 447~597℃之间，平均为 514℃；果干加年山榴辉岩的峰期温度条件为 520~536℃，平均为 528℃；冈玛错榴辉岩的峰期温度在 388~484℃之间，平均为 460℃。

Krogh（1988）温度计相对于 Ellis 和 Green（1979）和 Powell（1985）的石榴子石 – 单斜辉石温度计具有更大的适用范围，在单斜辉石中 X_{Jd} 高达 0.44 时仍然适用。但是它最大的缺点是没有考虑到石榴子石中 $Mg^{\#}$ 对 K_D 的影响，然而榴辉岩中石榴子石的 $Mg^{\#}$ 很小，对 K_D 的影响可能不大，所以利用 Krogh（1988）温度计所得的结果相对于以上两个版本的温度计，可能更接近真实的温度条件。

D. Ravna（2000b）石榴子石 – 单斜辉石温度计

Ravna（2000b）重新标定了石榴子石 – 单斜辉石温度计，并充分考虑了石榴子石的 X_{Ca}、$Mg^{\#}$ 和 K_D 之间的关系，是目前应用温压范围最广、成分范围最广、再现实验条件最准确的石榴子石 – 单斜辉石温度计。计算过程同上文，绿辉石中 Fe^{3+}=Na–（Al^{VI}+Cr），石榴子石的全 Fe 作为 Fe^{2+} 考虑。所选择的分析位置，主要在石榴子石的边部，尤其是和绿辉石接触的具有平衡边结构的部位，预设压力值仍为 2.0 GPa。其结果显示，片石山榴辉岩峰期温度在 416~538℃之间，平均为 474℃；果干加年山榴辉岩峰期温度条件为 481~511℃，平均为 496℃；冈玛错榴辉岩峰期温度为 395~416℃，平均为 396℃。Ravna（2000b）的温度计相对于上文中三个版本的温度计具有明显的优势，其计算结果也可能更加接近真实值，但仍存在一定的误差。前人研究显示 Ravna（2000b）的石榴子石 – 单斜辉石温度计在 900~1500℃ 范围内能最好地再现实验数据，且误差分布均匀合理，所以在计算高温的变质岩石时，它是最好的选择。但是在小于900℃ 的范围内，Ravna（2000b）的温度计再现试验温度普遍低 10~50℃。榴辉岩为洋壳冷俯冲形成的，其形成时的峰期温度不高，故该温度计计算的结果可能比榴辉岩的真实温度要低 10~50℃。

Krogh（1988）和 Ravna（2000b）的石榴子石 – 单斜辉石温度计更适合计算该区榴辉岩峰期变质温度条件，Krogh（1988）温度计的计算结果可能比真实值偏大，Ravna（2000b）温度计的计算值可能比真实值偏小，取两者计算结果的平均值：片石山榴辉岩峰期温度为 494℃，果干加年山榴辉岩峰期温度为 512℃，说明两处榴辉岩峰期温度条件是基本一致的。而冈玛错榴辉岩峰期温度为 428℃，其峰期变质温度最低。作为羌塘古特提斯洋缝合带东延的巴青榴辉岩的峰期温度较高，为 730±60℃（Zhang et al.，2018）。

2）金红石 Zr 温度计

金红石是高压变质岩（如榴辉岩和高压麻粒岩）中高场强元素（特别是 Nb 和 Ta）的重要载体（Zack et al.，2002），金红石微量元素的系统研究对榴辉岩原岩恢复具有重要指示意义（Zack et al.，2002，2004a；Meinhold，2010）。金红石中 Zr 含量与其形成温度有良好线性关系，可作为金红石形成温度的温度计（Ferry and Watson，2007；Tomkins et al.，2007）。羌塘榴辉岩普遍含有金红石，与峰期矿物组合平衡共生，因此对金红石进行微量元素含量测定及金红石 Zr 温度计计算，进一步限定榴辉岩峰期变质温度。

A. Zack 等（2004a）金红石 Zr 温度计

Zack 等（2002）首次发现金红石中微量元素与其形成温度有一定的相关性，随后根据对 31 个温压条件已知（0.95~4.5 GPa、430~1100℃）的地质样品中金红石 Zr 含量分析提出了 Zr 含量温度计的经验公式（Zack et al.，2004a）：T（℃）=134.7×ln(Zr)–25，并基于石榴子石和绿辉石中金红石 Zr 含量，提出适用于较高压力条件的经验公式：T（℃）=127.8×ln(Zr_{max})–10。

B. Watson 等（2006）金红石 Zr 温度计

Watson 等（2006）在 1.0~1.4 GPa、675~1450℃ 下，根据金红石在含水硅酸盐熔体中生长的实验并结合 6 件实际地质样品（温压范围为 P=0.35~3.0 GPa、T=470~1070℃）的研究提出新的 Zr 含量温度计公式：

$$T(℃)=\left(\frac{4470\pm120}{7.36\pm0.10-\lg(Zr)}\right)-273$$

该公式假设条件为 1.00 GPa，计算结果会偏低 26~90℃。

C. Tomkins 等（2007）金红石 Zr 温度计

Tomkins 等（2007）在前人工作的基础上，在不同温度（1000~1500℃）和压力（0.10 GPa、1.00 GPa、2.00 GPa 和 3.00 GPa）条件下对 ZrO_2-TiO_2-SiO_2 体系进行试验，充分考虑了压力对金红石 Zr 含量的影响，提出了基于温度和压力两个参数更为合理的金红石 Zr 温度计：

$$T(℃) = \left(\frac{83.9 \pm 0.410P}{0.1428 - R\ln(Zr)} \right) - 273 \quad (\alpha\text{ 石英稳定域公式})$$

$$T(℃) = \left(\frac{85.7 \pm 0.473P}{0.1453 - R\ln(Zr)} \right) - 273 \quad (\beta\text{ 石英稳定域公式})$$

$$T(℃) = \left(\frac{88.1 \pm 0.206P}{0.1412 - R\ln(Zr)} \right) - 273 \quad (\text{柯石英稳定域公式})$$

片石山榴辉岩中金红石 Zr 含量 $39.74 \times 10^{-6} \sim 85.54 \times 10^{-6}$（平均 56.61×10^{-6}），果干加年山榴辉岩中金红石 Zr 含量变化较小，变化于 $34.38 \times 10^{-6} \sim 45.76 \times 10^{-6}$ 之间（平均为 40.13×10^{-6}）（Zack et al.，2004a；Watson et al.，2006；Tomkins et al.，2007）。根据前人对羌塘榴辉岩压力估算结果（2.0~2.5 GPa；李才等，2006c；Zhai et al.，2011a），考虑到羌塘榴辉岩中并未发现确切柯石英，因此我们认为充分考虑压力作用影响的金红石 Zr 温度计（Tomkins et al.，2007）的计算结果更为合理（片石山 $T_{年龄}$=567℃；果干加年山 $T_{年龄}$=548℃），计算结果相对石榴子石 – 单斜辉石 Fe-Mg 交换温度计结果偏高。

分别取石榴子石 – 单斜辉石 Fe-Mg 温度计和金红石 Zr 温度计计算结果的平均值作为羌塘榴辉岩峰期温度的下限和上限，获得片石山榴辉岩峰期温度区间为 T=494~567℃，果干加年山榴辉岩峰期温度为 T=512~548℃。

3）石榴子石 – 单斜辉石 – 多硅白云母压力计

目前被广泛用来估算榴辉岩峰期压力的版本有两个：Waters 和 Martin（1993），Waters 和 Martin（1996），都是根据 KMASH 系统相平衡计算出来的，其端元反应为：3 镁绿鳞石 +2 钙铝榴石 +1 镁铝榴石 $\longrightarrow$ 6 透辉石 +3 白云母。

Waters 和 Martin（1993）压力计运用了 Holland 和 Powell（1990）内部一致热力学数据库、Newton 和 Haselton（1981）Mg-Ca 非理想混合的石榴子石模型、Holland（1990）四元非理想混合的绿辉石模型以及多硅白云母的理想混合模型；而 Waters 和 Martin（1996）压力计又参考了 Schmidt 等（1993）的绿辉石 + 石榴子石 + 多硅白云母的相平衡实验结果，对 Waters 和 Martin（1993）的压力计做了一些经验校正。在实际的使用和后期的研究过程中，当绿辉石中的 X_{Jd} 在 0.5 左右时，Waters 和 Martin（1993）版本的压力计再现实验数据较好，误差在 ± 0.3GPa 左右；当绿辉石中的 X_{Jd} 大于 0.55，Waters 和 Martin（1996）版本的压力计再现实验数据的误差较小。榴辉岩中的 X_{Jd} 一般在 0.30~0.47 之间，所以选择 Waters 和 Martin（1993）版本的压力计计算更为合理。在计算过程中，结合上文石榴子石 – 单斜辉石温度计，计算结果为：片石山榴辉岩的峰期压力在 1.9~2.6 GPa 之间；果干加年山榴辉岩的峰期压力在 2.2~2.5 GPa 之间。冈玛错榴辉岩的峰期压力在 2.0~2.2 GPa 之间。

4）热力学模拟计算

在前述岩相学观察的基础之上，开展热力学模拟工作，试图通过半定量模拟，进一步探讨该榴辉岩的变质演化过程。采用最近更新的 Perple_x 计算程序（Connolly，2009；2015 年 11 月更新，版本 6.7.2）开展本书的视剖面计算。在 P-T-lg$f$O$_2$ 三维空间，模拟体系为 K$_2$O-Na$_2$O-CaO-MgO-FeO-MnO-Al$_2$O$_3$-TiO$_2$-SiO$_2$-H$_2$O。流体相假定为饱和的纯水，计算方程式为改进的 Redlich-Kwong 流体状态方程（Holland and Powell，1991，1998），采用 Holland 和 Powell（1998，2003）提出的内部一致性热力学数据进行模拟计算。模拟结果显示榴辉岩的石榴子石核部形成的温压条件为：P=13.0 kbar，T=644℃，lg$f$O$_2$=−16.3～16.4。石榴子石幔部形成的条件为：P=16.6 kbar，T=695℃，lg$f$O$_2$=−19.0～−19.5。

3. 榴辉岩退变质阶段温度压力条件的估算

1）绿帘角闪岩相变质作用阶段

榴辉岩在折返减压过程中绿辉石发生分解形成角闪石，金红石转变为榍石。冻蓝闪石、蓝透闪石、绿帘石、钠长石等的存在，说明榴辉岩退化变质作用经历了绿帘角闪岩相变质作用，由于变质反映在岩石折返过程中是非平衡反应，不能进行温压条件计算，但根据蓝透闪石和冻蓝闪石的稳定稳压范围推算其温压条件为 T=400~480℃，P=0.4~0.8 GPa。

2）绿片岩相变质作用阶段

榴辉岩最后折返到地表，以形成毛发状阳起石等矿物为特征，主要形成于前期矿物的边缘或裂隙中，根据 Otsuki 和 Banno（1990）钠质角闪石（S-Amp）→蓝透闪石（Win）、冻蓝闪石（Bar）→阳起石（Act）反应线及稳定温度压力范围，推算这一阶段变质作用条件为 T < 400℃，P < 0.3 GPa。

4. 榴辉岩 P-T 轨迹

片石山榴辉岩和冈玛错榴辉岩在变质演化方面具有很多相似特征，且两处榴辉岩中多硅白云母 Ar-Ar 定年结果相近（Zhai et al.，2011a），暗示两者可能经历了相似的变质演化过程，因此将两者综合在一起讨论。根据榴辉岩各变质阶段温度和压力条件的估算并结合同位素年代学资料，我们初步拟合了片石山和冈玛错榴辉岩的 P-T 轨迹（图 4.39）。冈玛错榴辉岩和片石山榴辉岩具有相似的 P-T 轨迹，暗示两者经历了相似的变质演化过程，但片石山榴辉岩峰期变质温度明显要高于冈玛错榴辉岩。两地榴辉岩中石榴子石均不同程度保留了早期蓝片岩相矿物包裹体，且石榴子石具有典型的生长环带，暗示岩石经历了一个由蓝片岩相向榴辉岩相持续转变的进变质过程。对于榴辉岩峰前期的时代目前无可靠的年代学资料可循。随着榴辉岩进一步俯冲消减，在237~230 Ma 之间进入了变质作用峰期阶段（Zhai et al.，2011a），峰期温度压力条件位于典型的硬柱石榴辉岩稳定区域。但硬柱石很难保存，在榴辉岩折返的过程中很容易分解而转变为绿帘石、钠云母等矿物。本次研究在片石山榴辉岩的石榴子石包裹体中发现了绿帘石和钠云母的共生合晶可能是早期硬柱石退变分解的产物，但在冈玛错榴辉岩中目前还没有发现相关矿物学信息。榴辉岩在后期抬升过程中，首先经历了一个近等温降压的过程（从硬柱石榴辉岩相到绿帘角闪岩相），预示着榴辉岩经历了一个快速折返过程；又经历了降温降压的退变过程（绿帘角闪岩相到绿片岩相），说明榴辉岩可能已经被抬升至较浅构造层次，之后经历了一个较缓慢的抬升和剥蚀过程，根据区域资料，榴辉岩最终在 220~214 Ma 被抬升至地表（Zhai et al.，2011a；张修政等，2010a），并被上三叠统望湖岭组角度不整合覆盖（李才等，2004）。

根据羌塘中部榴辉岩的结构、矿物之间的共生关系，至少可以识别出四个阶段的变质作用：①峰期之前蓝片岩相变质作用阶段；②峰期榴辉岩相变质作用阶段；③绿帘角闪岩相变质作用阶段；④绿片岩相变质阶段（图 4.39）。

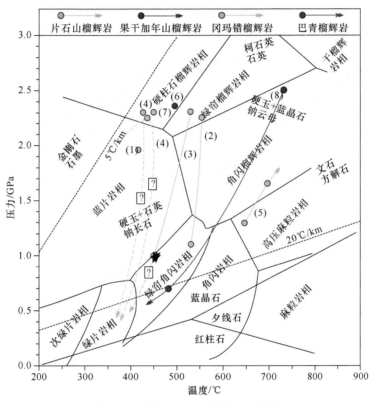

图 4.39　羌塘中部榴辉岩的 *P-T* 轨迹

1）峰期之前蓝片岩相变质作用

石榴子石核部的蓝闪石和多硅白云母指示，在榴辉岩相变质作用之前，羌塘榴辉岩经历了蓝片岩相变质作用。

2）峰期榴辉岩相变质作用阶段

羌塘中部榴辉岩峰期变质矿物组合为 Grt（石榴子石）+Omp（绿辉石）+Phen（多硅白云母）±Rt（金红石），根据石榴子石–单斜辉石–多硅白云母地质温压计对其温压条件进行估算，获得了约 500℃，约 2.2 GPa 的结果。在温压相图上，羌塘榴辉岩的点多数落在硬柱石榴辉岩的区域。对榴辉岩的锆石 U-Pb 定年结果显示，峰期榴辉岩相变质作用的时代在中三叠世（240~230 Ma）。

3）蓝片岩相退变质作用阶段

强烈退变的榴辉岩中绿辉石被蓝闪石替代或环绕，表明榴辉岩经历了蓝片岩相退变质作用，同时冻蓝闪石的存在说明，退变质作用 P-T 演化轨迹有可能进入到绿帘石角闪岩的区域（Matsumoto et al.，2003）。此阶段的时代，可能与羌塘中部已经报道的蓝片岩中蓝闪石的年龄一致（227~223 Ma；李才和程立人，1995；翟庆国等，2009b）。

4）绿片岩相退变质作用阶段

榴辉岩最后折返到地表，以形成毛发状阳起石等矿物为特征，主要形成于前期矿物的边缘或裂隙中，变质作用 $P < 0.5$ GPa，$T < 400℃$。榴辉岩及其围岩的多硅白云母年龄 219~214 Ma 代表榴辉岩折返到近地表的时代。

4.6.2　蓝片岩

1. 冈玛日蓝闪（绿帘、阳起）绿泥片岩类

邓希光等（2000a）认为该区蓝片岩中不存在蓝透闪石，因此冈玛错蓝片岩的压力不会超过 0.8 GPa。根据我们的研究，冈玛错地区蓝片岩中蓝透闪石是普遍存在的，但并未观察到蓝闪石 + 阳起石→蓝透闪石这种反应关系。观察到的是钠质角闪石（蓝闪石、青铝闪石、镁钠闪石）→钠钙角闪石（主要为蓝透闪石）→钙质角闪石（主要为阳起石）或钠质角闪石（蓝闪石、青铝闪石、镁钠闪石）→钙质角闪石（主要为阳起石）的连续反应关系。根据角闪石中镁绿钙闪石成分，进一步估算其岩石为幔源基性岩变质而来，这与前面地球化学分析结果相吻合，即蓝片岩原岩为洋岛玄武岩。

进一步根据角闪石的 NaM_4 与 Al^{IV} 的关系计算（Brown，1977），其变质压力在 0.65~0.75 GPa ［图 4.40（a）］；根据多硅白云母硅原子数和温度压力关系，其形成温度在 350~400℃（邓希光等，2000a）。因此，冈玛错蓝闪绿泥片岩的峰期变质条件可能为 P=0.7 GPa，T=350℃。大量的岩相学研究表明，蓝闪绿泥片岩在后期的减压折返过程中，通常不形成钠钙闪石类，而是由蓝闪石直接转变为阳起石。此外，Xu 等（2021）根据视剖面模拟获得的峰期 P-T 条件约为 9~17 kbar 和 325~460℃，峰期后的 P-T 条件为 1.6~4.2 kbar 和 360~440℃。因此，我们根据钠质角闪石、蓝透闪石、阳起石反应线及稳定温度压力范围（Otsuki and Banno，1990）推断出蓝闪绿泥片岩类的 P-T 轨迹［图 4.40（b）］，表明其具有一个近等温降压的 P-T 轨迹，反映了岩石经历了快速俯冲和折返的变质作用历程。

2. 冈玛日地区镁钠蓝透闪石片岩

1）残留角闪石斑晶的成因

薛治君等（1986）研究表明，角闪石中两个重要阳离子参数 A=Al/Si 和 M= Mg/（$Fe^{3+}+Fe^{2+}+Al^{VI}$）对判断角闪石的成因具有重要的意义。中 – 基性岩浆成因角闪石的 A 值和 M 值较高，分别介于 0.10~0.67 和 1.50~2.04 之间，而区域变质成因角闪

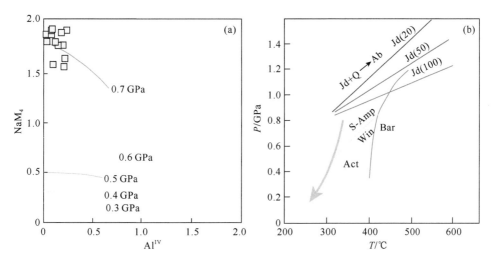

图 4.40　冈玛错地区蓝闪绿泥片岩中角闪石 NaM$_4$-Al^{IV} 相关图解（底图据 Brown，1977）
硬玉（Jd）+ 钠长石（Ab）= 石英（Q）反应线据 Holland，1980，1983；钠质角闪石（S-Amp）、蓝透闪石（Win）、
冻蓝闪石（Bar）、阳起石（Act）反应线及稳定温度压力范围据 Otsuki and Banno，1990

石的 *A* 值和 *M* 值则偏低，分别介于 0.01~0.09 和 0.08~1.70 之间。样品中镁绿钙闪石的 Al/Si=0.32~0.35，Mg/（Fe^{3+}+Fe^{2+}+Al^{VI}）=1.91~2.39 ［图 4.41（a）］，具有中基性岩浆成因特征，暗示其为原岩中残留的角闪石斑晶。姜长义和安三元（1984）进一步指出幔源角闪石相对于壳源角闪石通常具有较高 Al^{IV} 和 (Na+K)$_A$，样品的 Al^{IV} 较高，介于 1.90~1.99 之间，(Na+K)$_A$=0.91~0.96，在相应的角闪石成因图解（图 4.41）上均投入了幔源角闪石区域，暗示样品的原岩很可能是一期伸展构造背景岩浆活动的产物。

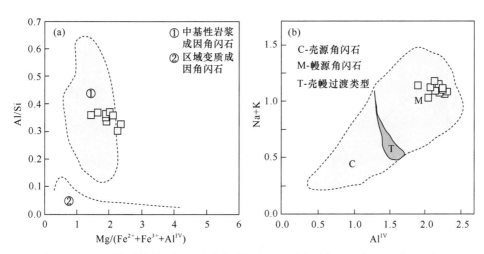

图 4.41　冈玛错镁钠蓝透闪石片岩中镁绿钙闪石（部分钛闪石）*A-M* 成因图解
（底图据薛治君等，1986）和 Na+K-Al^{IV} 成因图解（底图据姜长义和安三元，1984）

2）变质 *P-T* 条件估算及岩石 *P-T* 轨迹
冈玛日地区榴辉岩中残留的少量钠质闪石均为镁钠闪石，而冈玛错、蓝岭及双湖

地区的蓝片岩中则多见钠质闪石（邓希光等，2000a；鲍佩声和李才，1999；翟庆国等，2009c；Xu et al.，2020）。我们认为分布于羌塘中部低温高压变质带中的钠质闪石（包括蓝闪石、青铝闪石以及镁钠闪石）均形成于蓝片岩相变质作用条件，主要依据包括以下 3 点：①区域内大量矿物学研究表明，羌塘中部高压变质带在折返和抬升过程中，随着压力的降低，峰期形成的高压变质矿物会不同程度被中—低压矿物逐步取代（Zhai et al.，2011a；董永胜和李才，2009；郑艺龙，2012），榴辉岩中可见绿辉石→蓝闪石→冻蓝闪石→阳起石的退变过程（Zhai et al.，2011a；董永胜和李才，2009），蓝片岩则可见蓝闪石→阳起石或蓝闪石→冻蓝闪石→阳起石连续的退变质过程（郑艺龙，2012），对于蓝片岩而言可概括为钠质闪石→钙钠质闪石→钙质闪石这样一个转变规律。样品同样具有这种典型的转变过程并保留相应的环带结构，部分角闪石颗粒中可见镁钠闪石→蓝透闪石→阳起石连续反应关系，极少数颗粒甚至可以观察到残余的原岩角闪石斑晶残核→镁钠闪石→蓝透闪石→阳起石连续反应关系。通过这些重要的反应关系，我们首先可以明确镁钠闪石和区域内其他钠质闪石（包括蓝闪石和青铝闪石）"地位"相同，即为降压过程中被晚期中—低压退变质矿物（钠钙质闪石和钙质闪石）取代的早期矿物，暗示其形成于早期压力较高的变质条件。②对具有这类成分环带的颗粒做了电子探针成分剖面，其计算结果表明，从核部的镁钠闪石（NaM_4=1.56~1.72）→幔部的蓝透闪石（NaM_4=0.53~1.44）→边部的阳起石（NaM_4=0.44）矿物中 NaM_4 连续降低，反映了岩石经历连续的减压过程（鲍佩声和李才，1999；高俊，2001；Brown，1977）。根据角闪石的 NaM_4 与 Al^{IV} 的关系图解 [图 4.42（a）] 以及镁钠闪石和蓝透闪石稳定的 P-T 条件（Otsuki and Banno，1990；鲍佩声和李才，1999；姜长义和安三元，1984）估算，核部镁钠闪石形成压力在 0.68~0.70 GPa，对应的温度在 350~420℃；幔部蓝透闪石的形成的条件为 P=0.50~0.65 GPa，T=300~400℃；而边部阳起石的形成压

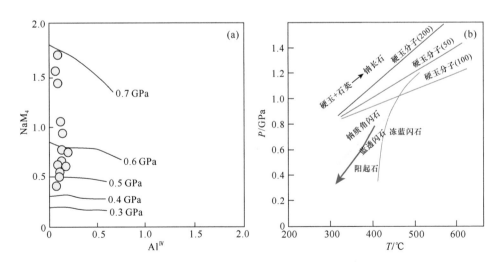

图 4.42　冈玛错地区蓝片岩中角闪石 Al^{IV}-NaM_4 相关图解（a）及变质作用 P-T 轨迹（b）

硬玉 + 石英 = 钠长石反应线据 Holland，1983；钠质角闪石（S-Amp）、蓝透闪石（Win）、冻蓝闪石（Bar）、阳起石（Act）反应线及稳定温度压力范围据 Otsuki and Banno，1990

力低于 0.4 GPa，温度低于 400℃，其峰期变质条件与区域内典型的蓝闪石片岩一致。

综上所述，羌塘高压变质带中钠质闪石（蓝闪石、青铝闪石和镁钠闪石）均形成于蓝片岩相变质作用温压条件，在相同变质 $P\text{-}T$ 条件下，高压带中不同种类钠质角闪石的形成很可能是由原岩成分尤其是原岩中 Fe^{3+} 含量差异造成的。根据估算结果并结合钠质闪石、蓝透闪石、阳起石反应线及稳定温度压力范围（Otsuki and Banno，1990）推断出样品的 $P\text{-}T$ 轨迹[图 4.42（b）]，显示其具有一个近等温降压（ITD）的退变历程，暗示岩石经历了快速折返的动力学过程。

3. 红脊山硬柱石蓝片岩

1）变质作用 $P\text{-}T$ 条件估算

红脊山蓝片岩中的蓝闪石大部分发生了绿泥石化或绿帘石化，但仍保留蓝闪石的一些特征。硬柱蓝片岩中，可见较多的硬柱石，表明红脊山蓝闪石经历了硬柱石蓝片岩相（Lw-BS）变质，代表区内的峰期变质。硬柱石蓝片岩相形成的温压条件一般为：$P=0.5\sim1.2$ GPa，$T=250\sim350℃$，（Brown，1993；陆济璞等，2006）。其既可能是板块俯冲碰撞作用的结果，也可能与大陆地壳深俯冲作用有关。由于红脊山蓝片岩中不含硬玉（Jd），钠长石（Ab）常见，因此蓝片岩稳定上限可由下列变质反应来限制：

$$Jd+Q \Longrightarrow Ab（Newton and Smith，1967） \tag{4.1a}$$

$$Jd+Q \Longrightarrow Ab（Holland，1980） \tag{4.1b}$$

虽然缺少钠云母（Pg），但是蓝闪石（Gln）+ 绿泥石（Chl）+ 钠长石（Ab）的矿物组合在蓝片岩中普遍存在，其反应式：

$$Gln+Pg \Longrightarrow Ab+Chl \tag{4.2}$$

从反应式（4.2）可以推测，峰期变质期存在蓝闪石和钠云母的平衡共生组合，后期退变过程使得钠云母与蓝闪石反应生成大量的钠长石和绿泥石。蓝闪石过量而部分残留，钠云母被反应殆尽，因此（4.2）反应线代表峰期变质时的温压下限。蓝片岩中存在大量残留的单斜辉石（Cpx），并且主要为普通辉石（Aug），主要由岩浆结晶而成，并且经历后期变质作用的改造，母岩浆性质可能为亚碱性，具有一定向碱性岩浆演化的趋势。因此可推断蓝片岩内的辉石代表原岩成分的残留。原岩成分在俯冲的过程中发生了硬柱蓝片岩相变质，生成了蓝闪石和硬柱石：

$$Jd（硬玉）+Di（透辉石）+Cpx（单斜辉石）+Q（石英） \Longrightarrow$$
$$Gln（蓝闪石）+Law（硬柱石） \tag{4.3}$$

虽然缺少硬玉，但仍可以认为它代表了峰期变质起始的变质条件。它和（4.1a）的交叉点温压条件为：$P=1.1$ GPa，$T=375℃$，（Droop et al.，2005）。蓝闪石和硬柱石共生，是硬柱石蓝片岩中普遍存在的矿物共生组合：蓝闪石 + 硬柱石 + 绿泥石 + 钠长石，指示硬柱石蓝片岩相向绿帘蓝片岩相（Ep-BS）逐渐退变质的一个界限，其反应式：

$$Gln+Law \Longrightarrow Ep+Ab+Chl+Q+H_2O \tag{4.4}$$

硬柱石蓝片岩中硬柱石和钠长石的矿物组合普遍存在，但缺少或者极少见钠云母、黝帘石（Zo）和石英，其反应式：

$$Law+Λb \Longrightarrow Zo+Pg+Q+H_2O \tag{4.5}$$

该反应代表一个等压升温的过程，蓝片岩中硬柱石和钠长石没有向钠云母＋黝帘石＋石英转化，因此该反应线代表了区内蓝片岩相变质过程中的最高温度。Holland（1979）通过计算认为该反应温度应小于375℃。而Brown（1993）认为硬柱石＋钠长石的稳定范围温压条件为350℃，0.67~400℃，0.9 GPa。该反应与反应（4.1）交叉点：P=1.27 GPa，T=430℃；与反应（4.2）交叉点：P=1.15 GPa，T=415℃。代表了峰期温压上限。

将蓝片岩中的蓝闪石化学成分投影到NaM_4-Al^{IV}图解上，求得压力值高于0.7 GPa（图4.43）。并且从铁蓝闪石、蓝闪石到青铝闪石、铁蓝透闪石压力稍微降低。蓝片岩围岩多硅白云母片岩中的多硅白云母电子探针数据，以11个氧原子进行计算。在其成分与变质程度图解上（图4.44），多硅白云母的变质程度达到了蓝片岩相，区内

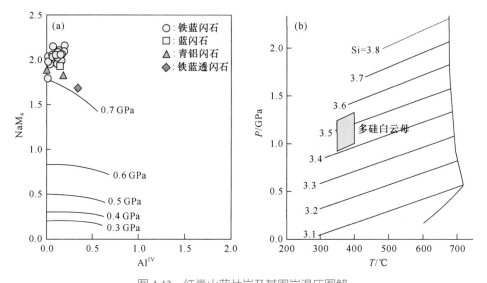

图4.43　红脊山蓝片岩及其围岩温压图解

（a）红脊山蓝片岩中蓝闪石NaM_4-Al^{IV}变异图解（据Brown，1977）；（b）蓝片岩围岩中多硅白云母中
Si含量与温压条件关系（修改自魏春景和朱文萍，2007）

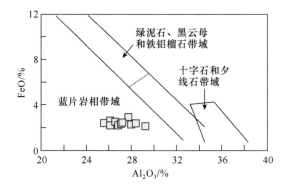

图4.44　红脊山蓝片岩其围岩中白云母成分与变质程度关系（底图据Miyashiro，1973）

蓝片岩相变质的温度约 350~400℃，Si 含量与温压条件关系图解上对应的压力范围为 0.9~1.3 GPa。因此可以初步得出，高压变质带的峰期变质温压条件为：P=0.9~1.1 GPa，T=350~400℃。

区内的蓝片岩退变质较为强烈，蓝闪石普遍发生了绿泥石化或绿帘石化，大部分已经完全退变为钠长阳起片岩和少量的绿片岩。在钠长阳起片岩中仍含有蓝闪石和硬柱石残留，并可见绿帘石和少量的绿泥石。退变的过程中可能存在反应：

$$Gln（蓝闪石）+Cpx（单斜辉石）+Q（石英）+H_2O（水）===$$
$$Act（阳起石）+Chl（绿泥石）+Ab（钠长石） \quad (4.6)$$

该反应代表一个降压的过程，压力在 0.8~0.9 GPa 左右。在退变作用的晚期可能达到绿片岩相。阳起片岩中阳起石 + 绿帘石 + 绿泥石组合可推断：

$$Pmp（绿纤石）+Chl（绿泥石）+Q（石英）===$$
$$Act（阳起石）+Ep（绿帘石）+H_2O（水） \quad (4.7)$$
$$Gln（蓝闪石）+Pmp（绿纤石）+Q（石英）+H_2O（水）===$$
$$Act（阳起石）+Chl（绿泥石）+Ab（钠长石） \quad (4.8)$$

反应（4.8）温度约为 250~300℃（Nakajima et al.，1977）。反应（4.8）与反应（4.5）和（4.7）交叉点对应的温压分别为：P=0.7 GPa，T=250℃ 和 P=0.65 GPa，T=280℃。从而限制了退变绿片岩相形成的温度约 280~350℃，压力为 0.65~0.7 GPa，或者更低。

综上所述，本地区蓝片岩经历的峰期变质作用为硬柱蓝片岩相，形成温度在 350~400℃ 之间，压力约 0.9~1.1 GPa。绿片蓝片岩相代表峰期变质作用之后，退变早期的矿物组合。退变作用的晚期，发生强烈的绿泥石化和阳起石化，并且出现硬绿泥石，代表达到了绿片岩相的变质作用，$P < 0.65$~0.7 GPa，T=280~350℃。因此，区内的蓝片岩原岩自俯冲到地壳深部形成蓝片岩，至折返抬升出露于低温高压变质带内，蓝片岩经历了硬柱蓝片岩相→绿帘蓝片岩相→绿片岩相连续变化的变质作用过程。

2）蓝片岩变形与变质作用关系

红脊山蓝片岩经历了连续演化的变质作用过程，也发生了渐变的变形作用的叠加。根据镜下矿物的变质矿物定向性与世代关系、变质作用矿物之间的关系、镜下的显微构造，结合野外露头的小构造，总结区内蓝片岩中矿物时代及其与变质作用、变形作用间的关系（表 4.17）。根据野外观察及岩相学研究总结出三期变形，从早到晚分别用 D1、D2 和 D3 表示。根据矿物的生长时代和变形序列之间的关系，认为 D1 和峰期硬柱蓝片岩相变质作用，D2、D3 和退变作用过程中的绿帘蓝片岩相和绿片岩相变质作用基本上相伴发生。D2 与 D3 可能并不存在明显的界限。变形作用可能与变质作用同时发生，或者稍稍滞后。D1 代表峰期变质作用过程中蓝闪石定向的片理化，受到后期主期变形 D2 改造，残留较少。D2 代表大量退变的蓝片岩、绿泥石和阳起石等的定向排列以及蓝片岩围岩多硅白云母片岩的片理方向均为 NWW-SEE 方向，并且多硅白云母片岩中发育较多的多硅白云母叶理包含旋转的钠长石变斑晶和云母鱼（李才等，2016）。D3 变形，使得 D2 发生弯曲，蓝片岩在野外露头上形成共轭的节理，以及蓝片岩的围岩大理岩中的碳酸盐矿物节理和双晶与多硅白云母受褶皱变形的影响形成褶曲。

表 4.17　红脊山蓝片岩中矿物生长时代—变质、变形序列图

变质作用		进变质作用		退变质作用	
变形期次	?	D1	D2	D3
蓝闪石	■■■■■■■■■■■■■■■			
铁蓝闪石	■■■■■■■■■■■■■■■			
青铝闪石		■■■■■■■■■■■■■■■		
铁蓝透闪石		■■■■■■■■■■■■■■■		
阳起石				■■■■■■■■
硬柱石	■■■■■■■■■■■■■■■			
钠长石	■■■■■■■■■■■■■■■			
多硅白云母（？）			■■■■■■	
绿帘石			■■■■■■■■■■■■■	
绿泥石			■■■■■■■■■■■■■	
黑硬绿泥石			■■■■■■■■■■■■■	

3）蓝片岩变质作用

结合前面讨论，将红脊山蓝片岩演化分为三个阶段。第一阶段为近等温升压的过程，大约发生在 242 Ma，蓝片岩原岩俯冲至最深处，并有短暂的停留，发生了区内的第一期变质（M1）和第一期变形（D1），变质程度达到硬柱蓝片岩相。第二阶段为近等温降压的过程，但该阶段时代尚无法确定，蓝片岩发生快速伸展折返，岩石由硬柱蓝片岩相向绿帘蓝片岩相退变，对应的变形期次为 D2，形成了区内的主期片理，均为 NWW-SEE 方向。第三阶段为快速降温缓慢降压过程，随着地表物质的不断剥蚀，蓝片岩的深度不断变浅，温度开始快速降低。该过程中，岩石受到挤压，形成区内的第三期变形（D3），在区域内宏观表现主要为蓝片岩内小褶曲与多硅白云母片岩内旋转残斑发育。因此，区内蓝片岩经历了俯冲过程，到峰值状态（T=375~400℃，P=1.1~1.2 GPa）随后经历了一个近等温降压快速折返的退变质过程。蓝片岩峰期为硬柱蓝片岩相（225 Ma），之后为绿帘蓝片岩相和绿片岩相的退变质作用，最终被抬升，出露于红脊山低温高压变质带内。

4. 荣玛蓝片岩

目前，在荣玛蓝片岩中未发现有硬柱石，然而在石榴子石和绿帘石晶体中发现了由绿帘石和多硅白云母 / 钠云母组成的硬柱石假象。因此，本阶段的平衡矿物组合为石榴子石＋霓辉石＋钠角闪石＋水铝石＋多硅白云母＋绿泥石＋石英＋金红石。与基质中的绿帘石相比，构成硬柱石假象的绿帘石包裹体具有较低的 Fe^{3+} 和较高的 Al 含量（图 4.45）。贫铁绿帘石和多硅白云母的矿物组合记录了硬柱石的分解，可能代表了峰值之后的变质作用。峰后变质阶段由基质中的平衡矿物组合记录，包括钙角闪石、多硅白云母、绿帘石、绿泥石、钛铁矿和磁铁矿。退变质阶段的特征是普遍存在的榍石和交代石榴子石边缘的钠长石、绿泥石和磁铁矿等矿物组合（图 4.45）。

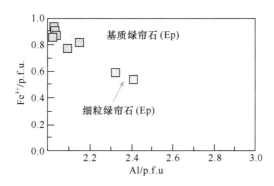

图 4.45　荣玛蓝片岩中绿帘石族矿物的成分图

根据荣玛地区含石榴子石蓝片岩的矿物组合和显微构造特征可以大致将测区的蓝片岩划分为三个大的变质阶段：

第一阶段以出现石榴子石为特征，主要为早期俯冲过程中的高压条件下形成的。在这一阶段，先期石榴子石由于压力没有达到最大值，核部以锰铝榴石为主，而后随着俯冲的继续，压力升高，边部镁铝榴石的含量逐渐增高，形成了一个进变质的环带结构，这一时期可能共生的矿物组合为石榴子石＋金红石＋石英＋多硅白云母等，同时根据硬柱石矿物的假象存在，推测此期应为硬柱石榴辉岩相的变质环境。

第二阶段则是以蓝闪石矿物的出现为特征，此阶段随着压力的降低和温度的升高，石榴子石边部开始被绿泥石交代，金红石也由于压力的降低而向榍石转变，根据蓝闪石的环带结构：由核部到边部，依次为蓝闪石—青铝闪石—冻蓝闪石，推测这一阶段应该为一个退变质、压力降低的过程，第二阶段的矿物组合为蓝闪石＋多硅白云母＋绿帘石＋金红石＋绿泥石等。这一阶段为蓝片岩相的变质叠加。

第三阶段则是以出现阳起石、黑云母等为特征，此阶段绿泥石被黑云母交代，矿物组合为钙质闪石（阳起石）＋绿泥石＋钠长石＋黑云母＋石英＋榍石等，蓝片岩和绿片岩的区别在于含钠质角闪石、类矿物蓝闪石、青铝闪石，也可含硬柱石、硬玉或绿辉石，缺失黑云母。此一阶段已经进入到了绿片岩相。

根据荣玛蓝片岩中矿物成分，推断它主要经历了峰期蓝片岩相变质作用和后期绿片岩相退变质作用，由矿物之间的共生关系，峰期变质矿物主要有石榴子石、钠质角闪石（包括蓝闪石、青铝闪石、镁钠闪石和钠闪石）和多硅白云母等，后期变质矿物主要有阳起石、绿帘石、黝帘石和钠长石。本研究根据矿物平衡温压法，采用THERMOCAL（3.1）程序（Powell et al.，1998）的平均温压估算方法，根据石榴子石＋蓝闪石＋多硅白云母矿物组合获得荣玛蓝片岩形成温压条件为：P=8.3~10.0 kbar，T=463~503℃。

刘焰和吕永增（2011）根据视剖面模拟获得荣玛蓝片岩中石榴子石核部形成的P-T条件为 2.0 GPa、470℃，对应硬柱石榴辉岩相；而石榴子石边部形成的P-T条件为：P= 1.7~1.8 GPa，T=530~540℃，对应绿帘石榴辉岩相。王仕林等（2018）根据视剖面模拟指示蓝片岩第一阶段升温升压的过程，温压条件为：P=2.3~2.4 GPa，T=422~485℃，第二阶段指示升温降压过程，温压条件为：P=2.4~2.1 GPa，T=485~535℃。同时，含硬柱石多硅白云母片岩获得的升温升压进变质条件为 P=1.8~2.1 GPa，T=490~510℃。Xu 等（2021）根据视剖面模拟获得的峰期 P-T 条件约为 22.7 kbar 和 550℃，峰期后的 P-T 条件为：P=5.7~7.5 kbar，T=475~510℃。

4.6.3　小结

羌塘地区榴辉岩和蓝片岩反演结果表明其经历了多期次俯冲—折返过程。榴辉岩和蓝片岩原岩多为洋岛玄武岩，与区域广泛出露的洋岛岩石组合具有相似的成因。榴辉岩和蓝片岩变质 P-T 轨迹显示为顺时针近等温降压曲线，主要经历了中三叠世（240~230 Ma）榴辉岩相变质作用阶段（T 为约 500℃，P 为约 2.3 GPa），绿帘角闪岩相变质作用阶段（T 为约 450℃，P < 1.0 GPa）和晚三叠世（225~210 Ma）绿片岩相快速折返阶段（T < 400℃，P < 0.5 GPa）。上述研究结果进一步表明羌塘古特提斯洋在三叠纪末期闭合，并且俯冲的大洋板片经历了典型的高压—低温冷俯冲过程。

4.7　藏东及滇西地区榴辉岩

一般认为，羌塘中部高压变质带向东延伸经巴青（Zhang et al.，2018），一直到三江地区的昌宁—孟连缝合带（李静等，2015；Fan W M et al.，2015；Wang et al.，2016，2021；Zhang et al.，2004），全长超过 2000 km。

4.7.1　巴青榴辉岩

巴青地区榴辉岩出露于巴青县城东北 50~70 km 的混杂岩带中，榴辉岩主要呈透镜状或布丁状产在由石榴子石云母石英片岩、片岩等构成的混杂岩中，出露宽度在 100 m 左右，NW-SE 方向延伸超过 10 km，并被上三叠统—侏罗系砂岩、泥岩和少量灰岩不整合覆盖。榴辉岩透镜体大小几厘米至几十米不等，长轴与围岩片理方向一致，其与寄主围岩石榴子石云母石英片岩为韧性断层接触。峰期榴辉岩相矿物组合为石榴子石、绿辉石、金红石、多硅白云母、石英、绿帘石和楣石等（Zhang et al.，2018）。

地球化学结果显示，榴辉岩具有低的 SiO_2、高 Al_2O_3、FeOt 和 TiO_2 含量，其原岩均为玄武质岩石。榴辉岩轻重稀土分馏变化较大，大多数榴辉岩具有 E-MORB 的地球化学特征，且具有负的 Nb、Ta、Ti 和 Y 异常，指示其岛弧相关成因的特征。结合古老的锆石继承核以及大陆地壳的地球化学特征，Zhang 等（2018）提出巴青榴辉岩是羌塘中部大陆俯冲的产物。年代学结果进一步显示榴辉岩峰期变质时代约为 220 Ma。

结合年代学和地球化学特征，Jin 等（2019，2021）进一步总结认为巴青榴辉岩是北羌塘基底岩石深俯冲的变质折返的产物，记录了顺时针的 P-T 轨迹。此外，巴青榴辉岩围岩及本身都记录了来自南羌塘地块和三叠纪岩浆弧的信息，可能暗示其俯冲折返过程中广泛的变质交代过程。

4.7.2 昌宁—孟连带榴辉岩

三江地区昌宁—孟连缝合带榴辉岩是近年来新发现的榴辉岩带，它和蓝片岩共同构成了三江古特提斯洋俯冲构造带。昌宁—孟连缝合带低温高压变质带见于勐库、根恨河、雅口、黑河、黔麦和景洪等地区，南北长约 200 km（Zhang et al.，2004；李静等，2015；Fan W M et al.，2015；Wang et al.，2016，2021）。高压变质岩主要由蓝片岩、榴辉岩、退变榴辉岩及含硬柱石退变榴辉岩等组成，围岩主要包括含十字蓝晶石榴云母片岩、石榴云母片岩、硬绿泥石白云母片岩、钠长白云母（石英）片岩、绿泥蓝闪钠长片岩等。

根据已有研究，昌宁—孟连带高压变质岩峰期榴辉岩相矿物组合为石榴子石＋绿辉石＋金红石＋白云母 ± 硬柱石，蓝片岩相主要矿物组成为蓝闪石（20%~30%）、阳起石（5%~20%）、绿泥石（约 5%）、绿帘石（20%~30%）和石英（< 5%）（徐桂香等，2016；Wang et al.，2019a，2020b，2021）。昌宁—孟连带榴辉岩与羌塘中部榴辉岩一致，均显示具有 OIB、E-MORB 和 N-MORB 特征，其原岩是在大洋中脊或洋岛构造环境中生成的，在俯冲板块的折返或隆起过程中地壳成分混入有限（Wang et al.，2019a）。（退变）榴辉岩和蓝片岩的变质时代在误差范围内一致，为 246~225 Ma，榴辉岩峰期变质条件为 P=2.9~3.0 GPa，T=580~594℃，围岩绿泥蓝闪钠长片岩变质条件为 P=0.9~1.1 GPa，T=430~520℃（王慧宁等，2019；Wang et al.，2019a，2020b，2021），二者共同记录了大洋俯冲—折返的地质过程。

总体而言，昌宁—孟连带榴辉岩为典型冷俯冲变质岩石组合，记录了古特提斯洋洋壳从不同俯冲深度（75~95 km）快速折返的地质过程。昌宁—孟连带榴辉岩的野外产状、矿物组合、高压—超高压变质时代和地球化学属性均与龙木错—双湖榴辉岩十分相似，表明昌宁—孟连造山带和龙木错—双湖缝合带在空间上可以相连，共同组成了古特提斯主缝合带。

第 5 章

青藏高原古特提斯洋构造演化

　　龙木错—双湖缝合带代表的古特提斯洋为存在于冈瓦纳大陆北缘的一个广阔的古大洋，更是冈瓦纳大陆和劳亚大陆之间的主洋盆。已有资料显示，该洋盆至少从寒武纪早期就已经形成，并贯穿整个古生代，一直持续演化到三叠纪中晚期闭合消失，历经了一个完整的威尔逊旋回。本书在本次考察和相关研究的基础上，结合已有研究资料，对龙木错—双湖古特提斯洋的形成演化过程进行了探讨，建立了构造演化模型（图5.1）。

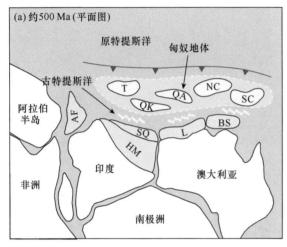
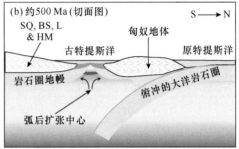

图5.1　龙木错—双湖古特提斯洋早期裂解及演化模式图（Zhai et al., 2016）

5.1　早期洋壳形成与发展阶段

　　近年来，在龙木错—双湖缝合带中先后报道了一系列不同时代的古生代蛇绿岩，尤其是早古生代蛇绿岩的发现，改变了传统上古特提斯洋是晚古生代大洋的认识，因此，古特提斯洋开启的时间也应该重新考虑。羌塘中部地区已报道早古生代蛇绿岩的岩石组合相对较完整，变质橄榄岩、堆晶辉长岩、辉长岩、玄武岩、斜长花岗岩等均较发育（Zhai et al., 2016）。尽管这些岩石大多呈蛇绿混杂岩的形式产出，但是不同岩石之间的接触关系依然较清晰，且与典型蛇绿岩中的类似。地球化学和同位素地球化学资料显示，基性岩多具有大洋中脊玄武岩的地球化学特征，以及明显正的 $\varepsilon_{Nd}(t)$ 和锆石 $\varepsilon_{Hf}(t)$ 值，指示其岩浆起源于亏损的地幔源区（Zhai et al., 2016）。锆石 U-Pb 定年结果显示，冈玛错西侧发育的堆晶辉长岩和斜长花岗岩的最老年龄在 500 Ma 左右，表明该地区蛇绿混杂岩的时代可以追溯至寒武纪（Zhai et al., 2016）。此外，在双湖地区也发现了中奥陶世（463 Ma）大洋中脊型玄武岩，可能是该时期蛇绿岩的残片（彭智敏等，2014；耿全如等，2021）。因此，羌塘中部地区存在早古生代蛇绿岩，表明龙木错—双湖古特提斯洋在寒武纪时期就已经打开，并可能形成了一定规模的洋盆（Zhai et al., 2016；Zeng and Shi, 2020）。

　　此外，在西南三江古特提斯造山带的昌宁—孟连缝合带中也发现了早古生代蛇绿岩的信息（如：王保弟等，2013；刘桂春等，2017；Feng et al.，2023）。在该缝合带的南汀河—湾河—勐库一带发现了一系列保存较为完整的蛇绿混杂岩组合，岩石类型包括变质橄榄岩、变质堆晶辉长岩、变质辉长岩、斜长角闪岩、斜长岩和变质玄武岩等，并且基性岩具有大洋中脊玄武岩的地球化学特征（如：王保弟等，2013；刘桂春等，2017）。同时，在该地区还发现了多处退变榴辉岩和榴辉岩，被认为是古特提斯洋俯冲消减遗迹（Wang et al.，2019a，2020b，2021）。堆晶辉长岩锆石 U-Pb 年代学研究表明，堆晶辉长岩的岩浆结晶年龄主要集中在 470 Ma 左右。这些岩石的地球化学性质和形成时代与羌塘中部地区早古生代蛇绿岩类似，它们可能记录了一个统一的早古生代特提斯洋的残余。

综上所述，在寒武纪的一段时期里，古特提斯洋可能与其北侧的原特提斯洋同时存在于冈瓦纳大陆的北缘区域。此时，原特提斯洋可能发生了南向的俯冲消减作用，在此背景下，冈瓦纳大陆北缘发生了裂解，伴随着亚洲匈奴地块的分离，古特提斯洋逐渐打开并扩张至一定的规模 [图 5.2（a）]。

5.2　洋盆持续扩张阶段

伴随着早古生代末期北侧原特提斯洋的闭合，古特提斯洋进入快速扩张期。沿龙木错—双湖一线发育了一系列志留纪—石炭纪的蛇绿混杂岩及其相关信息，它们从桃形湖、日湾茶卡、果干加年山，到双湖地区断断续续分布，是该地区古特提斯洋持续扩张的记录 [图 5.2（b）]。

志留纪蛇绿岩以日湾茶卡和桃形湖地区的最为典型（张天羽等，2014；Zhai et al.，2016），另外在果干加年山和双湖地区也有同时代洋壳信息的记录（李才，2008；王立全等，2008）。日湾茶卡和桃形湖地区蛇绿岩以堆晶辉长岩、辉长岩、玄武岩和斜长花岗岩为主，岩石多以混杂岩的形式产出，基性岩具有类似大洋中脊玄武岩的地球化学特征。锆石 U-Pb 定年结果显示，堆晶辉长岩和斜长花岗岩的岩浆结晶年龄均在 440 Ma 左右，指示蛇绿岩形成于早志留世（张天羽等，2014；Zhai et al.，2016）。泥盆纪洋壳的信息主要记录于桃形湖和双湖地区，包括在桃形湖蛇绿混杂岩中报道有晚泥盆世的辉长岩岩墙，并且具有大洋中脊玄武岩的地球化学特征（367 Ma；吴彦旺等，2013）；在双湖才多茶卡北岸混杂岩中发现了放射虫硅质岩，放射虫为晚泥盆世法门阶 *Trilonehe echinate*，*Stigmosphaerostylus oumonhaoensis*，*Archocyrtium riedeli* 动物群（朱同兴等，2006）。

石炭纪蛇绿岩以冈玛错东最为典型（Zhai et al.，2013b），此外，在果干加年山和猫儿山也有同时代洋壳信息的报道（Zhai et al.，2013b；Zhang X Z et al.，2016；Xu et al.，2020）。冈玛错东蛇绿混杂岩主要由堆晶辉长岩、辉长岩、玄武岩和斜长花岗岩组成。尽管这些岩石与榴辉岩混杂在一起，但局部地方不同岩石之间的接触关系依然保存完好（Zhai et al.，2013b）。玄武岩和辉长岩具有类似大洋中脊玄武岩的地球化学特征，以及明显亏损的地幔源区，明显正的 $\varepsilon_{Nd}(t)$ 和锆石 $\varepsilon_{Hf}(t)$ 值。全岩微量元素中呈

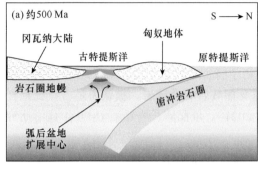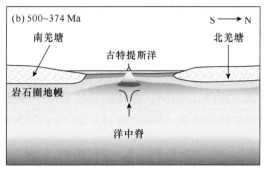

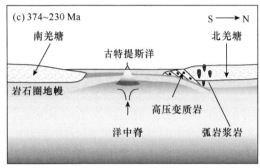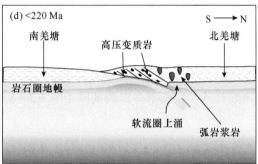

图 5.2　龙木错—双湖古特提斯洋演化模型（据 Zhai et al.，2018 修改）

现出不同程度 Nb、Ta 和 Ti 的负异常，指示石炭纪蛇绿岩可能形成与俯冲带相关。果干加年山和猫儿山地区的蛇绿混杂岩与冈玛错东的岩石组合和产状类似，不同的是，它们与寒武纪或二叠纪的蛇绿岩残块混杂在一起（吴彦旺，2013；Zhang X Z et al.，2016；Xu et al.，2020）。

综上所述，这些蛇绿混杂岩记录了古特提斯洋自早古生代打开以来，洋盆不断扩张，尽管局部地方洋盆已经开始发生俯冲消减，但洋盆的整体规模依然不断变大，直至晚古生代中后期洋盆达到了最大规模。

5.3　大洋俯冲消减阶段

龙木错—双湖古特提斯洋俯冲消减的启动至少在泥盆纪晚期就已经开始［图 5.2（c）］。首先，沿龙木错—双湖一线出露一系列具有岛弧特征中酸性岩浆岩，它们主要分布在龙木错—双湖缝合带一线北侧的北羌塘地块的南缘。岩性以安山岩、英安岩、流纹岩和火山碎屑岩为主，并有少量花岗岩岩体（刘函等，2015；胡培远等，2013，2016；曾庆高等，2020；Jiang et al.，2015；Wang et al.，2017；Zhai et al.，2018）。根据现有资料，其时代大致分为两期：晚古生代和三叠纪。

晚古生代岩浆岩出露范围有限，主要为日湾茶卡地区的火山岩，岩石类型包括安山岩、英安岩和火山碎屑岩，以及江爱达日那西侧的花岗岩。火山岩岩石组合和产出状态与大陆弧火山岩类似，并且地球化学成分上显示出明显的负 Nb、Ta 和 Ti 异常

以及明显正的锆石 $\varepsilon_{Hf}(t)$ 值，锆石 U-Pb 年龄在 370~350 Ma 之间（Jiang et al.，2015；Wang et al.，2017）。江爱达日那晚古生代花岗岩在矿物组成上具有花岗闪长岩的特征，岩石地球化学组成上与火山岩类似，Nb、Ta 和 Ti 负异常和正的锆石 $\varepsilon_{Hf}(t)$ 值，锆石 U-Pb 年龄为 364 Ma（刘函等，2015；胡培远等，2016；Zhai et al.，2018；Liu et al.，2021）。石炭纪花岗岩主要出露于冈玛错南、黑脊山和果干加年山地区。岩石以正常花岗岩、碱长花岗岩和钠长花岗岩为主。岩石地球化学组成同样明显亏损 Nb、Ta、Ti 等高场强元素，富集 Rb、Th、U、K、Pb 等大离子不相容元素，显示出岛弧岩浆岩的特征（Zhai et al.，2018；Lu et al.，2019；Liu et al.，2021）。

三叠纪火山岩最有代表性的为那底岗日组火山岩，主要为一套火山岩和火山碎屑岩，岩性包括安山岩、英安岩、流纹岩、凝灰岩和火山角砾岩（翟庆国等，2009a；Zhai et al.，2013c；Liu et al.，2021），局部可能还有玄武岩（Fu et al.，2010），以菊花山和那底岗日地区的火山岩最为典型。地球化学研究显示，火山岩可以分为两类：埃达克岩（225~219 Ma）和普通岛弧火山岩（217~205 Ma），前者具有类似埃达克岩的特征，其形成与俯冲大洋板块的部分熔融有关，是该地区古特提斯洋洋壳俯冲消减的产物，而后者的形成与增厚地壳的部分熔融有关，是古特提斯洋闭合后发生陆—陆碰撞造山的结果。鉴于这些岛弧型岩浆岩均发育在龙木错—双湖缝合带的北侧，该地区古特提斯洋的俯冲极性为向北的。

5.4　洋盆关闭、陆－陆碰撞造山阶段

三叠纪中后期龙木错—双湖古特提斯洋关闭，随后发生了陆－陆碰撞造山作用[图 5.2（d）]。羌塘中部沿龙木错—双湖一线发育三叠纪大洋俯冲型高压变质带，它是该地区古特提斯洋俯冲消减的产物（李才等，2006a；翟庆国等，2009a；武海等，2016；张修政等，2014，2018；Zhai et al.，2011a，b，2018；Liang et al.，2020，2021；Xu et al.，2020；Wu et al.，2024）。榴辉岩峰期榴辉岩相变质作用的时代为中三叠世（230~238 Ma），是大洋板块俯冲消减的记录；榴辉岩冷却折返的时代在 220 Ma 左右，是大洋俯冲消减结束后，伴随着陆－陆碰撞造山作用榴辉岩折返至地表的反映（Zhai et al.，2011a，2011b，2018）。龙木错—双湖一线普遍发育晚三叠世的角度不整合（李才等，2007a；付修根等，2009；Zhai et al.，2013c），晚三叠世那底岗日组和肖茶卡组以角度不整合覆盖在下伏的晚石炭世擦蒙组、蛇绿混杂岩等之上，不整合面之下底砾岩和古风化壳均十分发育（李才等，2007a；付修根等，2009），是古特提斯洋闭合后发生陆－陆碰撞，中央隆起地区抬升为陆地的最直接证据。

此外，那底岗日组后期的火山岩（217~205 Ma）和羌塘中部地区晚三叠世碰撞－后碰撞型花岗岩（黄小鹏等，2007；杨凯等，2020；赵珍等，2020；王根厚等，2023；Zhai et al.，2011c；Wu et al.，2024）均是南羌塘地块与北羌塘地块汇聚拼合期岩浆活动的产物。自晚三叠世以后羌塘地区由洋－陆俯冲转变为陆－陆碰撞阶段，南羌塘和北羌塘陆块形成羌塘地区广泛出露的晚印支期—燕山期淡色花岗岩，羌塘中央隆起形

成并成为羌塘盆地（南羌塘和北羌塘）的主要物源区。中、晚侏罗世，北羌塘拗陷处于弧后前陆盆地演化阶段，至晚侏罗世末，羌塘地区沉积了厚达数千米的海相沉积地层。白垩纪之后随着新特提斯洋的闭合，青藏高原开始整体隆升，羌塘地区完全转化为陆地，形成大规模的陆相红层康托组，并伴随新生代钾质–超钾质火山活动。

参考文献

鲍佩声, 李才. 1999. 西藏中北部双湖地区蓝片岩带及其构造涵义. 地质学报, 73(4): 302-314.

鲍佩声, 肖序常, 王军, 等. 1999. 西藏中北部双湖地区蓝片岩带及其构造涵义. 地质学报, 73(4): 302-314.

陈光艳, 徐桂香, 孙载波, 等. 2017. 滇西双江县勐库地区退变质榴辉岩中闪石类矿物的成因研究. 岩石矿物学杂志, 36(1): 36-47.

陈言飞, 张泽明, 陈宣华, 等. 2020. 藏东类乌齐地区晚三叠世基性岩浆作用与构造意义. 岩石学报, 36(9): 2701-2713.

程昊, 曹达迪. 2013. 石榴子石Lu-Hf年代学及其在大别造山带研究中的进展. 科学通报, 58(23): 2271-2278.

程立人, 陈寿铭, 张以春. 2007. 藏北羌塘南部发现早古生代地层及意义. 地球科学(中国地质大学学报), 1: 59-62.

邓万明, 尹集祥, 呙中平. 1996. 羌塘茶布–双湖地区基性超基性岩、火山岩研究. 中国科学D辑: 地球科学, 26: 296-301.

邓希光. 2002. 青藏高原羌塘中部蓝片岩的地球化学特征及其构造意义. 岩石学报, 18(4): 517-525.

邓希光, 丁林, 刘小汉. 2000a. 藏北羌塘中部冈玛日–桃形错蓝片岩的发现. 地质科学, 35(2): 227-232.

邓希光, 丁林, 刘小汉, 等. 2000b. 青藏高原羌塘中部冈玛日地区蓝闪石片岩及其 $^{40}Ar/^{39}Ar$ 年代学. 科学通报, 45(21): 2322-2326.

董永胜, 李才. 2009. 藏北羌塘中部果干加年山地区发现榴辉岩. 地质通报, 28(9): 1197-1200.

董永胜, 张修政, 施建荣, 等. 2009a. 藏北羌塘中部高压变质带中石榴子石白云母片岩的岩石学和变质特征. 地质通报, 28(9): 6.

董永胜, 李才, 施建荣, 等. 2009b. 羌塘中部高压变质带的退变质作用及其构造侵位. 岩石学报, 25(9): 2303-2309.

范建军, 李才, 彭虎, 等. 2014. 藏北龙木错—双湖—澜沧江板块缝合带发现晚石炭世—早二叠世洋岛型岩石组合. 地质通报, 33(11): 1690-1695.

付修根, 王剑, 汪正江, 等. 2008. 藏北羌塘盆地菊花山地区火山岩SHRIMP锆石U-Pb年龄及地球化学特征. 地质论评, 54(2): 11.

付修根, 王剑, 吴滔, 等. 2009. 藏北羌塘盆地大规模古风化壳的发现及其意义. 地质通报, 28(6): 5.

付修根, 王剑, 陈文彬, 等. 2010. 羌塘盆地那底岗日组火山岩地层时代及构造背景. 成都理工大学学报: 自然科学版, 37(6): 605-615.

付修根, 王剑, 吴滔, 等. 2010. 羌塘盆地胜利河地区雀莫错组地层及其古环境. 中国地质, 37(5): 1305-1312.

付修根, 王剑, 宋春彦, 等. 2020. 羌塘盆地第一口油气科学钻探井油气地质成果及勘探意义. 沉积与特提斯地质, 40(1): 15-25.

高俊. 2001. 赣东北高压变质岩的岩石类型、矿物组成与变质过程. 岩石矿物学杂志, 20(2): 134-145.

耿全如, 李文昌, 王立全, 等. 2021. 特提斯中西段古生代洋陆格局与构造演化. 沉积与特提斯地质, 41(2): 297-315.

郭芳放, 姜常义, 苏春乾, 等. 2008. 准噶尔板块东南缘沙尔德兰地区A型花岗岩构造环境研究. 岩石学报, 24 (12): 2778-2788.

郭铁鹰, 梁定益, 张宜智, 等. 1991. 西藏阿里地质. 武汉: 中国地质大学出版社.

胡克, 李才, 程立人, 等. 1995. 西藏羌塘中部冈玛错—双湖蓝片岩带及其构造意义. 长春地质学院学报, 25(3): 7.

胡培远. 2014. 青藏高原菊花山—唐古拉—类乌齐三叠纪火山岩浆弧—冈瓦纳与扬子板块的碰撞记录. 吉林大学.

胡培远, 李才, 李林庆, 等. 2009. 藏北羌塘中部早古生代蛇绿岩堆晶岩中斜长花岗岩的地球化学特征. 地质通报, 28(9): 1297-1308.

胡培远, 李才, 解超明, 等. 2013. 藏北羌塘中部桃形湖蛇绿岩中钠长花岗岩——古特提斯洋壳消减的证据. 岩石学报, 29(12): 4404-4414.

胡培远, 李才, 吴彦旺, 等. 2014a. 龙木错—双湖—澜沧江洋的打开时限: 来自斜长花岗岩的制约. 科学通报, 59(20): 1992-2003.

胡培远, 李才, 吴彦旺, 等. 2014b. 藏北羌塘中部存在志留纪洋盆——来自桃形湖蛇绿岩中斜长花岗岩的锆石U-Pb年龄证据. 地质通报, 33(11): 1651-1661.

胡培远, 李才, 吴彦旺, 等. 2016. 青藏高原古特提斯洋早石炭世弧后拉张: 来自A型花岗岩的证据. 岩石学报, 32(4): 1219-1231.

黄会清, 李献华, 李武显, 等. 2008. 南岭大东山花岗岩的形成时代与成因——SHRIMP锆石U-Pb年龄、元素和Sr-Nd-Hf同位素地球化学. 高校地质学报, 14(3): 17.

黄小鹏, 李才, 翟庆国. 2007. 西藏羌塘中部玛依岗日地区印支期花岗岩的地球化学特征及其形成环境. 地质通报, 26(12): 8.

姜长义, 安三元. 1984. 论火成岩中钙质角闪石的化学组成特征及其岩石学意义. 矿物岩石, (3): 1-7.

蒋少涌, 赵葵东, 姜耀辉, 等. 2008. 十杭带湘南桂北段中生代A型花岗岩带成岩成矿特征及成因讨论. 高校地质学报, 14 (4): 496-509.

李彬, 向树元, 冯德新, 等. 2012. 藏东察雅县察拉地区中生代花岗岩LA-ICP-MS锆石U-Pb年龄和构造环境. 地质通报, (5): 696-706.

李才. 1987. 龙木错–双湖–澜沧江板块缝合带与石炭二叠纪冈瓦纳北界. 长春地质学院学报, 17(2): 155-166.

李才. 1997. 西藏羌塘中部蓝片岩青铝闪石⁴⁰Ar/³⁹Ar定年及其地质意义. 科学通报, 42(4): 448.

李才. 2003. 羌塘基底质疑. 地质论评, 49(1): 4-9.

李才. 2008. 青藏高原龙木错–双湖–澜沧江板块缝合带研究二十年. 地质论评, 54(1): 105-119.

李才, 程立人. 1995. 西藏羌塘南部地区的冰海杂砾岩及其成因. 长春地质学院学报, 25(4): 368-374.

李才, 李永铁, 林源贤, 等. 2002. 西藏双湖地区蓝闪片岩原岩Sm-Nd同位素定年. 中国地质, 29(4): 355-359.

李才, 程立人, 王天武, 等. 2004. 申扎县幅区域地质调查新成果及主要进展. 地质通报, 23(5-6): 479-483.

李才, 翟庆国, 程立人, 等. 2005. 青藏高原羌塘地区几个关键地质问题的思考. 地质通报, 24(4): 295-301.

李才, 翟庆国, 董永胜, 等. 2006a. 青藏高原羌塘中部榴辉岩的发现及其意义. 科学通报, 51(1): 70-74.

李才, 黄小鹏, 翟庆国, 等. 2006b. 龙木错–双湖–吉塘板块缝合带与青藏高原冈瓦纳北界. 地学前缘, 13(4): 136-147.

李才, 翟庆国, 陈文, 等. 2006c. 青藏高原羌塘中部榴辉岩Ar-Ar定年. 岩石学报, 22(12): 2843-2849.

李才, 翟庆国, 董永胜, 等. 2007a. 青藏高原龙木错–双湖板块缝合带与羌塘古特提斯洋演化记录. 地质通报, 26(1): 9.

李才, 翟庆国, 董永胜, 等. 2007b. 青藏高原羌塘中部果干加年山上三叠统望湖岭组的建立及意义. 地质通报, 26(8): 6.

李才, 翟庆国, 陈文, 等. 2007c. 青藏高原龙木错–双湖板块缝合带闭合的年代学证据——来自果干加年山蛇绿岩与流纹岩Ar-Ar和SHRIMP年龄制约. 岩石学报, 23(5): 8.

李才, 谢尧武, 董永胜, 等. 2009. 藏东类乌齐一带吉塘岩群时代讨论及初步认识. 地质通报, 28(9): 3.

李才, 解超明, 王明, 等. 2016. 羌塘地质. 北京: 地质出版社.

李典, 王根厚, 刘正勇, 等. 2021. 古岛弧地体的俯冲是南羌塘增生杂岩形成的重要机制: 来自日湾茶卡洋岛的证据. 沉积与特提斯地质, 41(2): 176-189.

李静, 孙载波, 徐桂香, 等. 2015. 滇西双江县勐库地区榴闪岩的发现与厘定. 矿物学报, 35(4): 421-424.

李静, 孙载波, 黄亮, 等. 2017. 滇西勐库退变质榴辉岩的$P-T-t$轨迹及地质意义. 岩石学报, 33(7): 2285-2301.

李静超, 赵中宝, 郑艺龙, 等. 2015. 古特提斯洋俯冲碰撞在南羌塘的岩浆岩证据: 西藏荣玛乡冈塘错花岗岩. 岩石学报, 31(7): 2078-2088.

李朋武, 高锐, 崔军文, 等. 2005. 西藏和云南三江地区特提斯洋盆演化历史的古地磁分析. 地球学报, 26(5): 387-404.

李朋武, 高锐, 管烨, 等. 2009. 古特提斯洋的闭合时代的古地磁分析: 松潘复理石杂岩形成的构造背景. 地球学报, 30(1): 39-50.

李曙光. 1993. 蛇绿岩生成构造环境的Ba-Th-Nb-La判别图. 岩石学报, 9(2): 146-157.

李武显, 李献华. 2003. 蛇绿岩中的花岗质岩石成因类型与构造意义. 地球科学进展, 18(3): 6.

李小伟, 莫宣学, 赵志丹, 等. 2010. 关于A型花岗岩判别过程中若干问题的讨论. 地质通报, 29(Z1): 278-285.

李星学, 姚兆奇, 朱家柄, 等. 1982. 西藏北部双湖地区晚二叠世植物群//中国科学院青藏高原综合科学考察队. 西藏古生物第五分册. 北京: 科学出版社: 1-16.

李曰俊, 吴浩若. 1997. 藏北阿木岗群、查桑群和鲁谷组放射虫的发现及有关问题讨论. 地质论评, 43(3): 250-256.

梁定益, 王为平. 1983. 西藏康马和拉孜曲虾两地的石炭、二叠系及其生物群的初步讨论//青藏高原地质文集, 5: 226-236.

刘本培, 冯庆来. 2002. 滇西古特提斯多岛洋的结构及其南北延伸. 地学前缘, 9(3): 161-171.

刘彬, 徐雨, 马昌前, 等. 2023. 北羌塘宁多地区三叠纪过铝质花岗岩的成因及其地球动力学背景. 地球科学, 48(9): 3296-3311.

刘波, 彭智敏, 耿全如, 等. 2015. 西藏双湖纳若地区花岗闪长岩LA-ICP-MS锆石U-Pb年龄与地球化学特征. 地质通报, 34(2-3): 283-291.

刘昌实, 陈小明, 陈培荣, 等. 2003. A型岩套的分类、判别标志和成因. 高校地质学报, 9(4): 573-591.

刘桂春, 孙载波, 曾文涛, 等. 2017. 滇西双江县勐库地区湾河蛇绿混杂岩的形成时代、岩石地球化学特征及地质意义. 岩石矿物学杂志, 36(2): 12.

刘函, 王保弟, 陈莉, 等. 2015. 龙木错—双湖古特提斯洋俯冲记录——羌塘中部日湾茶卡早石炭世岛弧火山岩. 地质通报, 34(2-3): 274-282.

刘奎, 鲁如魁, 陈文郁, 等. 2017. 羌塘中西部红脊山地区蓝片岩Sr-Nd同位素与锆石U-Pb年龄特征及其构造意义. 地质学报, 91(1): 111-131.

刘焰, 吕永增. 2011. 西藏羌塘中部绒马地区石榴蓝闪片岩变质演化过程的视剖面模拟及其意义. 地学前缘, 18(2): 100-115.

陆济璞, 张能, 黄位鸿, 等. 2006. 藏北羌塘中北部红脊山地区蓝闪石+硬柱石变质矿物组合的特征及其意义. 地质通报, 25(1): 70-75.

马龙, 李忠雄, 李勇, 等. 2016. 藏北双湖山字形山玄武岩锆石U-Pb年龄、地球化学特征及其地质意义. 现代地质, 30(4): 748-759.

孟献真, 牛文超, 王根厚, 等. 2017. 西藏羌塘中部荣玛地区含石榴子石蓝片岩变质特征及其构造意义. 地质调查与研究, 40(3): 169-177.

莫宣学, 路凤香, 沈上越, 等. 1989. "三江"特提斯火山作用与成矿. 北京: 地质出版社.

莫宣学, 沈上越, 朱勤文, 等. 1998. 三江中南段火山岩–蛇绿岩与成矿. 北京: 地质出版社.

莫宣学, 邓晋福, 董方浏, 等. 2001. 西南三江造山带火山岩–构造组合及其意义. 高校地质学报, (2): 121-138.

聂泽同, 宋志敏. 1993. 滇西亲冈瓦纳相生物群特征及地层时代的重新厘定. 现代地质, 7(4): 11.

潘桂棠, 陈智梁, 李兴振, 等. 1997. 东特提斯地质构造形成演化. 北京: 地质出版社: 121-128.

潘桂棠, 李兴振, 王立全, 等. 2002. 青藏高原及邻区大地构造单元初步划分. 地质通报, 21(11): 701-707.

潘桂棠, 王立全, 耿全如, 等. 2020. 班公湖—双湖—怒江—昌宁—孟连对接带时空结构——特提斯大洋地质及演化问题. 沉积与特提斯地质, 40(3): 1-19.

彭智敏, 耿全如, 潘桂棠, 等. 2014. 青藏高原羌塘中部变玄武岩锆石SHRIMP年代学及Nd-Pb同位素特征. 中国科学: 地球科学, (5): 12.

祁生胜, 王毅智, 何世豪, 等. 2009. 唐古拉地区尕羊晚二叠世碰撞型花岗岩的确定和构造意义. 西北地质, 42(3): 10.

邱家骧. 1991. 国际地科联火成岩分类学分委会推荐的火山岩分类简介. 现代地质, 5(4): 457-468.

沈上越, 魏启荣, 程惠兰, 等. 1998. "三江"哀牢山–李仙江带火山岩构造岩浆类型. 矿物岩石, (2): 19-25.

施建荣, 董永胜, 王生云. 2009. 藏北羌塘中部果干加年山斜长花岗岩定年及其构造意义. 地质通报, 28(9): 1236-1243.

施建荣, 杨红, 刘福来, 等. 2013. 新疆西南天山哈布腾苏一带高压–超高压变质基性岩的地球化学特征及其构造意义. 岩石学报, 29(6): 2251-2264.

时超, 李荣社, 何世平, 等. 2012. 西藏类乌齐片麻状黑云二长花岗岩锆石U-Pb定年、地球化学特征及地质意义. 新疆地质, 30(4): 9.

孙载波, 李静, 周坤, 等. 2017. 滇西双江县勐库地区退变质榴辉岩的岩石地球化学特征及其地质意义. 现代地质, 31(4): 746-756.

陶琰, 毕献武, 李金高, 等. 2011. 西藏吉塘花岗岩地球化学特征及成因. 岩石学报, 27(9): 12.

汪云亮, 张成江. 2001. 玄武岩类形成的大地构造环境的Th/Hf-Ta/Hf图解判别. 岩石学报, 17(3): 413-421.

汪正江, 王剑, 谭富文, 等. 2008. 青藏高原北羌塘盆地上三叠统那底岗日组火山岩的地球化学特征及其意义. 地质通报, 27(1): 83-91.

王保弟, 王立全, 强巴扎西, 等. 2011. 早三叠世北澜沧江结合带碰撞作用: 类乌齐花岗质片麻岩年代学、地球化学及Hf同位素证据. 岩石学报, 27(9): 11.

王保弟, 王立全, 潘桂棠, 等. 2013. 昌宁-孟连结合带南汀河早古生代辉长岩锆石年代学及地质意义. 科学通报, 58(4): 11.

王保弟, 王立全, 周道卿, 等. 2021. 龙木错—双湖—昌宁—孟连结合带: 冈瓦纳大陆与泛华夏大陆的界线. 地质通报, 40(11): 1783-1798.

王成善, 伊海生, 李勇, 等. 2001. 西藏羌塘盆地地质演化与油气远景评价. 北京: 地质出版社.

王根厚, 李典, 梁晓. 2023. 南羌塘印支期增生造山带组成、结构及演化. 地学前缘, 30(3): 242-261.

王国芝, 王成善. 2001. 西藏羌塘基底变质岩系的解体和时代厘定. 中国科学D辑: 地球科学, 31(B12): 77-82.

王慧宁. 2020. 昌宁—孟连造山带榴辉岩、蓝片岩和变沉积岩的岩石学、变质演化及其对古特提斯洋-陆俯冲造山的制约. 北京: 中国地质科学院.

王慧宁, 刘福来, 冀磊, 等. 2019. 昌宁—孟连杂岩带澜沧岩群的岩石学, 地球化学和变质演化及其对古特提斯构造演化的启示. 岩石学报, 35(6): 1773-1799.

王剑, 付修根. 2018. 论羌塘盆地沉积演化. 中国地质, 45(2): 237-259.

王剑, 汪正江, 陈文西, 等. 2007. 藏北北羌塘盆地那底岗日组时代归属的新证据. 地质通报, 26(4): 6.

王剑, 付修根, 陈文西, 等. 2008. 北羌塘沃若山地区火山岩年代学及区域地球化学对比——对晚三叠世火山-沉积事件的启示. 中国科学: D辑, 38(1): 11.

王剑, 丁俊, 王成善, 等. 2009. 青藏高原油气资源战略选区调查与评价. 北京: 地质出版社.

王剑, 孙伟, 付修根, 谭富文, 等. 2020a. 羌塘盆地重点区块调查与评价. 北京: 科学出版社.

王剑, 付修根, 沈利军, 等. 2020b. 论羌塘盆地油气勘探前景. 地质论评, 66(5): 1091-1113.

王立本. 2001. 角闪石命名法——国际矿物学协会新矿物及矿物命名委员会角闪石专业委员会的报告. 岩石矿物学杂志, 20(1): 84-100.

王立全, 潘桂棠, 朱弟成, 等. 2006. 藏北双湖鄂柔地区变质岩和玄武岩的$^{40}Ar/^{39}Ar$年龄及其意义. 地学前缘, 13(4): 221-232.

王立全, 潘桂棠, 李才. 2008. 藏北羌塘中部果干加年山早古生代堆晶辉长岩的锆石SHRIMP年龄——兼论原-古特提斯洋演化. 地质通报, 27(12): 2045-2056.

王明, 李才, 解超明, 等. 2014. 藏北羌塘南部冈玛错地区展金组玄武岩的成因及其构造意义. 地质通报, 33(11): 1768-1777.

王强, 赵振华, 熊小林. 2000. 桐柏-大别造山带燕山晚期A型花岗岩的厘定. 岩石矿物学杂志, 19(4): 297-306.

王权, 董挨管, 段春森, 等. 2004. 西藏北部拉竹龙地区泥盆纪岩石地层单位划分与时代讨论. 沉积与特提斯地质, 24(3): 30-37.

王泉, 王根厚, 方子璇, 等. 2019. 西藏羌塘中部亚丹高压变质岩年代学, 地球化学特征及其构造意义. 岩石学报, 35(3): 775-798.

王汝成, 王硕, 邱检生, 等. 2005. CCSD主孔揭示的东海超高压榴辉岩中的金红石: 微量元素地球化学及其成矿意义. 岩石学报, 21(2): 465-474.

王仕林, 杜瑾雪, 王根厚, 等. 2018. 蓝岭地区蓝片岩和含硬柱石多硅白云母片岩变质PT轨迹. 地球科学, 43(4): 1237-1252.

王希斌, 郝梓国. 1994. 中国缝合带蛇绿岩的时空分布及构造类型. 中国区域地质, 3: 192-204.

魏春景, 朱文萍. 2007. 多硅白云母地质压力计的研究进展. 地质通报, 26(9): 1123-1130.

魏君奇, 陈开旭, 何龙清. 1999. 德钦羊拉地区火山岩形成的构造环境讨论. 云南地质, (1): 54-63.

吴福元, 李献华, 郑永飞, 等. 2007. Lu-Hf同位素体系及其岩石学应用. 岩石学报, 23(2): 185-220.

吴福元, 刘传周, 张亮亮, 等. 2014. 雅鲁藏布蛇绿岩——事实与臆想. 岩石学报, (2): 293-325.

吴福元, 万博, 赵亮, 等. 2020. 特提斯地球动力学. 岩石学报, 36(6): 1627-1674.

吴浩, 李才, 解超明, 等. 2018. 藏北羌塘中部日湾茶卡地区晚三叠世安山岩与闪长质包体岩石成因及地质意义. 地质通报, 37(8): 1428-1438.

吴彦旺. 2013. 龙木错—双湖—澜沧江洋历史记录. 长春: 吉林大学.

吴彦旺, 李才, 解超明, 等. 2010. 青藏高原羌塘中部果干加年山二叠纪蛇绿岩岩石学和同位素定年. 地质通报, 29(12): 1773-1780.

吴元保, 郑永飞. 2004. 锆石成因矿物学研究及其对U-Pb年龄解释的制约. 科学通报(中文版), 49(16): 1589-1604.

武海, 董亚林, 许瑞梅, 等. 2016. 羌塘地区榴辉岩中矿物出溶体及其成因机制探讨. 大地构造与成矿学, 40(5): 975-985.

西藏自治区地质矿产局. 1993. 西藏自治区区域地质志. 北京: 地质出版社.

夏军, 钟华明, 童劲松, 等. 2006. 藏北龙木错东部三岔口地区下奥陶统与泥盆系的不整合界面. 地质通报, 25(1): 113-117.

肖序常. 1995. 从扩张速率试论蛇绿岩的类型划分. 岩石学报, 11(S1): 10-23.

谢士稳, 高山, 柳小明, 高日胜. 2009. 扬子克拉通南华纪碎屑锆石U-Pb年龄、Hf同位素对华南新元古代岩浆事件的指示. 地球科学: 中国地质大学学报, 34(1): 10.

熊盛青, 周道卿, 曹宝宝, 等. 2020. 羌塘盆地中央隆起带的重磁场证据及其构造意义. 地球物理学报, 63(9): 3491-3504.

徐桂香, 曾文涛, 孙载波, 等. 2016. 滇西双江县勐库地区(退变)榴辉岩的岩石学、矿物学特征. 地质通报, 35(7): 1035-1045.

薛治君, 白学让, 陈武. 1986. 成因矿物学. 武汉: 武汉地质学院出版社: 114-121.

杨经绥, 王希斌, 史仁灯, 等. 2004. 青藏高原北部东昆仑南缘德尔尼蛇绿岩: 一个被肢解了的古特提斯洋壳. 中国地质, 31(3): 225-239.

杨凯, 刘彬, 马昌前, 等. 2020. 北羌塘三叠纪辉石闪长玢岩的成因及地球动力学背景. 地球科学, 45(5): 1490-1502.

苑婷媛, 赵中宝, 曾庆高, 刘焰. 2016. 藏西格木日榴辉岩岩石学特征及其构造意义. 岩石学报, 32(12):

3729-3742.

曾庆高, 王保弟, 强巴扎西, 等. 2010. 藏东类乌齐地区花岗质片麻岩锆石Cameca U-Pb定年及其地质意义. 地质通报, 29(8): 6.

曾庆高, 王保弟, 毛国正, 等. 2020. 西藏的缝合带与特提斯演化. 地球科学, 45(8): 2735-2763.

翟庆国. 2005. 西藏羌塘中部角木日地区蛇绿岩地球化学特征及形成的大地构造环境初探. 长春: 吉林大学.

翟庆国. 2008. 藏北羌塘中部榴辉岩岩石学、地球化学特征及构造演化过程. 北京: 中国地质科学院.

翟庆国, 李才, 程立人, 等. 2004. 西藏羌塘角木日地区二叠纪蛇绿岩地质特征及构造意义. 地质通报, 23(12): 1228-1230.

翟庆国, 李才, 黄小鹏. 2006. 西藏羌塘中部角木日地区二叠纪玄武岩的地球化学特征及其构造意义. 地质通报, 25(12): 1419-1427.

翟庆国, 李才, 黄小鹏. 2007. 西藏羌塘中部古特提斯洋残片?——来自果干加年山变质基性岩地球化学证据. 中国科学: D辑, 37(7): 866-872.

翟庆国, 李才, 王军, 等. 2009a. 藏北羌塘中部绒玛地区蓝片岩岩石学、矿物学和^{40}Ar/^{39}Ar年代学. 岩石学报, (9): 2281-2288.

翟庆国, 王军, 王永. 2009a. 西藏改则县冈玛错地区发现榴辉岩. 地质通报, 28(12): 1720-1724.

翟庆国, 李才, 董永胜, 等. 2009b. 西藏羌塘中部荣玛地区蓝片岩岩石学、矿物学和Ar-Ar年代学. 岩石学报, 25(9): 2281-2288.

翟庆国, 李才, 王军. 2009b. 藏北羌塘中部戈木日榴辉岩的岩石学、矿物学及变质作用pTt轨迹. 地质通报, 28(9): 1207-1220.

翟庆国, 李才, 王军. 2009c. 藏北羌塘中部格木日榴辉岩的岩石学、矿物学及变质作用p-T-t轨迹. 地质通报, 28(9): 1207-1220.

翟庆国, 王军, 李才, 等. 2010. 青藏高原羌塘中部中奥陶世变质堆晶辉长岩锆石SHRIMP年代学及Hf同位素特征. 中国科学: 地球科学, (5): 565-573.

张开均, 唐显春. 2009. 青藏高原腹地榴辉岩研究进展及其地球动力学意义. 科学通报, 54(13): 2556-2567.

张旗. 1990. 蛇绿岩的分类. 地质科学, (1): 54-61.

张旗. 1995. 蛇绿岩研究中的几个问题. 岩石学报, 11(增刊): 228-240.

张旗. 2021. 蛇绿岩研究之检讨与反思: 以"双沟蛇绿岩"为例. 岩石学报, (4): 957-973.

张旗, 张魁武, 李达周. 1992. 横断山区镁铁–超镁铁岩. 北京: 科学出版社.

张旗, 周德进, 赵大升, 等. 1999. 滇西古特提斯造山带的威尔逊旋回: 岩浆活动记录和深部过程讨论. 岩石学报, 12(1): 17-28.

张旗, 周国庆, 王焰. 2003. 中国蛇绿岩的分布, 时代及其形成环境. 岩石学报, 19(1): 1-8.

张儒瑗, 从柏林, 应育浦. 1982. 冀东太平寨地区麻粒岩及有关岩石的辉石研究. 地质科学, 8502(2): 134-143.

张天羽, 李才, 苏犁, 等. 2014. 藏北羌塘中部日湾茶卡地区堆晶岩LA-ICP-MS锆石U-Pb年龄、地球化学特征及其构造意义. 地质通报, 33(11): 1662-1672.

张修政, 董永胜, 施建荣, 等. 2010. 羌塘中部龙木错—双湖缝合带中硬玉石榴石二云母片岩的成因及意义. 地学前缘, (1): 11.

张修政, 董永胜, 李才, 等. 2010a. 青藏高原羌塘中部不同时代榴辉岩的识别及其意义——来自榴辉岩及其围岩^{40}Ar-^{39}Ar年代学的证据. 地质通报, 29(12): 1815-1824.

张修政, 董永胜, 李才, 等. 2010b. 青藏高原羌塘中部榴辉岩地球化学特征及其大地构造意义. 地质通报, 29(12): 1804-1814.

张修政, 董永胜, 施建荣, 等. 2010c. 羌塘中部龙木错—双湖缝合带中硬玉石榴子石二云母片岩的成因及意义. 地学前缘, 17(1): 93-103.

张修政, 董永胜, 李才, 等. 2014. 从洋壳俯冲到陆壳俯冲和碰撞: 来自羌塘中西部地区榴辉岩和蓝片岩地球化学的证据. 岩石学报, 30(10): 2821-2834.

张修政, 董永胜, 王强, 等. 2018. 青藏高原羌塘中部高压变质带的研究进展及存在问题. 地质通报, 37(8): 1406-1416.

赵崇贺. 1989. 中基性火山岩成分的ATK图解与构造环境. 地质科技情报, (4): 1-5.

赵建新. 1995. 皖南和赣东北蛇绿岩成因及其构造意义: 元素和Sm-Nd同位素制约. 地球化学, 24(4): 311-326.

赵靖, 钟大赉. 1994. 滇西澜沧变质带变质作用和变形作用的关系. 岩石学报, 10(1): 27-40.

赵珍, 陆露, 吴珍汉, 等. 2020. 羌塘中部晚三叠世江爱岩体特征与板片断离作用. 地球科学, S1: 225-242.

赵政璋, 李永铁, 叶和飞, 等. 2001. 青藏高原大地构造特征及盆地演化. 北京: 科学出版社.

郑艺龙. 2012. 藏北羌塘蓝岭地区蓝片岩折返机制与演化. 北京: 中国地质大学.

钟大赉. 1998. 滇川西部古特提斯造山带. 北京: 科学出版社.

周国庆. 2008. 蛇绿岩研究新进展及其定义和分类的再讨论. 南京大学学报: 自然科学版, 44(1): 1-24.

周红升, 马昌前, 张超, 等. 2008. 华北克拉通南缘泌阳春水燕山期铝质A型花岗岩类: 年代学、地球化学及其启示. 岩石学报, 24 (1): 49-64.

周金城, 蒋少涌, 王孝磊, 等. 2005. 华南中侏罗世玄武岩的岩石地球化学研究——以福建藩坑玄武岩为例. 中国科学D辑: 地球科学, 35 (10): 927-936.

朱弟成, 潘桂棠, 莫宣学, 等. 2006. 青藏高原中部中生代OIB型玄武岩的识别: 年代学、地球化学及其构造环境. 地质学报, 80(9): 1312-1328.

朱弟成, 莫宣学, 王立全, 等. 2008. 新特提斯演化的热点与洋脊相互作用: 西藏南部晚侏罗世—早白垩世岩浆作用推论. 岩石学报, 24 (2): 225-237.

朱弟成, 莫宣学, 王立全, 等. 2009. 西藏冈底斯东部察隅高分异I型花岗岩的成因: 锆石U-Pb年代学、地球化学和Sr-Nd-Hf同位素约束. 中国科学: D辑, (7): 16.

朱勤文, 沈上越, 杨开辉, 等. 1991. 澜沧江带火山岩构造-岩浆类型与特提斯演化. 青藏高原地质文集, 21: 125-140.

朱勤文, 莫宣学, 张双全. 1999. 南澜沧江古特提斯演化的岩浆岩证据. 特提斯地质, 23: 16-30.

朱同兴, 潘忠习, 庄忠海, 等. 2002. 西藏北部双湖地区海相侏罗纪磁性地层研究. 地质学报, 76(3): 9.

朱同兴, 张启跃, 董瀚, 等. 2006. 藏北双湖地区才多茶卡一带构造混杂岩中发现晚泥盆世和晚二叠世放射虫硅质岩. 地质通报, 25(12): 1413-1418.

朱同兴, 张启跃, 冯心涛, 等. 2010. 西藏羌塘中部才多茶卡蓝闪石^{40}Ar/^{39}Ar年代学及地质意义. 地质学报, 84(10): 9.

Agard P, Yamato P, Jolivet L, et al. 2009. Exhumation of oceanic blue-schists and eclogites in subduction zones: timing and mechanisms. Earth-Science Reviews, 92(1): 53-79.

Agrawal S, Guevara M, Verma S P. 2008. Tectonic discrimination of basic and ultrabasic volcanic rocks through log-transformed ratios of immobile trace elements. International Geology Review, 50(12): 1057-1079.

Ali J R, Aitchison J C, Chik S Y S, et al. 2012. Paleomagnetic data support Early Permian age for the Abor Volcanics in the lower Siang Valley, NE India: significance for Gondwana-related break-up models. Journal of Asian Earth Sciences, 50: 105-115.

Ali J R, Cheung H M C, Aitchison J C, et al. 2013. Palaeomagnetic re-investigation of Early Permian rift basalts from the Baoshan Block, SW China: constraints on the site-of-origin of the Gondwana-derived eastern Cimmerian terranes. Geophysical Journal International, 193(2): 650-663.

Anonymous. 1972. Penrose field conference on ophiolites. Geotimes, 17: 22-24.

Arai S. 1994. Characterization of spinel peridotites by olivine-spinel compositional relationships: review and interpretation. Chemical Geology, 113(3-4): 191-204.

Ashwal L, Tucker R D, Zinner N K. 1999. Slow cooling of deep crustal granulites and Pb-loss in zircon. Geochimica et Cosmochimica Acta, 63: 2839-2851.

Becker H, Jochum K P, Carlson R W. 1999. Constraints from high-pressure veins in eclogites on the composition of hydrous fluids in subduction zones. Chemical Geology, 160(4): 291-308.

Bhat M I. 1984. Abor volcanics: further evidence for the birth of the Tethys Ocean in the Himalayan segment. Journal of the Geological Society, 141(4): 763-775.

Bian Q T, Li D H, Pospelov I, et al. 2004. Age, geochemistry and tectonic setting of Buqingshan ophiolites, north Qinghai-Tibet Plateau, China. Journal of Asian Earth Sciences, 23(4): 577-596.

Blichert-Toft J, Albarède F. 1997. The Lu-Hf isotope geochemistry of chondrites and the evolution of the mantle-crust system. Earth and Planetary Science Letters, 148: 243-258.

Bodinier J L, Godard M. 2003. Orogenic, ophiolitic, and abyssal peridotites. Treatise on Geochemistry, 2: 103-170.

Bolhar R, Weaver S D, Whitehouse M J, et al. 2008. Sources and evolution of arc magmas inferred from coupled O and Hf isotope systematics of plutonic zircons from the Cretaceous Separation Point Suite (New Zealand). Earth and Planetary Science Letters, 268(3-4): 312-324.

Bonin B. 2007. A-type granites and related rocks: evolution of a concept, problems and prospects. Lithos, 97(1-2): 1-29.

Boynton W V. 1984. Geochemistry of the rare earth elements: meteorite studies//Henderson P. Rare Earth Element Geochemistry. Amsterdam: Elsevier: 63-114.

Brearley A J, Scott E R, Keil K, et al. 1989. Chemical, isotopic and mineralogical evidence for the origin of matrix in ordinary chondrites. Geochimica et Cosmochimica Acta, 53(8): 2081-2093.

Brown E H. 1977. The crossite content of Ca-amphibole as a guide to pressure of metamorphism. Journal of Petrology, 18(1): 53-72.

Brown M. 1993. *P-T-t* evolution of orogenic belts and the causes of regional metamorphism. Journal of the Geological Society, 150(2): 227-241.

Bryan S E, Ernst R E. 2008. Revised definition of Large Igneous Provinces (LIPs). Earth-Science Reviews, 86(1-4): 175-202.

Burke W H, Denison R E, Hetherington E A, et al. 1982. Variation of seawater $^{87}Sr/^{86}Sr$ throughout Phanerozoic time. Geology, 10(10): 516-519.

Cabanis B, Lecolle M. 1989. Le diagramme La/10-Y/15-Nb/8: un outil pour la discrimination des séries volcaniques et la mise en évidence des processus de mélange et/ou de contamination crustale. Comptes rendus de l'Académie des sciences. Série II. Mécanique, physique, chimie, sciences de l'univers, sciences de la terre, 309(20): 2023-2029.

Cao Y, Sun Z, Li H, et al. 2019. New paleomagnetic results from Middle Jurassic limestones of the Qiangtang terrane, Tibet: Constraints on the evolution of the Bangong-Nujiang Ocean. Tectonics, 38(1): 215-232.

Cawood P A, Buchan C. 2007. Linking accretionary orogenesis with supercontinent assembly. Earth Science Reviews, 82: 217-256.

Cawood P A, Johnson M R W, Nemchin A A. 2007. Early Palaeozoic orogenesis along the Indian margin of Gondwana: tectonic response to Gondwana assembly. Earth and Planetary Science Letters, 255: 70-84.

Chappell B W, Stephens W E. 1988. Origin of infracrustal (I-type) granite magmas. Earth and Environmental Science Transactions of the Royal Society of Edinburgh, 79(2-3): 71-86.

Chappell B W, White A J R. 1974. Two contrasting granite types. Pacific Geology, 8: 173-174.

Chappell B W, White A J R. 1992. I- and S-type granites in the Lachlan Fold Belt. Transactions of the Royal Society of Edinburgh: Earth Sciences, 83: 1-26.

Chauvet F, Lapierre H, Bosch D, et al. 2008. Geochemistry of the Panjal Traps basalts (NW Himalaya): records of the Pangea Permian break-up. Bulletin de la Société géologique de France, 179(4): 383-395.

Chen L, Zhao Z F, Zheng Y F. 2014. Origin of andesitic rocks: geochemical constraints from Mesozoic volcanics in the Luzong basin, South China. Lithos, 190: 220-239.

Cheng H, Nakamura E, Zhou Z. 2009. Garnet Lu-Hf dating of retrograde fluid activity during ultrahigh-pressure metamorphic eclogites exhumation. Mineralogy and Petrology, 95(3-4): 315-326.

Cherniak D J. 2000. Pb diffusion in rutile. Contributions to Mineralogy and Petrology, 139: 198-207.

Clarke G L, Aitchison J C, Cluzel D. 1997. Eclogites and blueschists of Pam Penisula, NE New Caledonia: a reappraisal. Journal of Petrology, 38: 843-876.

Clemens J D, Holloway J R, White A J R. 1986. Origin of an A-type granite; experimental constraints. American Mineralogist, 71(3-4): 317-324.

Coleman R G. 1977. What is an Ophiolite?. Berlin: Springer.

Coleman R G, Peterman Z E. 1975. Oceanic plagiogranite. Journal of Geophysical Research, 80(8): 1099-1108.

Coleman R G, Donato M M. 1979. Oceanic plagiogranite revisited//Barker F. Trondhjemites, Dacites and Related Rocks. Amsterdam: Elsevier: 149-168.

Coleman R G, Lee D E, Beatty L B, et al. 1965. Eclogites: their differences and similarities. Geological Society America Bulletin, 76: 483-508.

Condie K C. 1989. Geochemical changes in basalts and andesites across the Archean-Proterozoic boundary: identification and significance. Lithos, 23(1): 1-18.

Connolly J A D. 2009. The geodynamic equation of state: what and how. Geochemistry, Geophysics, Geosystems, 10(10): Q10014.

Dan W, Wang Q, White W M, et al. 2018. Rapid formation of eclogites during a nearly closed ocean: revisiting the Pianshishan eclogite in Qiangtang, central Tibetan Plateau. Chemical Geology, 477: 112-122.

Dan W, Wang Q, Murphy J B, et al. 2021. Short duration of Early Permian Qiangtang-Panjal large igneous province: implications for origin of the Neo-Tethys Ocean. Earth and Planetary Science Letters, 568: 117054.

Defant M J, Drummond M S. 1990. Derivation of some modern arc magmas by melting of young subducted lithosphere. Nature, 347: 662-665.

Defant M J, Drummond M S. 1993. Mount St. Helens: potential example of the partial melting of the subducted lithosphere in a volcanic arc. Geology, 21(6): 547-550.

Dick H J B, Bullen T. 1984. Chromian spinel as a petrogenetic indicator in abyssal and alpine-type peridotites and spatially associated lavas. Contributions to Mineralogy and Petrology, 86: 54-76.

Dick H J, Lin J, Schouten H. 2003. An ultraslow-spreading class of ocean ridge. Nature, 426(6965): 405-412.

Dick H J, Natland J H, Ildefonse B. 2006. Past and future impact of deep drilling in the oceanic crust and mantle. Oceanography, 19(4): 72-80.

Dilek Y, Flower M F. 2003. Arc-trench rollback and forearc accretion: 2. A model template for ophiolites in Albania, Cyprus, and Oman. Geological Society, London, Special Publications, 218: 43-68.

Dilek Y, Furnes H. 2011. Ophiolite genesis and global tectonics: geochemical and tectonic fingerprinting of ancient oceanic lithosphere. Geological Society of America Bulletin, 123: 387-411.

Dilek Y, Furnes H. 2014. Ophiolites and their origins. Elements, 10(2): 93-100.

Dong G C, Mo X X, Zhao Z D, et al. 2013. Zircon U-Pb dating and the petrological and geochemical constraints on Lincang granite in Western Yunnan, China: implications for the closure of the Paleo-Tethys Ocean. Journal of Asian Earth Sciences, 62: 282-294.

Dosso L, Hanan B B, Bougant H, et al. 1991. SrNdPb geochemical morphology between 10° and 17°N on the Mid-Atlantic Ridge: a new MORB isotope signature. Earth and Planetary Science Letters, 106(1): 29-43.

Droop G T R, Karakaya M Ç, Eren Y, et al. 2005. Metamorphic evolution of blueschists of the Altınekin Complex, Konya area, south central Turkey. Geological Journal, 40(2): 127-153.

Drummond M S, Defant M J, Kepezhinskas P K. 1996. Petrogenesis of slab-derived trondhjemite-tonalite-dacite/adakite magmas. Earth and Environmental Science Transactions of the Royal Society of

Edinburgh, 87(1-2): 205-215.

Dubińska E, Bylina P, Kozłowski A, et al. 2004. U-Pb dating of serpentinization: hydrothermal zircon from a metasomatic rodingite shell (Sudetic ophiolite, SW Poland). Chemical Geology, 203(3): 183-203.

Eby G N. 1990. The A-type granitoids: a review of their occurrence and chemical characteristics and speculations on their petrogenesis. Lithos, 26: 115-134.

Eby G N. 1992. Chemical subdivision of the A-type granitoids: petrogenetic and tectonic implications. Geology, 20: 641-644.

Ellis D J, Green D H. 1979. An experimental study of the effect of Ca upon garnet-clinopyroxene Fe-Mg exchange equilibria. Contributions to Mineralogy and Petrology, 71(1): 13-22.

Enami M, Ko Z W, Win A, et al. 2012. Eclogite from the Kumon range, Myanmar: Petrology and tectonic implications. Gondwana Research, 21(2): 548-558.

Ernst R E, Buchan K L, Campbell I H. 2005. Frontiers in Large Igneous Province research. Lithos, 79(3-4): 271-297.

Ernst W G. 2001. Subduction, ultrahigh-pressure metamorphism, and regurgitation of buoyant crustal slices— implications for arcs and continental growth. Physics of the Earth and Planetary Interiors, 127(1): 253-275.

Escartin J, Smith D K, Cann J, et al. 2008. Central role of detachment faults in accretion of slow-spreading oceanic lithosphere. Nature, 455(7214): 790-794.

Fan J J, Li C, Xie C M, et al. 2015. Petrology and U-Pb zircon geochronology of bimodal volcanic rocks from the Maierze Group, northern Tibet: constraints on the timing of closure of the Bangong-Nujiang Ocean. Lithos, 227: 148-160.

Fan W M, Wang Y J, Zhang Y H, et al. 2015. Paleotethyan subduction process revealed from Triassic blueschists in the Lancang tectonic belt of Southwest China. Tectonophysics, 662: 95-108.

Feng Q L. 2002. Stratigraphy of volcanic rocks in the Changning-MenglianBelt in southwestern Yunnan, China. Journal of Asian Earth Science, 20: 657-664.

Feng Q L, Liu G C, Gan Z Q, et al. 2023. Tethyan evolution from early Paleozoic to early Mesozoic in southwest Yunnan. Science China Earth Sciences, 66(12): 2728-2750.

Ferrari O M, Hochard C, Stampfli G M. 2008. An alternative plate tectonic model for the Palaeozoic-Early Mesozoic Palaeotethyan evolution of southeast Asia (Northern Thailand-Burma). Tectonophysics, 451(1-4): 346-365.

Ferry J M, Watson E B. 2007. New thermodynamic models and revised calibrations for the Ti-in-zircon and Zr-in-rutile thermometers. Contributions to Mineralogy and Petrology, 154(4): 429-437.

Fialin M, Remy H, Richard C, et al. 1999. Trace element analysis with the electron microprobe: new data and perspectives. American Mineralogist, 84: 70-77.

Floyd P A, Winchester J A. 1975. Magma type and tectonic setting discrimination using immobile elements. Earth and Planetary Science Letters, 27: 211-218.

Frey F A, Green D H, Roy S D. 1978. Integrated models of basalt petrogenesis: a study of quartz tholeiites to olivine melilitites from south eastern Australia utilizing geochemical and experimental petrological data. Journal of Petrology, 19(3): 463-513.

Frost B R, Barnes C G, Collins W J, et al. 2001. A geochemical classification for granitic rocks. Journal of Petrology, 42(11): 2033-2048.

Fu X G, Wang J, Tan F L, et al. 2010. The Late Triassic rift-related volcanic rocks from eastern Qiangtang, northern Tibet (China): age and tectonic implications. Gondwana Research, 17(1): 135-144.

Furnes H, De Wit M, Dilek Y. 2014. Four billion years of ophiolites reveal secular trends in oceanic crust formation. Geoscience Frontiers, 5(4): 571-603.

Furnes H, Dilek Y, De Wit M. 2015. Precambrian greenstone sequences represent different ophiolite types. Gondwana Research, 27(2): 649-685.

Gao X Y, Zheng Y F, Xia X P, et al. 2014. U-Pb ages and trace elements of metamorphic rutile from ultrahigh-pressure quartzite in the Sulu orogeny. Geochimica et Cosmochimica Acta, 143: 87-114.

Garzanti E, Le Fort P, Sciunnach D. 1999. First report of Lower Permian basalts in South Tibet: tholeiitic magmatism during break-up and incipient opening of Neotethys. Journal of Asian Earth Sciences, 17(4): 533-546.

Gebauer D, Schertl H P, Brix M, et al. 1997. 35 Ma old ultra-high-pressure metamorphism and evidence for very rapid exhumation in the Dora Maira Massif, Wester Alps. Lithos, 41: 5-24.

Green T H. 1995. Significance of Nb/Ta as an indicator of geochemical processes in the crust-mantle system. Chemical Geology, 120(3): 347-359.

Gribble R F, Stern R J, Bloomer S H, et al. 1996. MORB mantle and subduction components interact to generate basalts in the southern Mariana Trough back-arc basin. Geochimica et Cosmochimica Acta, 60(12): 2153-2166.

Hames W E, Bowring S A. 1994. An empirical-evaluation of the argon diffusion geometry in muscovite. Earth and Planetary Science Letters, 124(1-4): 161-167.

Harrison T M, Célérier J, Aikman A B, et al. 2009. Diffusion of ^{40}Ar in muscovite. Geochimica et Cosmochimica Acta, 73(4): 1039-1051.

Hastie A R, Kerr A C, Pearce J A, et al. 2007. Classification of altered volcanic island arc rocks using immobile trace elements: development of the Th-Co discrimination diagram. Journal of Petrology, 48(12): 2341-2357.

Hattori K H, Guillot S. 2007. Geochemical character of serpentinites associated with high-to ultrahigh-pressure metamorphic rocks in the Alps, Cuba, and the Himalayas: recycling of elements in subduction zones. Geochemistry, Geophysics, Geosystems, 8(9): Q09010.

Hawkesworth C, Gallagher K, Hergt J, et al. 1993. Mantle and slab contribution in arc magmas. Annual Review of Earth and Planetary Sciences, 21: 175-204.

Henderson P. 1984. General geochemical properties and abundances of the rare earth elements. Developments in Geochemistry, 2: 1-32.

Hennig A. 1915. Zur Petrographie und Geologie von Sudwes Tibet//Hedin S. Southern Tibet: Vol. 5. Norstedt,

Stockholm: 220.

Hennig D, Lemann B, Frei D, et al. 2009. Early Permian seafloor to continental arcmagmatism in the eastern Paleo-Tethys: U-Pb age and Nd-Sr isotope data from the southern Lancangjiang zone, Yunnan, China. Lithos, 113: 408-422.

Hermann J, Rubatto D, Korsakov A, et al. 2001. Multiple zircon growth during fast exhumation of diamondiferous, deeply subducted continental crust (Kokchetav Massif, Kazakhstan). Contributions to Mineralogy and Petrology, 141(1): 66-82.

Herwartz D, Nagel T J, Münker C, et al. 2011. Tracing two orogenic cycles in one eclogite sample by Lu-Hf garnet chronometry. Nature Geoscience, 4: 178-183.

Hess P C. 1992. Phase equilibria constraints on the origin of ocean floor basalts//Morgan J P, Blackman D K, Sinton J M. Mantle Flow and Melt Generation at Mid-Ocean Ridges. Geophysical Monograph 71, American Geophysical Union: 67-102.

Holland T, Powell R. 1991. A Compensated-Redlich-Kwong (CORK) equation for volumes and fugacities of CO_2 and H_2O in the range 1 bar to 50 kbar and 100~1600℃. Contributions to Mineralogy and Petrology, 109(2): 265-273.

Holland T, Powell R. 1998. An internally consistent thermodynamic data set for phases of petrological interest. Journal of Metamorphic Geology, 16(3): 309-343.

Holland T, Powell R. 2003. Activity-composition relations for phases in petrological calculations: an asymmetric multicomponent formulation. Contributions to Mineralogy and Petrology, 145(4): 492-501.

Holland T J B. 1979. Experimental determination of the reaction paragonite=jadeite+kyanite+H_2O, and internally consistent thermodynamic data for part of the system Na_2O-Al_2O_3-SiO_2-H_2O, with applications to eclogites and blueschists. Contributions to Mineralogy and Petrology, 68(3): 293-301.

Holland T J B. 1980. The reaction albite=jadeite+quartz determined experimentally in the range 600-1200 degrees C. American Mineralogist, 65(1-2): 129-134.

Holland T J B. 1983. The experimental determination of activities in disordered and short-range ordered jadeitic pyroxenes. Contributions to Mineralogy and Petrology, 82(2): 214-220.

Holland T J B, Powell R. 1990. An enlarged and updated internally consistent thermodynamic dataset with uncertainties and correlations: the system K_2O-Na_2O-CaO-MgO-MnO-FeO-Fe_2O_3-Al_2O_3-TiO_2-SiO_2-C-H_2-O_2. Journal of Metamorphic Geology, 8(1): 89-124.

Hollings P, Kerrich R. 2000. An Archean arc basalt-Nb-enriched basalt-adakite association: the 2.7 Ga Confederation assemblage of the Birch-Uchi greenstone belt, Superior Province. Contributions to Mineralogy and Petrology, 139(2): 208-226.

Holm P M, Søager N, Dyhr C T, et al. 2014. Enrichments of the mantle sources beneath the Southern Volcanic Zone (Andes) by fluids and melts derived from abraded upper continental crust. Contributions to Mineralogy and Petrology, 167(5): 1-27.

Hoskin P W O, Black L P. 2000. Metamorphic zircon formation by solid-state recrystallization of protolith igneous zircon. Journal of Metamorphic Geology, 18(4): 423-439.

Hoskin P W O, Schaltegger U. 2003. The composition of zircon and igneous and metamorphic petrogenesis. Reviews in Mineralogy and Geochemistry, 53(1): 27-62.

Hu P Y, Li C, Yang H T. 2010. Characteristic, zircon dating and tectonic significance of Late Triassic granite in the Guoganjianianshan area, central Qiangtang, Qinghai-Tibet Plateau, China. Geological Bulletin of China, 29(12): 1825-1832.

Hu P Y, Zhai Q G, Jahn B M, et al. 2015. Early Ordovician granites from the South Qiangtang terrane, northern Tibet: implications for the early Paleozoic tectonic evolution along the Gondwanan proto-Tethyan margin. Lithos, 220: 318-338.

Huang B, Yan Y, Piper J D A, et al. 2018. Paleomagnetic constraints on the paleogeography of the East Asian blocks during Late Paleozoic and Early Mesozoic time. Earth-Science Reviews, 186: 8-36.

Irvine T N, Baragar W R A F. 1971. A guide to the chemical classification of the common volcanic rocks. Canadian Journal of Earth Sciences, 8(5): 523-548.

Irvine T N, Findlay T G. 1972. Alpine-type peridotite with particular reference to the Bay of Islands igneous complex. Earth Physics Branch, 42(3): 97-140.

Irving A J, Frey F A. 1978. Distribution of trace elements between garnet megacrysts and host volcanic liquids of kimberlitic to rhyolitic composition. Geochimica et Cosmochimica Acta, 42(6): 771-787.

Ishii T, Robinson P T, Maekawa H, et al. 1992. Petrological studies of peridotites from diapiric serpentinite seamounts in the Izu-Ogasawara-Mariana forearc, Leg 125. Proceedings of the Ocean Drilling Program, 125 Scientific Results, 125: 445-485.

Ito E, White W M, Göpel C. 1987. The O, Sr, Nd and Pb isotope geochemistry of MORB. Chemical Geology, 62: 157-176.

Jahn B M, Vidal P, Tilton G R. 1980. Archaean Mantle Heterogeneity: evidence from chemical and isotopic abundances in Archaean Igneous Rocks. Philosophical Transactions of the Royal Society of London. Series A, Mathematical and Physical Sciences, 297(1431): 353-364.

Jan M Q, Windley B F. 1990. Chromian spinel-silicate chemistry in ultramafic rocks of the Jijal complex, Northwest Pakistan. Journal of Petrology, 31(3): 667-715.

Jian P, Liu D Y, Sun X M, et al. 2008. SHRIMP dating of the Permo-Carboniferous Jinshajiang ophiolite, southwestern China: geochronological constraints for the evolution of Paleo-Tethys. Journal of Asian Earth Sciences, 32: 371-384.

Jian P, Liu D Y, Kroner A, et al. 2009a. Devonian to Permian plate tectonic cycle of the Paleo-Tethys Orogen in southwest China (I): geochemistry of ophiolites, arc/back-arc assemblages and within-plate igneous rocks. Lithos, 113: 748-766.

Jian P, Liu D Y, Kroner A, et al. 2009b. Devonian to Permian plate tectonic cycle of the Paleo-Tethys Orogen in southwest China (II): insights from zircon ages of ophiolites, arc/back-arc assemblages and within-plate igneous rocks and generation of the Emeishan CFB province. Lithos, 113: 767-784.

Jiang Q Y, Li C, Su L, et al. 2015. Carboniferous arc magmatism in the Qiangtang area, northern Tibet: zircon U-Pb ages, geochemical and Lu-Hf isotopic characteristics, and tectonic implications. Journal of Asian

Earth Sciences, 100: 132-144.

Jin X, Zhang Y X, Zhou X Y, et al. 2019. Protoliths and tectonic implications of the newly discovered Triassic Baqing eclogites, central Tibet: evidence from geochemistry, Sr-Nd isotopes and geochronology. Gondwana Research, 69: 144-162.

Jin X, Zhang Y X, Whitney D L, et al. 2021. Crustal material recycling induced by subduction erosion and subduction-channel exhumation: a case study of central Tibet (western China) based on *PTt* paths of the eclogite-bearing Baqing metamorphic complex. Geological Society of America Bulletin, 133(7-8): 1575-1599.

Ju Q, Zhang Y C, Yuan D X, et al. 2022. Permian foraminifers from the exotic limestone blocks within the central Qiangtang Metamorphic Belt, Tibet and their geological implications. Journal of Asian Earth Sciences, 239: 105426.

Kapp P, Yin A, Manning C E, et al. 2000. Blueschist-bearing metamorphic core complexes in the Qiangtang block reveal deep crustal structure of northern Tibet. Geology, 28(1): 19-22.

Kapp P, Yin A, Manning C E, et al. 2003. Tectonic evolution of the early Mesozoic blueschist bearing Qiangtang metamorphic belt, central Tibet. Tectonics, 22(4): 1043-1053.

Kapp P, Yin A, Manning C E, et al. 2003a. Tectonic evolution of the early Mesozoic blueschist-bearing Qiangtang metamorphic belt, central Tibet. Tectonics, 22(4): 17-44.

Kapp P, Murphy M A, Yin A, et al. 2003b. Mesozoic and Cenozoic tectonic evolution of the Shiquanhe area of western Tibet. Tectonics, 22: 3-23.

Kay R W. 1978. Aleutian magnesian andesites: melts from subducted Pacific ocean crust. Journal of Volcanology and Geothermal Research, 4: 117-132.

Kent A J, Baker J A, Wiedenbeck M. 2002. Contamination and melt aggregation processes in continental flood basalts: constraints from melt inclusions in Oligocene basalts from Yemen. Earth and Planetary Science Letters, 202(3-4): 577-594.

Keto L S, Jacobsen S B. 1988. Nd isotopic variations of Phanerozoic paleoceans. Earth and Planetary Science Letters, 90(4): 395-410.

Kieffer B, Arndt N, Lapierre H, et al. 2004. Flood and shield basalts from Ethiopia: magmas from the African superswell. Journal of Petrology, 45(4): 793-834.

Kirchenbaur M, Pleuger J, Jahn-Awe S, et al. 2012. Timing of high-pressure metamorphic events in the Bulgarian Rhodopes from Lu-Hf garnet geochronology. Contributions to Mineralogy and Petrology, 163: 897-921.

Kooijman E, Mezger K, Berndt J. 2010. Constraints on the U-Pb systematics of metamorphic rutile from in situ LA-ICPMS analysis. Earth and Planet Science Letters, 293: 321-330.

Korte C, Kozur H, Bruckschen P, et al. 2003. Strontium isotope evolution of Late Permian and Triassic seawater. Geochimica et Cosmochimica Acta, 67(1): 47-62.

Krogh E J. 1988. The garnet-clinopyroxene Fe-Mg geothermometer—a reinterpretation of existing experimental data. Contributions to Mineralogy and Petrology, 99(1): 44-48.

Lapierre H, Samper A, Bosch D, et al. 2004. The Tethyan plume: geochemical diversity of Middle Permian basalts from the Oman rifted margin. Lithos, 74(3-4): 167-198.

Leake B E. 1978. Nomenclature of amphiboles. The Canadian Mineralogist, 16(4): 501-520.

Leake B E, Woolley A R, Arps C E S, et al. 1997. Nomenclature of the International Mineralogical Association, Commission on New Minerals and Mineral Names. American Mineralogist, 82: 1019-1037.

Lebas M J, Lemaitre R W, Streckeisen A, et al. 1986. A chemical classification of volcanic-rocks based on the total alkali silica diagram. Journal of Petrology, 27(3): 745-750.

Li C, Zhai Q G, Dong Y S, et al. 2006. Discovery of eclogite and its geological significance in Qiangtang area, central Tibet. Chinese Science Bulletin, 51: 1095-1100.

Li C, Zhai Q G, Dong Y S, et al. 2009. High-pressure eclogite-blueschist metamorphic belt and closure of paleo-Tethys Ocean in Central Qiangtang, Qinghai-Tibet plateau. Journal of Earth Science, 20(2): 209-218.

Li X, Li Z X, Zhou H, et al. 2002. U-Pb zircon geochronology, geochemistry and Nd isotopic study of Neoproterozoic bimodal volcanic rocks in the Kangdian Rift of South China: implications for the initial rifting of Rodinia. Precambrian Research, 113(1): 135-154.

Li X, Suzuki N, Zhang Y C, et al. 2024. The central Qiangtang Metamorphic Belt in northern Tibet is an in-situ Paleo-Tethys Ocean: evidence from newly discovered Late Devonian radiolarians. Gondwana Research, 125: 49-58.

Liang X, Wang G H, Yang B, et al. 2017. Stepwise exhumation of the Triassic Lanling high-pressure metamorphic belt in Central Qiangtang, Tibet: insights from a coupled study of metamorphism, deformation, and geochronology. Tectonics, 36(4): 652-670.

Liang X, Sun X, Wang G, et al. 2020. Sedimentary evolution and provenance of the late Permian-middle Triassic Raggyorcaka Deposits in North Qiangtang (Tibet, Western China): evidence for a forearc basin of the Longmu Co-Shuanghu Tethys Ocean. Tectonics, 39(1): e2019TC005589.

Liang X, Wang G, Gao J, et al. 2021. A late Permian-Triassic trench-slope basin in the Central Qiangtang metamorphic belt, Northern Tibet: stratigraphy, sedimentology, syndepositional deformation and tectonic implications. Basin Research, 33(4): 2383-2410.

Liati A, Gebauer D. 1999. Constraining the prograde and retrograde *P-T-t* path of Eocene HP rocks by SHRIMP dating of different zircon domains: inferred rates of heating, burial, cooling and exhumation for central Rhodope, northern Greece. Contributions to Mineralogy and Petrology, 135(4): 340-354.

Liu C Z, Snow J E, Hellebrand E, et al. 2008. Ancient, highly heterogeneous mantle beneath Gakkel ridge, Arctic Ocean. Nature, 452(7185): 311-316.

Liu F, Xu Z, Katayama I. 2001. Mineral inclusions in zircons of para- and orthogneiss from pre-pilot drillhole CCSD-PP1, Chinese Continental Scientific Drilling Project. Lithos, 59: 199-215.

Liu F, Xu Z, Xue H. 2004. Tracing the protolith, UHP metamorphism, and exhumation ages of orthogneiss from the SW Sulu terrane (eastern China): SHRIMP U-Pb dating of mineral inclusion-bearing zircons. Lithos, 78(4): 411-429.

Liu F L, Liou J G. 2011. Zircon as the best mineral for *P-T*-time history of UHP metamorphism: a review on mineral inclusions and U-Pb SHRIMP ages of zircons from the Dabie-Sulu UHP rocks. Journal of Asian Earth Sciences, 40(1): 1-39.

Liu H, Chen L, Huang F, et al. 2021. Silurian intermediate-felsic complex in the Xiangtaohu area of central Qiangtang, northern Tibet: evidence for southward subduction of the Longmuco-Shuanghu Prototethys oceanic plate. Lithos, 404: 106465.

Liu S A, Li S G, He Y S, et al. 2010b. Geochemical contrasts between early Cretaceous ore-bearing and ore-barren high-Mg adakites in central-eastern China: implications for petrogenesis and Cu-Au mineralization. Geochimica et Cosmochimica Acta, 74: 7160-7178.

Liu Y, Santosh M, Zhao Z B. 2011. Evidence for palaeo-Tethyan oceanic subduction within central Qiangtang, northern Tibet. Lithos, 127: 39-53.

Liu Y, Xie C, Li C, et al. 2019. Breakup of the northern margin of Gondwana through lithospheric delamination: evidence from the Tibetan Plateau. GSA Bulletin, 131(3-4): 675-697.

Loiselle M C, Wones D R. 1979. Characteristics and origin of anorogenic granites. Geological Society of America Abstracts with Programs, 11(7): 468.

Lu L, Zhang K J, Yan L L, et al. 2017. Was Late Triassic Tanggula granitoid (central Tibet, western China) a product of melting of underthrust Songpan-Ganzi flysch sediments?. Tectonics, 36(5): 902-928.

Lu L, Qin Y, Li Z F, et al. 2019. Diachronous closure of the Shuanghu Paleo-Tethys Ocean: constraints from the Late Triassic Tanggula arc-related volcanism in the East Qiangtang subterrane, central Tibet. Lithos, 328: 182-199.

Maffione M, Morris A, Anderson M W. 2013. Recognizing detachment-mode seafloor spreading in the deep geological past. Scientific Reports, 3(1): 2336.

Maresch M V. 1977. Experimental studies on glaucophane: an analysis of present knowledge. Tectonophysics, 43(1-2): 109-125.

Martin H, Smithies R H, Rapp R, et al. 2005. An overview of adakite, tonalite-trondhjemite-granodiorite (TTG), and sanukitoid: relationships and some implications for crustal evolution. Lithos, 79: 1-24.

Matsumoto M, Wallis S, Aoya M. 2003. Petrological constraints on the formation conditions and retrograde *P-T* path of the Kotsu eclogite unit, central Shikoku. Journal of Metamorphic Geology, 21(4): 363-376.

McDonough W F. 1990. Constraints on the composition of the continental lithospheric mantle. Earth and Planetary Science Letters, 101(1): 1-18.

McDonough W F. 1991. Partial melting of subducted oceanic crust and isolation of its residual eclogitic lithology. Philosophical Transactions of the Royal Society of London, Series A, 335: 407-418.

McDonough W F, Sun S S. 1995. The composition of the Earth. Chemical Geology, 120(3/4): 223-253.

McKenzie D P, Bickle M J. 1988. The volume and composition of melt generated by extension of the lithosphere. Journal of Petrology, 29(3): 625-679.

Meschede M. 1986. A method of discriminating between different types of mid-ocean ridge basalts and continental tholeiites with the Nb-Zr-Y diagram. Chemical Geology, 56(3): 207-218.

Metcalf R V, Shervais J W, Wright J E. 2008. Suprasubduction-zone ophiolites: is there really an ophiolite conundrum?. Special Papers-Geological Society of America, 438: 191-222.

Metcalfe I. 1996. Gondwanaland dispersion, Asian accretion and evolution of eastern Tethys. Australian Journal of Earth Sciences, 43(6): 605-623.

Metcalfe I. 2006. Palaeozoic and Mesozoic tectonic evolution and palaeogeography of East Asian crustal fragments: the Korean Peninsula in context. Gondwana Research, 9: 24-46.

Metcalfe I. 2011a. Palaeozoic-Mesozoic history of SE Asia. Geological Society, London, Special Publications, 355(1): 7-35.

Metcalfe I. 2011b. Tectonic framework and Phanerozoic evolution of Sundaland. Gondwana Research, 19(1): 3-21.

Metcalfe I. 2013. Gondwana dispersion and Asian accretion: tectonic and palaeogeographic evolution of eastern Tethys. Journal of Asian Earth Sciences, 66: 1-33.

Metcalfe I. 2021. Multiple Tethyan ocean basins and orogenic belts in Asia. Gondwana Research, 100: 87-130.

Mezger K, Hanson G N, Bohlen S R. 1989. High-precision U-Pb ages of metamorphic rutile: application to the cooling history of high-grade terranes. Earth and Planetary Science Letters, 96(1-2): 106-118.

Miyashiro A. 1973. The Troodos ophiolitic complex was probably formed in an island arc. Earth and Planetary Science Letters, 19(2): 218-224.

Miyashiro A. 1975. Classification, characteristics, and origin of ophiolites. The Journal of Geology, 83(2): 249-281.

Moores E M. 1982. Origin and emplacement of ophiolites. Reviews of Geophysics, 20(4): 735-760.

Mori T, Green D H. 1978. Laboratory duplication of phase equilibria observed in natural garnet lherzolites. Journal of Geology, 86: 87-97.

Morimoto N. 1988. Nomenclature of pyroxenes. Mineralogy and Petrology, 39(1): 55-76.

Mullen E D. 1983. MnO/TiO_2/P_2O_5: a minor element discriminant for basaltic rocks of oceanic environments and its implication for petrogenesis. Earth and Planetary Science Letters, 62: 53-62.

Nakajima T, Banno S, Suzuki T. 1977. Reactions leading to the disappearance of pumpellyite in low-grade metamorphic rocks of the Sanbagawa metamorphic belt in central Shikoku, Japan. Journal of Petrology, 18(2): 263-284.

Neal C R, Mahoney J J, Chazey W J. 2002. Mantle sources and the highly variable role of continental lithosphere in basalt petrogenesis of the Kerguelen Plateau and Broken Ridge LIP: results from ODP Leg 183. Journal of Petrology, 43(7): 1177-1205.

Newton R C, Haselton H T. 1981. Thermodynamics of the garnet-plagioclase-Al_2SiO_5-quartz geobarometer// Thermodynamics of minerals and melts. New York: Springer: 131-147.

Newton R C, Smith J V. 1967. Investigations concerning the breakdown of albite at depth in the earth. The Journal of Geology, 75(3): 268-286.

Nicolas A, Ceuleneer G, Boudier F, et al. 1988. Structural mapping in the Oman ophiolites: mantle diapirism along an oceanic ridge. Tectonophysics, 151(1-4): 27-56.

Niu Y. 2004. Bulk-rock major and trace element compositions of abyssal peridotites: implications for mantle melting, melt extraction and post-melting processes beneath mid-ocean ridges. Journal of Petrology, 45(12): 2423-2458.

Otsuki M, Banno S. 1990. Prograde and retrograde metamorphism of hematite bearing basic schists in the Sanbagawa belt in central Shikoku. Journal of Metamorphic Geology, 8(4): 425-439.

Pearce J A. 1975. Basalt geochemistry used to investigate past tectonic environments on Cyprus. Tectonophysics, 25(1): 41-67.

Pearce J A. 1982. Trace element characteristics of lavas from destructive plate boundaries//Thorpe R S. Andesites. Chichester: Wiley: 525-548.

Pearce J A. 1983. The role of sub-continental lithosphere in magma genesis at destructive plate margins// Hawkesworth C J, et al. Continental Basalts and Mantle Xenoliths. Nantwich Shiva: 230-249.

Pearce J A. 1996. A user's guide to basalt discrimination diagrams//Wyman D A. Trace Element Geochemistry of Volcanic Rocks: Applications for Massive Sulphide Exploration. Geological Association of Canada, Short Course Notes, 12: 79-113.

Pearce J A. 1996. Sources and settings of granitic rock. Episodes, 19(4): 120-125.

Pearce J A. 2002. The oceanic lithosphere. JOIDES Journal, (1): 61-66.

Pearce J A. 2008. Geochemical fingerprinting of oceanic basalts with applications to ophiolite classification and the search for Archean oceanic crust. Lithos, 100(1): 14-48.

Pearce J A. 2014. Immobile element fingerprinting of ophiolites. Elements, 10(2): 101-108.

Pearce J A, Cann J R. 1973. Tectonic setting of basic volcanic rocks determined using trace element analyses. Earth and Planetary Science Letters, 19: 290-300.

Pearce J A, Flower M F J. 1977. The relative importance of petrogenetic variables in magma genesis at accreting plate margins: a preliminary investigation. Journal of the Geological Society, 134: 103-127.

Pearce J A, Norry M J. 1979. Petrogenetic implications of Ti, Zr, Y, and Nb variations in volcanic rocks. Contributions to Mineralogy and Petrology, 69(1): 33-47.

Pearce J A, Peate D W. 1995. Tectonic implications of the composition of volcanic arc magmas. Annual Review of Earth and Planetary Sciences, 23: 251-286.

Pearce J A, Harris N B W, Tindle A G. 1984a. Trace element discrimination diagrams for the tectonic interpretation of granitic rocks. Journal of Petrology, 25: 956-983.

Pearce J A, Lippard S J, Roberts S. 1984b. Characteristics and tectonic significance of supra-subduction zone ophiolites. Geological Society, London, Special Publications, 16: 77-94.

Pearce J A, Barker P F, Edwards S J, et al. 2000. Geochemistry and tectonic significance of peridotites from the South Sandwich arc-basin system, South Atlantic. Contributions to Mineralogy and Petrology, 139: 36-53.

Plank T. 2005. Constraints from Thorium/Lanthanum on sediment recycling at subduction zones and the evolution of the continents. Journal of Petrology, 46: 921-944.

Polat A, Kerrich R. 2001. Magnesian andesites, Nb-enriched basalt-andesites, and adakites from late-Archean

2.7 Ga Wawa greenstone belts, Superior Province, Canada: implications for late Archean subduction zone petrogenetic processes. Contributions to Mineralogy and Petrology, 141(1): 36-52.

Powell R. 1985. Regression diagnostics and robust regression in geothermometer/geobarometer calibration: the garnet-clinopyroxene geothermometer revisited. Journal of Metamorphic Geology, 3(3): 231-243.

Powell R, Holland T J B, Worley B. 1998. Calculating phase diagrams involving solid solutions via non-linear equations, with examples using THERMOCALC. Journal of Metamorphic Geology, 16: 577-588.

Pullen A, Kapp P, Gehrels G E, et al. 2008. Triassic continental subduction in central Tibet and Mediterranean-style closure of the Paleo-Tethys Ocean. Geology, 36(5): 351-354.

Pullen A, Kapp P, Gehrels G E, et al. 2011. Metamorphic rocks in central Tibet: Lateral variations and implications for crustal structure. Geological Society of America Bulletin, 123(3-4): 585-600.

Raheim A, Green D H. 1974. Experimental determination of the temperature and pressure dependence of the Fe-Mg partition coefficient for coexisting garnet and clinopyroxene. Contributions to Mineralogy and Petrology, 48(3): 179-203.

Ramos V A. 1999. Plate tectonic setting of the Andean Cordillera. Episodes, 22: 183-190.

Ravna E J K, Terry M P. 2004. Geothermobarometry of UHP and HP eclogites and schists—an evaluation of equilibria among garnet-clinopyroxene-kyanite-phengite-coesite/quartz. Journal of Metamorphic Geology, 22(6): 579-592.

Ravna E K. 2000a. The garnet-clinopyroxene Fe^{2+}-Mg geother-mometer: an updated calibration. Journal of Metamorphic Geology, 18(2): 211-219.

Ravna E K. 2000b. Distribution of Fe^{2+} and Mg between coexisting garnet and hornblende in synthetic and natural systems: an empirical calibration of the garnet-hornblende Fe-Mg geothermometer. Lithos, 53(3): 265-277.

Rino S, Kon Y, Sato W, et al. 2008. The Grenvillian and Pan-African orogens: world's largest orogenies through geologic time, and their implications on the origin of superplume. Gondwana Research, 14(1-2): 51-72.

Robertson A H. 2002. Overview of the genesis and emplacement of Mesozoic ophiolites in the Eastern Mediterranean Tethyan region. Lithos, 65(1/2): 1-67.

Robinson P T, Zhou M F. 2008. The origin and tectonic setting of ophiolites in China. Journal of Asian Earth Sciences, 32(5-6): 301-307.

Root D, Corfu F. 2012. U-Pb geochronology of two discrete Ordovician high-pressure metamorphic events in the Seve Nappe Complex, Scandinavian Caledonides. Contributions to Mineralogy and Petrology, 163: 769-788.

Rubatto D. 2002. Zircon trace element geochemistry: partitioning with garnet and the link between U-Pb ages and metamorphism. Chemical Geology, 184(1): 123-138.

Rubatto D, Hermann J. 2003. Zircon formation during fluid circulation in eclogites (Monviso, Western Alps): implications for Zr and Hf budget in subduction zones. Geochimica et Cosmochimica Acta, 67(12): 2173-2187.

Rubatto D, Gebauer D, Compagnoni R. 1999. Dating of eclogite-facies zircons: the age of Alpine metamorphism in the Sesia-Lanzo Zone (Western Alps). Earth and Planetary Science Letters, 167(3): 141-158.

Rudnick R L, Gao S. 2003. Composition of the continental crust. Treatise on Geochemistry, 3: 1-64.

Saunders A D, Storey M, Kent R W. 1992. Consequences of plume-lithosphere interactions. Geological Society London Special Publications, 68(1): 41-60.

Schmidt M W, Poli S. 2013. Devolatilization during subduction. Treatise on geochemistry (Second Edition), 4: 669-701.

Schmidt M W, Baldridge K K, Boatz J A, et al. 1993. General atomic and molecular electronic structure system. Journal of Computational Chemistry, 14(11): 1347-1363.

Sengor A M C. 1979. Mid-Mesozoic closure of Permo-Triassic Tethys and its implications. Nature, 279(5714): 590-593.

Sengor A M C. 1987. Tectonics of the Tethysides: orogenic collage development in a collisional setting. Annual Review of Earth and Planetary Sciences, 15: 213.

Sengor A M C. 1996. Paleotectonic of Asia: fragments of a synthesis//Yin A, Harrison T M. The Tectonic Evolution of Asia: 486-640.

Shellnutt J G, Jahn B M. 2011. Origin of late Permian Emeishan basaltic rocks from the Panxi region (SW China): implications for the Ti-classification and spatial-compositional distribution of the Emeishan flood basalts. Journal of Volcanology and Geothermal Research, 199(1-2): 85-95.

Shervais J W. 1982. Ti-V plots and the petrogenesis of modern and ophiolitic lavas. Earth and Planetary Science Letters, 59: 101-118.

Shi R D, Yang J S, Xu Z Q, et al. 2008. The Bangong Lake ophiolite (NW Tibet) and its bearing on the tectonic evolution of the Bangong-Nujiang suture zone. Journal of Asian Earth Sciences, 32(5/6): 438-457.

Shi R D, Griffin W L, O'Reilly S Y, et al. 2012. Melt/mantle mixing produces podiform chromite deposits in ophiolites: implications of Re-Os systematics in the Dongqiao Neo-tethyan ophiolite, northern Tibet. Gondwana Research, 21(1): 194-206.

Shimoda G, Tatsumi Y, Nohda S, et al. 1998. Setouchi high-Mg andesites revisited: geochemical evidence for melting of subducting sediments. Earth and Planetary Science Letters, 160: 479-492.

Simonen A J P. 1953. Stratigraphy and sedimentation of the Svecofennidic, early Archean supracrustal rocks in southwestern Finland. Helsinki: Government Press.

Sinton J M, Detrick R S. 1992. Mid-ocean ridge magma chambers. Journal of Geophysical Research: Solid Earth, 97(B1): 197-216.

Sinton J M, Fryer P. 1987. Mariana Trough lavas from 18°N: implications for the origin of back arc basin basalts. Journal of Geophysical Research-Solid Earth, 92(B12): 12782-12802.

Skjerlie K P, Johnston A D. 1992. Vapor-absent melting at 10 kbar of a biotite-and amphibole-bearing tonalitic gneiss: implications for the generation of A-type granites. Geology, 20(3): 263-266.

Smewing J D. 1981. Mixing characteristics and compositional differences in mantle-derived melts beneath spreading axes: evidence from cyclically layered rocks in the ophiolite of North Oman. Journal of Geophysical Research: Solid Earth, 86(B4): 2645-2659.

Söderlund U, Patchett P J, Vervoort J D, et al. 2004. The ^{176}Lu decay constant determined by Lu-Hf and U-Pb isotope systematics of Precambrian mafic intrusions. Earth and Planetary Science Letters, 219(3-4): 311-324.

Sone M, Metcalfe I. 2008. Parallel Tethyan sutures in mainland Southeast Asia: new insights for Palaeo-Tethys closure and implications for the Indosinian orogeny. Comptes Rendus Geoscience, 340(2-3): 166-179.

Song P, Ding L, Li Z, et al. 2017. An early bird from Gondwana: Paleomagnetism of Lower Permian lavas from northern Qiangtang (Tibet) and the geography of the Paleo-Tethys. Earth and Planetary Science Letters, 475: 119-133.

Song P P, Ding L, Li Z Y, et al. 2015. Late Triassic paleolatitude of the Qiangtang block: implications for the closure of the Paleo-Tethys Ocean. Earth and Planetary Science Letters, 424: 69-83.

Song P P, Ding L, Lippert P C, et al. 2020. Paleomagnetism of Middle Triassic lavas from northern Qiangtang (Tibet): constraints on the closure of the Paleo-Tethys Ocean. Journal of Geophysical Research: Solid Earth, 125(2): e2019JB017804.

Stampfli G M, Borel G D. 2002. A plate tectonic model for the Paleozoic and Mesozoic constrained by dynamic plate boundaries and restored synthetic oceanic isochrons. Earth and Planetary Science Letters, 196(1/2): 17-33.

Steinmann G. 1927. Die Ophiolithischen zonen in dem mediterranen Kettengebirge. Proceedings of the 14th International Geological Congress, Madrid 2: 638-667.

Sun S S, McDonough W F. 1989. Chemical and isotopic systematics of oceanic basalts: implications for mantle composition and processes. Geological Society, London, Special Publications, 42(1): 313-345.

Sun W D, Ling M X, Chung S L, et al. 2012. Geochemical constraints on adakites of different origins and copper mineralization. The Journal of Geology, 120: 105-120.

Tabata H, Yamauchi K, Maruyama S. 1998. Tracing the extent of a UHP metamorphic terrane: mineral-inclusion study of zircons in gneisses from the Dabie Shan//Hacker B, Liou J. When Continents Collide: Geodynamics and Geochemistry of Ultra-high-pressure Rocks. Kluwer: Dordrecht: 261-274.

Tang X C, Zhang K J. 2014. Lawsonite-and glaucophane-bearing blueschists from NW Qiangtang, northern Tibet, China: mineralogy, geochemistry, geochronology, and tectonic implications. International Geology Review, 56(2): 150-166.

Tatsumi Y. 2001. Geochemical modeling of partial melting of subducting sediments and subsequent melt-mantle interaction: generation of high-Mg andesites in the Setouchi volcanic belt, southwest Japan. Geology, 29(4): 323-326.

Thorpe R S, Francis P W, O'Callaghan L, et al. 1984. Relative roles of source composition, fractional crystallization and crustal contamination in the petro-genesis of Andean volcanic rocks. Philosophical Transactions of the Royal Society A, 310(1514): 675-692.

Tindle A G, Webb P C. 1994. PROBE-AMPH—a spreadsheet program to classify microprobe-derived amphibole analyses. Computers and Geosciences, 20(7): 1201-1228.

Tomkins H S, Powell R, Ellis D J. 2007. The pressure dependence of the zirconium-in-rutile thermometer. Journal of Metamorphic Geology, 25(6): 703-713.

Valley J W. 2003. Oxygen isotopes in zircon. Reviews in Mineralogy and Geochemistry, 53(1): 343-385.

Valley J W, Kinny P D, Schulze D J, et al. 1998. Zircon megacrysts from kimberlite: oxygen isotope variability among mantle melts. Contributions to Mineralogy and Petrology, 133: 1-11.

Vannay J C, Spring L. 1993. Geochemistry of the continental basalts within the Tethyan Himalaya of Lahul-Spiti and SE Zanskar, northwest India. Geological Society, London, Special Publications, 74(1): 237-249.

Vavra G, Schmid R, Gebauer D. 1999. Internal morphology, habit and U-Th-Pb microanalysis of amphibolite-to-granulite facies zircons: geochronology of the Ivrea Zone (Southern Alps). Contributions to Mineralogy and Petrology, 134(4): 380-404.

Verma S K, Pandarinath K, Verma S P. 2012. Statistical evaluation of tectonomagmatic discrimination diagrams for granitic rocks and proposal of new discriminant-function-based multi-dimensional diagrams for acid rocks. International Geology Review, 54(3): 325-347.

von Blanckenburg F, Davies J H. 1995. Slab breakoff: a model for syncollisional magmatism and tectonics in the Alps. Tectonics, 14(1): 120-131.

Wakabayashi J, Ghatak A, Basu A R. 2010. Suprasubduction-zone ophiolite generation, emplacement, and initiation of subduction: a perspective from geochemistry, metamorphism, geochronology, and regional geology. Bulletin, 122(9-10): 1548-1568.

Wang B D, Wang L Q, Pan G T, et al. 2013. U-Pb zircon dating of Early Paleozoic gabbro from the Nantinghe ophiolite in the Changning-Menglian suture zone and its geological implication. Chinese Science Bulletin, 58(8): 920-930.

Wang B D, Wang L Q, Chen J L, et al. 2017. Petrogenesis of Late Devonian-Early Carboniferous volcanic rocks in northern Tibet: new constraints on the Paleozoic tectonic evolution of the Tethyan Ocean. Gondwana Research, 41: 142-156.

Wang F, Liu F L, Liu P H, et al. 2016. Petrology, geochemistry, and metamorphic evolution of meta-sedimentary rocks in the Diancang Shan-Ailao Shan metamorphic complex, southeastern Tibetan Plateau. Journal of Asian Earth Sciences, 124: 68-93.

Wang F, Liu F L, Schertl H P, et al. 2019b. Paleo-Tethyan tectonic evolution of Lancangjiang metamorphic complex: evidence from SHRIMP U-Pb zircon dating and $^{40}Ar/^{39}Ar$ isotope geochronology of blueschists in Xiaoheijiang-Xiayun area, Southeastern Tibetan Plateau. Gondwana Research, 65: 142-155.

Wang H N, Liu F L, Li J, et al. 2019a. Petrology, geochemistry and *P-T-t* path of lawsonite-bearing retrograded eclogites in the Changning-Menglian orogenic belt, southeast Tibetan Plateau. Journal of Metamorphic Geology, 37: 439-478.

Wang H N, Liu F L, Santosh M, et al. 2020a. Subduction erosion associated with Paleo-Tethys closure:

deep subduction of sediments and high pressure metamorphism in the SE Tibetan Plateau. Gondwana Research, 82: 171-192.

Wang H N, Liu F L, Sun Z B, et al. 2020b. A new HP-UHP eclogite belt identified in the southeastern Tibetan Plateau: tracing the extension of the main Palaeo-Tethys suture zone. Journal of Petrology, 61(8): egaa073.

Wang H N, Liu F L, Sun Z B, et al. 2021. Identification of continental-type eclogites in the Paleo-Tethyan Changning-Menglian orogenic belt, southeastern Tibetan Plateau: implications for the transition from oceanic to continental subduction. Lithos, 396: 106215.

Wang M, Li C, Wu Y W, et al. 2014. Geochronology, geochemistry, Hf isotopic compositions and formation mechanism of radial mafic dikes in northern Tibet. International Geology Review, 56(2): 187-205.

Wang M, Li C, Zeng X W, et al. 2019. Petrogenesis of the southern Qiangtang mafic dykes, Tibet: link to a late Paleozoic mantle plume on the northern margin of Gondwana?. GSA Bulletin, 131(11-12): 1907-1919.

Wang Q, Wyman D A, Xu J F, et al. 2008. Triassic Nb-enriched basalts, magnesian andesites, and adakites of the Qiangtang terrane (Central Tibet): evidence for metasomatism by slab-derived melts in the mantle wedge. Contributions to Mineralogy and Petrology, 155(4): 473-490.

Waters D J, Martin H N. 1993. Geobarometry of phengite-bearing eclogites. Terra Abstracts, 5: 410-411.

Waters D J, Martin H N. 1996. The Garnet-Cpx-Phengite Barometer. Recommended calibration and calculation method, updated 1 March 1996.

Waters L B F M, Molster F J, De Jong T, et al. 1996. Mineralogy of oxygen-rich dust shells. Astronomy and Astrophysics, 315(1996): L361-L364.

Watson E B, Harrison T M. 1983. Zircon saturation revisited: temperature and composition effect in a variety of crustal magmas types. Earth and Planetary Science Letters, 64(2): 295-304.

Watson E B, Wark D A, Thomas J B. 2006. Crystallization thermometers for zircon and rutile. Contributions to Mineralogy and Petrology, 151(4): 413-433.

Weaver B L. 1991. The origin of ocean island basalt end-member compositions: trace element and isotopic constraints. Earth and Planetary Science Letters, 104(2): 381-397.

Wei B T, Cheng X, Domeier M, et al. 2023. Paleomagnetism of Late Triassic Volcanic Rocks From the South Qiangtang Block, Tibet: constraints on Longmuco-Shuanghu Ocean Closure in the Paleo-Tethys Realm. Geophysical Research Letters, 50(19): e2023GL104759.

Whalen J B, Currie K L, Chappell B W. 1987. A-type granites: geochemical characteristics, discrimination and petrogenesis. Contributions to Mineralogy and Petrology, 95: 407-419.

Whattam S A, Cho M, Smith I E M. 2011. Magmatic peridotites and pyroxenites, Andong Ultramafic Complex, Korea: geochemical evidence for supra-subduction zone formation and extensive melt-rock interaction. Lithos, 127(2011): 599-618.

White W M, Hofmann A W, Puchelt H. 1987. Isotope geochemistry of Pacific Mid-Ocean Ridge Basalt. Journal of Geophysical Research, 92: 4881-4893.

Wilson M. 1989. Igneous petrogenesis. Dordrecht: Springer Netherlands.

Winchester J A, Floyd P A. 1976. Geochemical magma type discrimination: application to altered and metamorphosed basic igneous rocks. Earth and Planetary Science Letters, 28(3): 459-469.

Winchester J A, Floyd P A. 1977. Geochemical discrimination of different magma series and their differentiation products using immobile elements. Chemical Geology, 20: 325-343.

Windley B F. 1984. The Archaean-Proterozoic boundary. Tectonophysics, 105(1-4): 43-53.

Wood D A. 1980. The application of a Th-Hf-Ta diagram to problems of tectonomagmatic classification and to establishing the nature of crustal contamination of basaltic lavas of the British Tertiary Volcanic Province. Earth and Planetary Science Letters, 50(1): 11-30.

Wu H, Li C, Chen J W, et al. 2016. Late Triassic tectonic framework and evolution of central Qiangtang, Tibet, SW China. Lithosphere, 8(2): 141-149.

Wu H, Liu X J, Chen J W, et al. 2024. Tectono-magmatic response to the geometric evolution of slab breakoff in the Paleo-Tethys Ocean: constraints from Late Triassic granites in the Qiangtang block, northern Tibet. Bulletin, 136(1-2): 447-460.

Wu Y B, Gao S, Zhang H F, et al. 2009. U-Pb age, trace-element, and Hf-isotope compositions of zircon in a quartz vein from eclogite in the western Dabie Mountains: constraints on fluid flow during early exhumation of ultrahigh-pressure rocks. American Mineralogist, 94(2-3): 303-312.

Xiao L, Xu Y G, Mei H J, et al. 2004. Distinct mantle sources of low-Ti and high-Ti basalts from the western Emeishan large igneous province, SW China: implications for plume-lithosphere interaction. Earth and Planetary Science Letters, 228(3): 525-546.

Xiong X L, Adam J, Green T H. 2005. Rutile stability and rutile/melt HFSE partitioning during partial melting of hydrous basalt: implications for TTG genesis. Chemical Geology, 218(3-4): 339-359.

Xu J F, Castillo P R. 2004. Geochemical and Nd-Pb isotopic characteristics of the Tethyan asthenosphere: implications for the origin of the Indian Ocean mantle domain. Tectonophysics, 393(1-4): 9-27.

Xu W, Liu F, Dong Y. 2020. Cambrian to Triassic geodynamic evolution of central Qiangtang, Tibet. Earth Science Reviews, 201: 103083.

Xu W, Liu F L, Zhai Q G, et al. 2021. Petrology and *P-T* path of blueschists from central Qiangtang, Tibet: implications for the East Paleo-Tethyan evolution. Gondwana Research, 94: 12-27.

Xu Y, Chung S L, Jahn B, et al. 2001. Petrologic and geochemical constraints on the petrogenesis of Permian-Triassic Emeishan flood basalts in southwestern China. Lithos, 58(3): 145-168.

Xu Z Q, Dilek Y, Cao H, et al. 2015. Paleo-Tethyan evolution of Tibet as recorded in the East Cimmerides and West Cathaysides. Journal of Asian Earth Sciences, 105: 320-337.

Yan M D, Zhang D W, Fang X M, et al. 2016. Paleomagnetic data bearing on the Mesozoic deformation of the Qiangtang Block: implications for the evolution of the Paleo-and Meso-Tethys. Gondwana Research, 39: 292-316.

Yang J S, Robinson P T, Dilek Y. 2014. Diamonds in ophiolites. Elements, 10(2): 127-130.

Yang J S, Dobrzhinetskaya L, Bai W J, et al. 2007. Diamond-and coesite-bearing chromitites from the

Luobusa ophiolite, Tibet. Geology, 35(10): 875-878.

Yang J S, Wu W E, Lian D Y, et al. 2021. Peridotites, chromitites and diamonds in ophiolites. Nature Reviews Earth & Environment, 2(3): 198-212.

Yang T N, Zhang H R, Liu Y X, et al. 2011. Permo-Triassic arc magmatism in central Tibet: evidence from zircon U-Pb geochronology, Hf isotopes, rare earth elements, and bulk geochemistry. Chemical Geology, 284: 270-282.

Yang X, Cheng X, Zhou Y, et al. 2017. Paleomagnetic results from Late Carboniferous to Early Permian rocks in the northern Qiangtang terrane, Tibet, China, and their tectonic implications. Science China Earth Sciences, 60: 124-134.

Ye K, Yao Y P, Katayama I. 2000. Large areal extent of ultrahigh-pressure metamorphism in the Sulu ultrahigh-pressure terrane of East China: new implications from coesite and omphacite inclusions in zircon of granitic gneiss. Lithos, 52: 157-164.

Yin A, Harrison T M. 2000. Geologic evolution of the Himalayan-Tibetan Orogen. Annual Review of Earth and Planetary Sciences, 28: 211-280.

Zack T, Kooijman E. 2017. Petrology and geochronology of rutile. Reviews in Mineralogy and Geochemistry, 83(1): 443-467.

Zack T, Kronz A, Foley S F, et al. 2002. Trace element abundances in rutiles from eclogites and associated garnet mica schists. Chemical Geology, 184(1): 97-122.

Zack T, Von Eynatten H, Kronz A. 2004a. Rutile geochemistry and its potential use in quantitative provenance studies. Sedimentary Geology, 171(1): 37-58.

Zack T, Moraes R, Kronz A. 2004b. Temperature dependence of Zr in rutile: empirical calibration of a rutile thermometer. Contributions to Mineralogy and Petrology, 148: 471-488.

Zeng L, Shi L Z. 2020. Cambrian-Triassic geodynamic evolution of central Qiangtang, Tibet: comment. Earth-Science Reviews, 208: 103275.

Zhai Q G, Li C, Huang X P. 2007. The fragment of Paleo-Tethys ophiolite from central Qiangtang, Tibet: geochemical evidence of metabasites in Guoganjianian. Science in China Series D: Earth Sciences, 50(9): 1302-1309.

Zhai Q G, Jahn B M, Wang J, et al. 2013a. The Carboniferous ophiolite in the middle of the Qiangtang terrane, Northern Tibet: SHRIMP U-Pb dating, geochemical and Sr-Nd-Hf isotopic characteristics. Lithos, 168: 186-199.

Zhai Q G, Jahn B M, Su L, et al. 2013b. Triassic arc magmatism in the Qiangtang area, northern Tibet: zircon U-Pb ages, geochemical and Sr-Nd-Hf isotopic characteristics, and tectonic implications. Journal of Asian Earth Sciences, 63: 162-178.

Zhai Q G, Jahn B M, Wang J, et al. 2016. Oldest paleo-Tethyan ophiolitic mélange in the Tibetan Plateau. Geological Society of America Bulletin, 128(3/4): 355-373.

Zhai Q G, Jahn B M, Zhang R Y, et al. 2011a. Triassic subduction of the Paleo-Tethys in northern Tibet, China: evidence from the geochemical and isotopic characteristics of eclogites and blueschists of the

Qiangtang Block. Journal of Asian Earth Sciences, 42(6): 1356-1370.

Zhai Q G, Li C, Wang J, et al. 2009. SHRIMP U-Pb dating and Hf isotopic analyses of zircons from the mafic dyke swarms in central Qiangtang area, northern Tibet. Chinese Science Bulletin, 54(13): 2279-2285.

Zhai Q G, Li C, Wang J, et al. 2018. The open of the Paleo-Tethys Ocean: inferred from the Early Paleozoic ophiolite in the Qiangtang area, northern Tibetan plateau. Acta Geologica Sinica (English Edition), 92(supp.2): 43.

Zhai Q G, Wang J, Hu P, et al. 2018. Late Paleozoic granitoids from central Qiangtang, northern Tibetan plateau: a record of Paleo-Tethys Ocean subduction. Journal of Asian Earth Sciences, 167: 139-151.

Zhai Q G, Wang J, Li C, et al. 2010. SHRIMP U-Pb dating and Hf isotopic analyses of Middle Ordovician meta-cumulate gabbro in central Qiangtang, northern Tibetan Plateau. Science China Earth Sciences, 53: 657-664.

Zhai Q G, Zhang R Y, Jahn B M, et al. 2011b. Triassic eclogites from central Qiangtang, northern Tibet, China: petrology, geochronology and metamorphic P-T path. Lithos, 125(1): 173-189.

Zhai Q, Jahn B, Wang J, et al. 2013a. The Carboniferous ophiolite in the middle of the Qiangtang terrane, Northern Tibet: SHRIMP U-Pb dating, geochemical and Sr-Nd-Hf isotopic characteristics. Lithos, 168: 186-199.

Zhai Q, Jahn B, Su L, et al. 2013b. Triassic arc magmatism in the Qiangtang area, northern Tibet: zircon U-Pb ages, geochemical and Sr-Nd-Hf isotopic characteristics, and tectonic implications. Journal of Asian Earth Sciences, 63: 162-178.

Zhai Q, Jahn B, Su L, et al. 2013c. SHRIMP zircon U-Pb geochronology, geochemistry and Sr-Nd-Hf isotopic compositions of a mafic dyke swarm in the Qiangtang terrane, northern Tibet and geodynamic implications. Lithos, 174: 28-43.

Zhai Q, Jahn B, Li X, et al. 2017. Zircon U-Pb dating of eclogite from the Qiangtang terrane, north-central Tibet: a case of metamorphic zircon with magmatic geochemical features. International Journal of Earth Sciences, 106(4): 1239-1255.

Zhang K J. 2001. Blueschist-bearing metamorphic core complexes in the Qiangtang block reveal deep crustal structure of northern Tibet: comment. Geology, 29(1): 90.

Zhang K J, Cai J X, Zhang Y X, et al. 2006a. Eclogites from central Qiangtang, northern Tibet(China) and tectonic implications. Earth and Planetary Science Letters, 245: 722-729.

Zhang K J, Zhang Y X, Li B, et al. 2006b. The blueschist-bearing Qiangtang metamorphic belt (northern Tibet, China) as an in situ suture zone: evidence from geochemical comparison with the Jinsa suture. Geology, 34(6): 493-496.

Zhang K J, Zhang Y X, Xia B D, et al. 2006c. Temporal variations of Mesozoic sandstone compositions in the Qiangtang block, northern Tibet (China): implications for provenance and tectonic setting. Journal of Sedimentary Research, 76(8): 1035-1048.

Zhang K J, Zhang Y X, Li B, et al. 2007. Nd isotopes of siliciclastic rocks from Tibet, western China: constraints on provenance and pre-Cenozoic tectonic evolution. Earth and Planetary Science Letters,

256(3-4): 604-616.

Zhang K J, Tang, X C, Wang Y, et al. 2011. Geochronology, geochemistry, and Nd isotopes of early Mesozoic bimodal volcanism in northern Tibet, western China: constraints on the exhumation of the central Qiangtang metamorphic belt. Lithos, 121: 167-175.

Zhang L F, Lü Z, Zhang G B, et al. 2008. The geological characteristics of oceanic-type UHP metamorphic belts and their tectonic implications: case studies from Southwest Tianshan and North Qaidam in NW China. Chinese Science Bulletin, 53(20): 3120-3130.

Zhang X Z, Dong Y S, Li C, et al. 2014. Silurian high-pressure granulites from Central Qiangtang, Tibet: constraints on early Paleozoic collision along the northeastern margin of Gondwana. Earth and Planetary Science Letters, 405: 39-51.

Zhang X Z, Dong Y S, Wang Q, et al. 2016. Carboniferous and Permian evolutionary records for the Paleo-Tethys Ocean constrained by newly discovered Xiangtaohu ophiolites from central Qiangtang, central Tibet. Tectonics, 35(7): 1670-1686.

Zhang X Z, Wang Q, Dong Y S, et al. 2017a. High-pressure granulite facies overprinting during the exhumation of eclogites in the Bangong-Nujiang suture zone, central Tibet: link to flat-slab subduction. Tectonics, 36: 2918-2935.

Zhang X Z, Dong Y S, Wang Q, et al. 2017b. Metamorphic records for subduction erosion and subsequent underplating processes revealed by garnet-staurolite-muscovite schists in central Qiangtang, Tibet. Geochemistry Geophysics Geosystems, 18: 266-279.

Zhang Y C, Shen S Z, Shi G R, et al. 2012. Tectonic evolution of the Qiangtang Block, northern Tibet during the Late Cisuralian (Late Early Permian): evidence from fusuline fossil records. Palaeogeography, Palaeoclimatology, Palaeoecology, 350-352: 139-148.

Zhang Y C, Shi G R, Shen S Z. 2013. A review of Permian stratigraphy, palaeobiogeography and palaeogeography of the Qinghai-Tibet Plateau. Gondwana Research, 24(1): 55-76.

Zhang Y C, Shi G R, Shen S Z, et al. 2014. Permian fusuline fauna from the lower part of the Lugu Formation in the central Qiangtang Block and its geological implications. Acta Geologica Sinica-English Edition, 88(2): 365-379.

Zhang Y C, Shen S Z, Zhai Q G, et al. 2016. Discovery of a Sphaeroschwagerina fusuline fauna from the Raggyorcaka Lake area, northern Tibet: implications for the origin of the Qiangtang Metamorphic Belt. Geological Magazine, 153(3): 537-543.

Zhang Y C, Shen S Z, Zhang Y J, et al. 2019. Middle Permian foraminifers from the Zhabuye and Xiadong areas in the central Lhasa Block and their paleobiogeographic implications. Journal of Asian Earth Sciences, 175: 109-120.

Zhang Y X, Jin X, Zhang K J, et al. 2018. Newly discovered Late Triassic Baqing eclogite in central Tibet indicates an anticlockwise West-East Qiangtang collision. Scientific Reports, 8(1): 1-12.

Zhang Z B, Li J, Lv G X, et al. 2004. Characteristics of blueschist in Shuangjiang tectonic mélange zone, West Yunnan province. Journal of China University of Geosciences, 15: 224-231.

Zhao Z, Wu Z H, Lu L, et al. 2018. The Late Triassic I-type Granites from the Longmu Co-Shuanghu Suture Zone in the interior of Tibetan Plateau, China: petrogenesis and implication for slab break-off. Acta Geologica Sinica(English edition), 92(3): 935-951.

Zheng Y F, Gao T S, Wu Y B, et al. 2007. Fluid flow during exhumation of deeply subducted continental crust: zircon U-Pb age and O-isotope studies of a quartz vein within ultrahigh-pressure eclogite. Journal of Metamorphic Geology, 25(2): 267-283.

Zheng Y F, Gao X Y, Chen R X, et al. 2011. Zr-in-rutile thermometry of eclogite in the Dabie orogen: constraints on rutile growth during continental subduction-zone metamorphism. Journal of Asian Earth Sciences, 40: 427-451.

Zhu D C, Mo X X, Zhao Z D, et al. 2010. Presence of Permian extension- and arc-type magmatism in southern Tibet: paleogeographic implications. Bulletin, 122(7-8): 979-993.

Zhu D C, Zhao Z D, Niu Y L, et al. 2011. The Lhasa Terrane: record of a microcontinent and its histories of drift and growth. Earth and Planetary Science Letters, 301: 241-255.

Zhu D C, Zhao Z D, Niu Y L, et al. 2013. The origin and pre-Cenozoic evolution of the Tibetan Plateau. Gondwana Research, 23: 1429-1454.

Zindler A, Hart S. 1986. Chemical geodynamics. Annual Review of Earth and Planetary Sciences, 14(1): 493-571.

附 图

第一篇　无人区科考纪实

图 1　科考分队冒雪挺进藏北羌塘无人区

图 2　科考队员在纳木错合影，越过念青唐古拉山意味着正式进入藏北高原

图 3　科考队员在羌塘无人区临时搭建的帐篷营地合影

图 4　无人区的临时帐篷营地

图 5　科考分队成员在羌塘保护区玛依保护站界碑前合影

图 6　在玛依保护站向英雄战士罗布玉杰的墓碑敬献哈达

图 7　科考人员与阿里地区野保站工作人员合影

图 8　联合科考队在蓬错边合影

图 9　转移阵地途中大车深陷泥沼

图 10　无人区的雨季陷车成为家常便饭

图 11　野外挖车成为每位羌塘科考队员的必修课

图 12　海拔 5600 m 的玛依岗日南坡，科考队员们正冒雪整理采集的样品

图 13　聚精会神地观察地质现象

图 14　野外读图

图 15　野外讨论地质现象

图 16　在羌塘腹地荣玛"洋岛"剖面讨论地质问题

图 17　发现泥土下掩埋的煤层

图 18　伫立在"洋岛"之上（脚下黑白相间的岩石序列是二叠纪洋岛的残片）

图 19　在海拔 5500 m 的山坡冒雪采集铬铁矿样品

图 20　在羌塘无人区冒着冰雹采集标本

图 21　样品丰收的喜悦（地处海拔 5600 m 的都古尔山）

图 22　无人区野外简易的午餐

图 23　牛粪炉子上简易的烧烤

图 24　整理和清洗样品

第二篇　野外精美地质现象

图 1　羌塘冈玛错地区膝折带

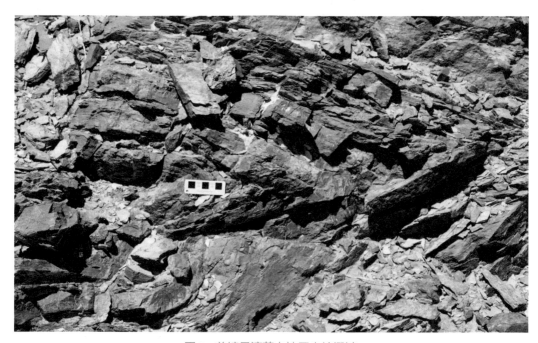

图 2　羌塘日湾茶卡地区尖棱褶皱

图 3　羌塘日湾茶卡地区古泉华

图 4　羌塘无人区腹地古生代沉积岩中的冰川砾石

图 5　羌塘都古尔地区蓝片岩中雁列张节理

图 6　羌塘都古尔地区肠状褶皱

图 7　羌塘腹地三叠纪蓝片岩中的褶劈理

图 8　羌塘盆地南缘断层三角面

图 9　羌塘荣玛地区洋岛残片（黑色的玄武岩和白色的灰岩／大理岩互层产出，形成于洋底）

图 10　羌塘荣玛地区蓝片岩相变质的洋岛岩块（薄层玄武岩和大理岩互层）

图 11　塌积砾岩，代表"洋岛"边部的砾石沉积（主要由暗色的玄武岩和浅色的灰岩砾石组成）

图 12　洋岛残片，黑色为变质玄武岩，白色为灰岩／大理岩，互层状产出

图 13　羌塘荣玛地区枕状玄武岩

图 14　羌塘腹地荣玛雪水河枕状玄武岩，形成于玄武质岩浆水下喷发过程

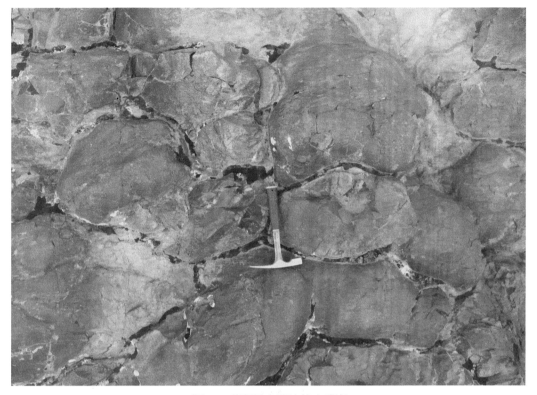

图 15　荣玛雪水河枕状玄武岩

图 16　蛇绿岩中席状岩墙，代表大洋扩张的记录

图 17　冈玛错地区堆晶辉长岩，代表大洋的下部地壳

图 18　羌塘腹地层状堆晶岩野外露头（代表古大洋扩张期岩浆房结晶的产物）

图 19　粗粒和伟晶辉长岩

图 20　冈玛错地区玄武岩 / 蓝片岩（暗色）和大理岩（白色）露头

图 21　戈木地区榴辉岩野外露头

图 22　羌塘荣玛地区蓝片岩相变质的枕状玄武岩

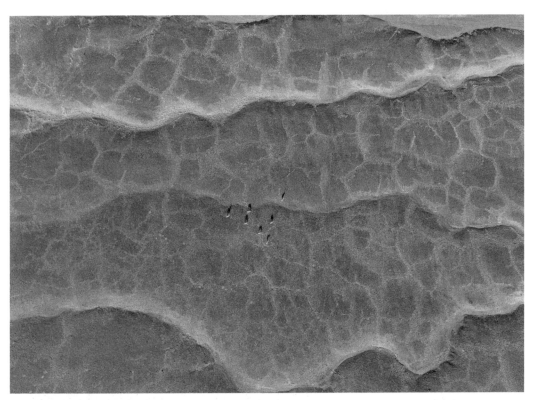

图 23 干涸的湖岸线

图 24 荣玛地区山前辫状河（图左侧山峰为洋岛残片）